U0284254

21世纪高等学校规划教材｜计算机应用

计算机网络实验教程

何怀文 肖涛 傅瑜 编著

清华大学出版社
北京

内容简介

本书是高等院校的计算机网络基础的配套实验教材。全书分为两部分：第一部分为基础实验部分,包括双绞线的制作,交换机的配置管理,VLAN 的配置,EtherChannel 的配置,STP、RSTP 配置,路由器的基本配置、安全配置,路由协议(静态路由、RIP 协议、OSPF 协议)的配置,PPP、帧中继的配置,访问控制列表(ACL)的配置,NAT、DHCP、GRE 隧道的配置,网关冗余和负载均衡、IPv6 的配置等;第二部分为综合实验部分,包含 9 个综合实验,可以用来作为期末考核或实践考核题目。

本书的主要特点在于：每个实验理论部分均使用详尽的图例讲解,使学生更好理解;强化实验过程的考核,设计好每个实验环节,提供完整的实验数据记录表格,培养学生的分析能力;提供课前预习题目和课后复习题目,巩固学生所学的实验知识;综合案例考查,方便教师的实验教学使用,同时加强学生对各个分割的知识点的综合运用。

本书可作为独立学院、一般本科以及高职院校的网络工程专业和计算机专业学生的教材,也可作为计算机网络技术人员的参考资料和网络技术培训的教材。

本书封面贴有清华大学出版社防伪标签,无标签者不得销售。
版权所有,侵权必究。举报：010-62782989,beiqinquan@tup.tsinghua.edu.cn。

图书在版编目(CIP)数据

计算机网络实验教程/何怀文等编著. —北京：清华大学出版社,2013.2(2024.7重印)
(21 世纪高等学校规划教材·计算机应用)
ISBN 978-7-302-30520-0

Ⅰ. ①计… Ⅱ. ①何… Ⅲ. ①计算机网络-高等学校-教材 Ⅳ. ①TP393

中国版本图书馆 CIP 数据核字(2012)第 257423 号

责任编辑：刘向威 王冰飞
封面设计：傅瑞学
责任校对：焦丽丽
责任印制：曹婉颖

出版发行：清华大学出版社
　　网　　　址：https://www.tup.com.cn, https://www.wqxuetang.com
　　地　　　址：北京清华大学学研大厦 A 座　　　　　邮　　编：100084
　　社 总 机：010-83470000　　　　　　　　　　　　邮　　购：010-62786544
　　投稿与读者服务：010-62776969, c-service@tup.tsinghua.edu.cn
　　质量反馈：010-62772015, zhiliang@tup.tsinghua.edu.cn
　　课件下载：https://www.tup.com.cn, 010-83470236
印 装 者：三河市科茂嘉荣印务有限公司
经　　销：全国新华书店
开　　本：185mm×260mm　　　印　　张：22.25　　　字　　数：540 千字
版　　次：2013 年 2 月第 1 版　　　　　　　　　　印　　次：2024 年 7 月第 10 次印刷
印　　数：9101～10100
定　　价：59.00 元

产品编号：044493-02

编审委员会成员

浙江大学	吴朝晖	教授
	李善平	教授
扬州大学	李　云	教授
南京大学	骆　斌	教授
	黄　强	副教授
南京航空航天大学	黄志球	教授
	秦小麟	教授
南京理工大学	张功萱	教授
南京邮电学院	朱秀昌	教授
苏州大学	王宜怀	教授
	陈建明	副教授
江苏大学	鲍可进	教授
中国矿业大学	张　艳	教授
武汉大学	何炎祥	教授
华中科技大学	刘乐善	教授
中南财经政法大学	刘腾红	教授
华中师范大学	叶俊民	教授
	郑世珏	教授
	陈　利	教授
江汉大学	颜　彬	教授
国防科技大学	赵克佳	教授
	邹北骥	教授
中南大学	刘卫国	教授
湖南大学	林亚平	教授
西安交通大学	沈钧毅	教授
	齐　勇	教授
长安大学	巨永锋	教授
哈尔滨工业大学	郭茂祖	教授
吉林大学	徐一平	教授
	毕　强	教授
山东大学	孟祥旭	教授
	郝兴伟	教授
厦门大学	冯少荣	教授
厦门大学嘉庚学院	张思民	教授
云南大学	刘惟一	教授
电子科技大学	刘乃琦	教授
	罗　蕾	教授
成都理工大学	蔡　淮	教授
	于　春	副教授
西南交通大学	曾华燊	教授

出 版 说 明

　　随着我国改革开放的进一步深化,高等教育也得到了快速发展,各地高校紧密结合地方经济建设发展需要,科学运用市场调节机制,加大了使用信息科学等现代科学技术提升、改造传统学科专业的投入力度,通过教育改革合理调整和配置了教育资源,优化了传统学科专业,积极为地方经济建设输送人才,为我国经济社会的快速、健康和可持续发展以及高等教育自身的改革发展做出了巨大贡献。但是,高等教育质量还需要进一步提高以适应经济社会发展的需要,不少高校的专业设置和结构不尽合理,教师队伍整体素质亟待提高,人才培养模式、教学内容和方法需要进一步转变,学生的实践能力和创新精神亟待加强。

　　教育部一直十分重视高等教育质量工作。2007 年 1 月,教育部下发了《关于实施高等学校本科教学质量与教学改革工程的意见》,计划实施“高等学校本科教学质量与教学改革工程”(简称“质量工程”),通过专业结构调整、课程教材建设、实践教学改革、教学团队建设等多项内容,进一步深化高等学校教学改革,提高人才培养的能力和水平,更好地满足经济社会发展对高素质人才的需要。在贯彻和落实教育部“质量工程”的过程中,各地高校发挥师资力量强、办学经验丰富、教学资源充裕等优势,对其特色专业及特色课程(群)加以规划、整理和总结,更新教学内容、改革课程体系,建设了一大批内容新、体系新、方法新、手段新的特色课程。在此基础上,经教育部相关教学指导委员会专家的指导和建议,清华大学出版社在多个领域精选各高校的特色课程,分别规划出版系列教材,以配合“质量工程”的实施,满足各高校教学质量和教学改革的需要。

　　为了深入贯彻落实教育部《关于加强高等学校本科教学工作,提高教学质量的若干意见》精神,紧密配合教育部已经启动的“高等学校教学质量与教学改革工程精品课程建设工作”,在有关专家、教授的倡议和有关部门的大力支持下,我们组织并成立了“清华大学出版社教材编审委员会”(以下简称“编委会”),旨在配合教育部制定精品课程教材的出版规划,讨论并实施精品课程教材的编写与出版工作。“编委会”成员皆来自全国各类高等学校教学与科研第一线的骨干教师,其中许多教师为各校相关院、系主管教学的院长或系主任。

　　按照教育部的要求,“编委会”一致认为,精品课程的建设工作从开始就要坚持高标准、严要求,处于一个比较高的起点上。精品课程教材应该能够反映各高校教学改革与课程建设的需要,要有特色风格、有创新性(新体系、新内容、新手段、新思路,教材的内容体系有较高的科学创新、技术创新和理念创新的含量)、先进性(对原有的学科体系有实质性的改革和发展,顺应并符合 21 世纪教学发展的规律,代表并引领课程发展的趋势和方向)、示范性(教材所体现的课程体系具有较广泛的辐射性和示范性)和一定的前瞻性。教材由个人申报或各校推荐(通过所在高校的“编委会”成员推荐),经“编委会”认真评审,最后由清华大学出版社审定出版。

目前,针对计算机类和电子信息类相关专业成立了两个"编委会",即"清华大学出版社计算机教材编审委员会"和"清华大学出版社电子信息教材编审委员会"。推出的特色精品教材包括:

(1) 21 世纪高等学校规划教材·计算机应用——高等学校各类专业,特别是非计算机专业的计算机应用类教材。

(2) 21 世纪高等学校规划教材·计算机科学与技术——高等学校计算机相关专业的教材。

(3) 21 世纪高等学校规划教材·电子信息——高等学校电子信息相关专业的教材。

(4) 21 世纪高等学校规划教材·软件工程——高等学校软件工程相关专业的教材。

(5) 21 世纪高等学校规划教材·信息管理与信息系统。

(6) 21 世纪高等学校规划教材·财经管理与应用。

(7) 21 世纪高等学校规划教材·电子商务。

(8) 21 世纪高等学校规划教材·物联网。

清华大学出版社经过三十多年的努力,在教材尤其是计算机和电子信息类专业教材出版方面树立了权威品牌,为我国的高等教育事业做出了重要贡献。清华版教材形成了技术准确、内容严谨的独特风格,这种风格将延续并反映在特色精品教材的建设中。

清华大学出版社教材编审委员会

联系人:魏江江

E-mail:weijj@tup.tsinghua.edu.cn

前 言

　　随着互联网的普及,计算机网络技术已经渗透到人类日常生活的各个方面,对社会生产、学习、工作、科学研究产生越来越重要的影响。计算机网络技术成为计算机专业及电子通信专业的必修课程之一,掌握计算机网络知识成为社会对人才的基本需求。在当前形势下,除了掌握计算机网络的基本理论,了解网络协议的工作原理之外,如何培养和增强学生的动手实践能力、综合运用网络知识能力,成为当前计算机网络基础教学中的重要问题。

　　目前,虽然大多数高校都开设了计算机网络课程,并开设了相应的实验,但是由于计算机网络技术更新较快、网络通信设备价格昂贵、实验室建设成本高等问题,目前完善的实验教材并不多见。本书是编者在多年的计算机网络教学、实验和网络实验室建设的实践基础上,充分考虑到目前计算机网络发展的新动态,以实用为原则,方便学生自学,教师教学而编写的教材。

　　本书可以作为一般本科和独立学院的计算机网络基础实验教材,本书通过详尽的图解来阐述复杂的理论,通过设计综合案例来增加学生对分割知识点的理解和综合运用。本书为每个实验都精心设计了实验步骤、结果记录分析、预习内容。通过任务驱动的方式使学生能够自主完成实验任务,从传统的验证性实验提升到设计性实验,摆脱单纯的敲打命令的教学误区。

　　在内容组织上,主要分为基础实验部分和综合实验部分,适用于不同层次的学生和读者使用。基础部分包括 18 章内容,涵盖计算机组网中的物理层、数据链路层、网络层和运输层用到的相关知识理论,其中包括双绞线的制作,交换机的配置,VLAN、EtherChannel 的配置,生成树协议,路由器的基本配置,RIP 协议,OSPF 协议,NAT,DHCP,ACL,PPP 和HDLC,帧中继等基础实验,也包括 IPv6、GRE 协议、网关冗余平衡等高级话题,可供学有余力的学生自学使用。综合实验部分共设 9 个实验,每个实验都包含基础实验的大部分知识,可以作为课程的综合考核题目或者网络竞赛试题。

　　另外,为了方便教师的实验教学,本书在每章实验里面都设置了具体的实验任务,既提高了学生的自学能力,也方便了教师的实验教学。

　　本书的所有实验均在 Cisoc R2811 和 Cytalist 2960 上验证完成,由于思科设备在业界的广泛应用,具有一定的通用性,所以本书中的大部分命令稍作修改即可在其他厂商的网络设备上使用。

　　本书由何怀文组织编写和设计。实验 1、3、5、7、9、11、13、14、17 由何怀文编写,实验 2、4、6、8、10、12、14、16、18 由肖涛编写;综合实验 1、2、3、8、9 由何怀文编写,综合实验 4、5、6、7 由肖涛编写。傅瑜教授负责全书审核。本书编写过程中参考了思科公司的有关培训教材和相关著作文献,同时还查阅了大量的网络资料,在此对所有的作者表示感谢。

　　由于作者水平有限,不妥和错误之处望读者批评指正。E-mail:hehuaiwen@gmail.com或者 xiaotao_mail@126.com。

作　者

2012 年 10 月于中山

目　录

第1章 双绞线的制作与测试

双绞线(Twisted Pair)是目前组建以太网使用最广泛的传输介质,由两根相互绝缘的导线依照一定的规则互相缠绕而制成。双绞线既可以传输模拟信号,也可以传输数字信号。本章通过介绍双绞线的制作和测试技术,使用户了解双绞线的工作原理、双绞线的分类及其相应的用途。

1.1 双绞线的基本知识

1.1.1 实验目的

(1) 理解双绞线的工作原理及其分类。

(2) 了解直连线(Straight-Through cable)、交叉线(Crossover cable)和全反线(Roll-Over cable)的区别与用途。

(3) 了解 TIA/EIA 568A 和 568B 的颜色排列标准。

(4) 熟练掌握 RJ45 接口的双绞线制作。

(5) 熟练掌握利用测线仪诊断网线的故障。

1.1.2 实验原理

1. 双绞线简介

在计算机网络的各种传输介质中,双绞线是使用最广泛的一种。目前常见的 100Mbps 快速以太网,普遍使用的是五类(CAT-5 UTP)或者是超五类(CAT 5e UTP)非屏蔽双绞线。

双绞线里面有 4 对相互缠绕的铜线,铜线彼此缠绕可以消除电流通过铜介质时产生的电磁辐射。4 对铜线的颜色为蓝和蓝白、绿和绿白、橙和橙白、棕和棕白。由于不同颜色的一对线的缠绕程度是不同的,缠绕程度越紧密其通信质量就越高,所以在制作双绞线时要严格按照 TIA/EIA 给出的标准来进行颜色的排列。双绞线的内部结构如图 1-1 所示。

CAT-5 UTP 使用的接口为 RJ45(Register Jack 45)接口,又称水晶头接口,如图 1-2 所示。在 RJ45 接口上,共有 8 个铜片引脚,每个引脚都负责不同的传输功能,且每个引脚刚好与双绞线的 8 根铜线相对应。计算机之间在进行网络数据传输时,首先由计算机网卡把二进制比特序列转换成数字信号,数字信号通过 RJ45 的引脚传送到双绞线上,接着传输到接收方的计算机,接收方计算机再对信号进行解码,得到原来的比特序列。

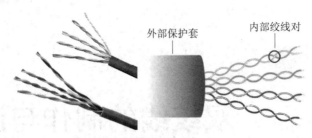

图 1-1   双绞线的结构示意图

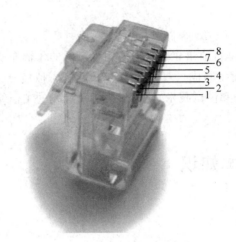

图 1-2   RJ45 接口示意图

2. EIA/TIA 568A 和 568B 标准

国际电工委员会和国际电信委员会(Electronic Industry Association/Telecommunication Industry Association,EIA/TIA)已经制定了 UTP 网线的国际标准,并根据使用领域的不同分为几个类别。每种类别的网线生产厂家都会在其绝缘外皮上标注其种类,如 CAT 5 或 Category-5。

EIA/TIA 在布线标准中规定了两种双绞线的线序 568A 与 568B,其标准颜色排列如图 1-3 所示。

1	绿白		1	橙白
2	绿		2	橙
3	橙白		3	绿白
4	蓝		4	蓝
5	蓝白		5	蓝白
6	橙		6	绿
7	棕白		7	棕白
8	棕		8	棕

TIA/EIA 568A颜色排列标准   TIA/EIA 568B颜色排列标准

图 1-3   TIA/EIA 568A、568B 颜色排列标准

以上两种颜色排列的规律如下：

(1) 纯色和非纯色线为一对，且相互隔开。

(2) 在568A和568B标准中，只有1、2、3、6的排列顺序不同(1、2为一对，3、6为一对)，其他的线颜色都是相同的。

3. 直连线、交叉线和全反线

双绞线根据其两端线序排列的不同，可以分为直连线、交叉线和全反线。

双绞线两端遵循相同线序标准的为直连线，遵循不同标准的为交叉线，两端颜色排列顺序完全相反的为全反线，如图1-4所示。

图1-4 直连线、交叉线和全反线

在连接设备时，必须正确选择线缆连线方式。设备的RJ45接口又分为MDI和MDIX两类。当同种类型的接口通过双绞线互联时，必须使用交叉线；当不同类型的接口互联时，必须使用直连线。其原理如图1-5所示。

(a) 直连线工作原理　(b) 交叉线工作原理

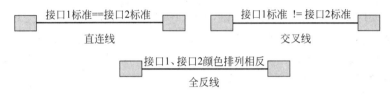

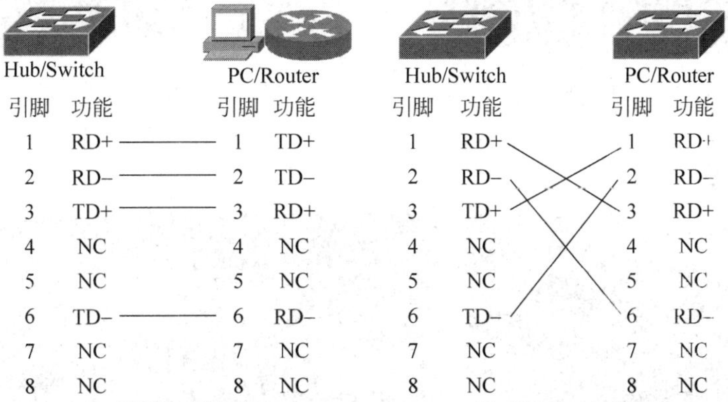

图1-5 直连线和交叉线的工作原理

从图1-5可以看出，RJ45的8个引脚具有不同的功能。RD用于接收信号，TD用于发送信号，NC为备用接口。在CAT-5 UTP的8个引脚中，真正用于传输信号的只有1、2、3、6这4个引脚，而在CAT-6组建的千兆以太网中，则使用8个引脚。

直连线、交叉线和全反线的制作及用途如表1-1所示。

注意： 由于现在的很多网络设备接口有自适应性，所以在进行连接的时候，使用直连线和交叉线都可以。一般在两台计算机之间的互联中使用交叉线。在实验中制作直连线时，两端采用的都是568B标准。

表 1-1　直连线、交叉线和全反线的制作及用途

	直 连 线	交 叉 线	全 反 线
两端颜色排列	两端颜色排列标准相同(568A-568A 或 568B-568B)	两端颜色排列标准不同(568A-568B)	两端颜色排列完全相反
用途	用于连接不对等的端口(PC-Hub,PC-Switch,Switch-Router)	用于连接对等端口(PC-PC,Switch-Switch,Router-Router,PC-Router)	用于连接设备的 Console 口

4. 双绞线的制作

制作双绞线时要用到的工具为压线钳,如图 1-6 所示。利用压线钳可完成剪线、剥线和压线 3 个步骤。

制作过程如下。

(1) 准备,如图 1-7 所示。

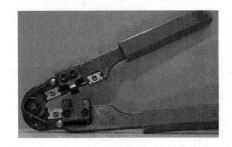
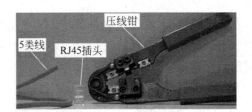

图 1-6　压线钳　　　　　　　　　　　　图 1-7　准备

(2) 剥线,如图 1-8 所示。

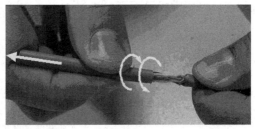

图 1-8　剥线

(3) 排列电缆,如图 1-9 所示。

图 1-9　排列电缆

（4）剪断电缆并放入插头，如图 1-10 所示。

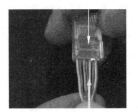

图 1-10　剪断电缆并放入插头

（5）压实压紧，制作完成，如图 1-11 所示。

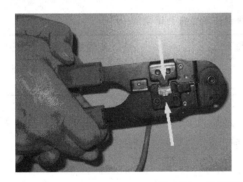

图 1-11　将线缆压实压紧

5．双绞线的测试

制作完双绞线之后，对双绞线进行测试时，要用到测线仪，如图 1-12 所示。测线仪的一端发射信号，另一端反馈信号，通过两端指示灯的闪烁可以判断连接的线序是否正确及导线接触是否正常。

测试时，把一端的连接头插入测线仪的发送端，把另一头插入测线仪的接收端，把测试选择开关置于"直通"，开启电源，观察每端 8 个指示灯的情况。如果 8 个指示灯全亮，则说明网线制作成功；如果其中某个灯没有亮，说明其中的芯线断开了。

图 1-12　测试仪

注意：常见的问题如下。

(1) 颜色排列顺序错误。

(2) 芯线插入 RJ45 接口的线槽过浅，未能接触到铜片。

(3) 在压线时用力太小，导致铜片和芯线接触不良。

(4) 剪线时的力度过大，把芯线剪断。

1.1.3　实验任务

实验分组进行，每组配 5 类 UTP 电缆若干米，RJ45 连接头（水晶头）若干个，双绞线压线钳一把，测线仪一套。用交叉线连接两台 PC，两台 PC 在同一子网内，如图 1-13 所示。

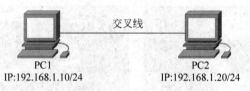

图 1-13　使用交叉线互联两台计算机

(1) 每个人分别制作一根直连线、一根交叉线，并记录双绞线两端的颜色排序顺序及标准，双绞线制作颜色排列记录表如表 1-2 所示。

表 1-2　双绞线制作颜色排列记录表

双绞线类型	接口 A 的标准及颜色排列	接口 B 的标准及颜色排列

(2) 利用测线仪测试制作的双绞线，并记录测试情况，观察测线仪的 8 个指示灯亮灯情况，将发送端和接收端的亮灯顺序用线连接起来。

双绞线类型：_____　　　双绞线类型：_____

发送端	接收端	发送端	接收端
1	1	1	1
2	2	2	2
3	3	3	3
4	4	4	4
5	5	5	5
6	6	6	6
7	7	7	7
8	8	8	8

(3) 利用交叉线连接两台 PC。

将制作好的交叉线插入两台计算机的网卡接口，然后设置两台 PC 的 IP 地址和子网掩码。设置界面如图 1-14 所示。

设置完成后，利用 ping 命令测试两台计算机是否能相互通信。

本地连接 属性
常规
高级
连接时使用:
Intel(R) 82566MM Gigabit Netw
配置(C)...
此连接使用下列项目(O):
QoS 数据包计划程序
Network Monitor Driver
Internet 协议 (TCP/IP)
安装(N)...
卸载(U)
属性(R)
说明
TCP/IP 是默认的广域网协议。它提供跨越多种互联网络的通讯。
连接后在通知区域显示图标(W)
此连接被限制或无连接时通知我(M)
确定
取消
Internet 协议 (TCP/IP) 属性
常规
如果网络支持此功能，则可以获取自动指派的 IP 设置。否则，您需要从网络系统管理员处获得适当的 IP 设置。
自动获得 IP 地址(O)
使用下面的 IP 地址(S):
IP 地址(I):
192 . 168 . 10 . 20
子网掩码(U):
255 . 255 . 255 . 0
默认网关(D):
自动获得 DNS 服务器地址(B)
使用下面的 DNS 服务器地址(E):
首选 DNS 服务器(P):
备用 DNS 服务器(A):
高级(V)...
确定
取消

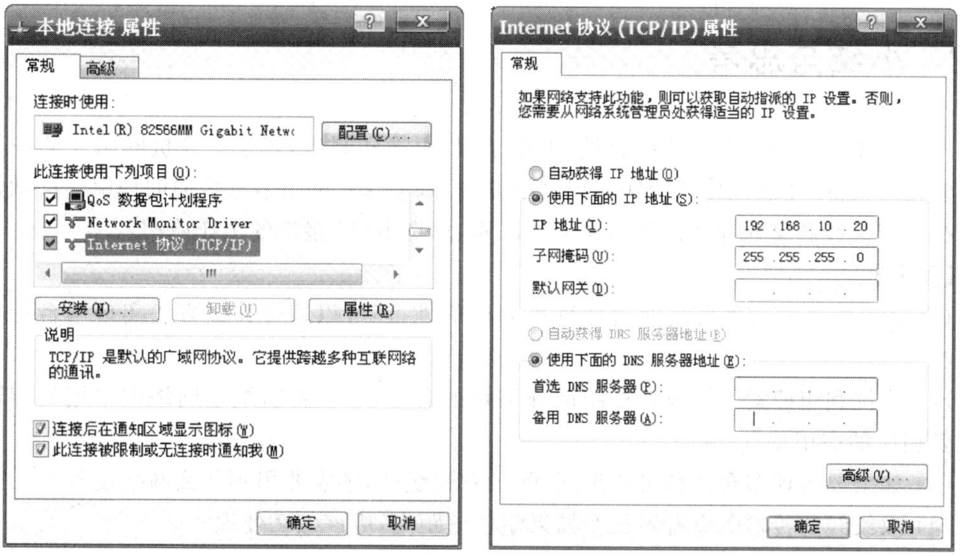

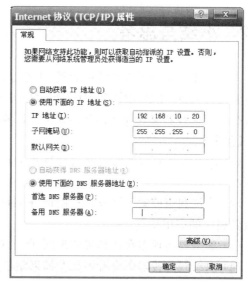

图 1-14　设置界面

ping 命令的用例：ping 192.168.0.2(对方的 IP 地址)。

如果有数据返回提示，则证明已经连通，否则不通，连通示意图如图 1-15 所示，不能连通时的示意图如图 1-16 所示。

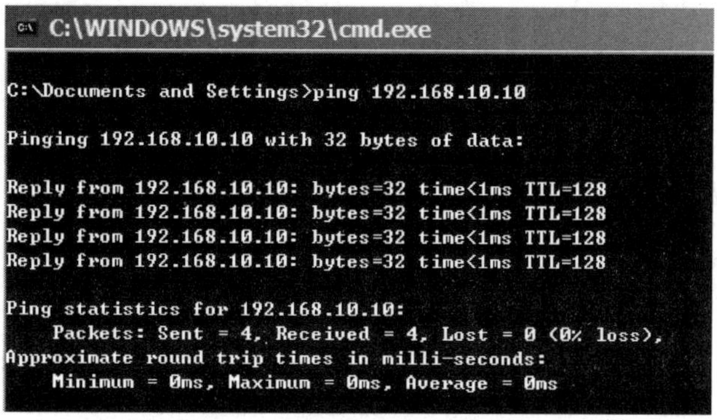
C:\WINDOWS\system32\cmd.exe
C:\Documents and Settings>ping 192.168.10.10
Pinging 192.168.10.10 with 32 bytes of data:
Reply from 192.168.10.10: bytes=32 time<1ms TTL=128
Reply from 192.168.10.10: bytes=32 time<1ms TTL=128
Reply from 192.168.10.10: bytes=32 time<1ms TTL=128
Reply from 192.168.10.10: bytes=32 time<1ms TTL=128
Ping statistics for 192.168.10.10:
Packets: Sent = 4, Received = 4, Lost = 0 (0% loss),
Approximate round trip times in milli-seconds:
Minimum = 0ms, Maximum = 0ms, Average = 0ms

图 1-15　连通示意图

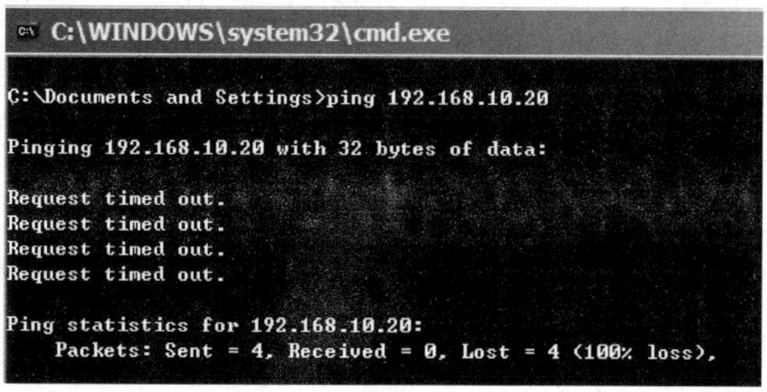
C:\WINDOWS\system32\cmd.exe
C:\Documents and Settings>ping 192.168.10.20
Pinging 192.168.10.20 with 32 bytes of data:
Request timed out.
Request timed out.
Request timed out.
Request timed out.
Ping statistics for 192.168.10.20:
Packets: Sent = 4, Received = 0, Lost = 4 (100% loss),

图 1-16　不能连通时的示意图

1.2 小结与思考

本实验主要介绍了双绞线的分类、工作原理、用途和制作,属于计算机网络实验中最基础的实验。另外,通过制作双绞线实现网络互联,以加深对网络信号传输的理解。同学们可深入探讨交叉线和直连线在信号传输上的区别,思考 RJ45 接口的工作原理。

【思考】

(1) 除了使用双绞线实现两台计算机的通信外,还可以通过什么方法实现两台计算机互联?

(2) 建议利用搜索引擎或者查阅课外书籍的方法,了解目前组建网络中常用的传输介质及其相应的应用特点。

(3) 如果要实现多台计算机的组网,除了双绞线外,还需要用到什么网络设备?

(4) 双绞线的传输距离有多长? 如果超过该距离,应该怎么处理?

第2章

交换机的配置

交换机用来汇聚接入层的主机,工作在数据链路层。交换机收到数据帧后根据帧目的 MAC 地址进行转发。通过交换机对帧的过滤和转发,可以有效地减少冲突域。交换机在同一时刻可进行多个端口之间的数据传输,每一端口均可视为独立的网段,连接在其上的网络设备独自享有全部的带宽,无须同其他设备竞争使用。总之,交换机作组建交换式为局域网的主要连接设备,已经成为应用普及最快的网络设备之一。

2.1 交换机的基本配置

2.1.1 实验目的

(1) 了解交换机的工作原理。
(2) 了解交换机的接入配置方式。
(3) 掌握简单的交换机配置。

2.1.2 实验原理

1. 交换机的主要功能

互联多台计算机可构成计算机网络,常用的计算机接入互联设备有集线器(Hub)、交换机(Switch)。使用集线器组成的称为集中式网络,使用交换机组成的称为交换式网络。由于现在交换机的价格普遍便宜,所以在构建网络的时候,大多数会选择交换机。如图 2-1 所示,即是使用交换机组成的一个小型局域网。交换机的主要功能包括地址学习、帧转发和过滤数据帧、避免环路。

交换机工作在 2 层的可以隔离冲突域。交换机是基于收到的数据帧中的源 MAC 地址和目的 MAC 地址来进行工作的。交换机的作用主要有两个:一个是维护 CAM(Context Address Memory)表也称 MAC 地址表,该表是计算机的 MAC 地址和交换端口的映射表;另一个是根据 CAM 表来进行数据帧的转发。交换机对帧的处理方式有 3 种:交换机收到帧后,查询 CAM 表,如果能查询到目的 MAC 地址所在的端口,并且目的 MAC 地址所在的端口不是交换机接收帧的源端口,交换机将把帧从这一端口转发出去(Forward);如果该目的 MAC 地址所在的端口和交换机接收帧的源端口是同一端口,交换机将过滤掉该帧(Filter);如果交换机不能查询到目的 MAC 地址所在的端口,交换机将把帧从源端口以外的其他所有端口上发送出去,称为泛洪(Flood)。另外,当交换机接收到的帧是广播帧或多播帧,交换机也会泛洪该帧。

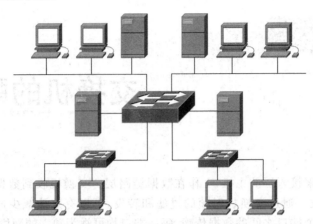

图 2-1 交换机组网结构图

2. 以太网交换机转发数据帧的交换方式

1) 存储转发(Store-and-Forward)

存储转发方式是先存储后转发,交换机把从端口接收的数据帧先全部存储起来,然后进行 CRC(循环冗余码校验)校验,把错误帧丢弃,最后取出数据帧目的 MAC 地址,查找 CAM 表后进行过滤和转发。存储转发方式的延迟大,但它可以对进入交换机的数据帧进行较高级别的检测,该方式可以支持不同速度的端口间的转发。

2) 直通交换(Cut-Through)

在直通交换中,交换机在收到数据时会立即处理数据,即使数据帧尚未接收完成。交换机只缓冲帧的一部分,缓冲的长度仅供读取目的 MAC 地址,以便确定转发数据时应使用的端口。目的 MAC 地址位于帧中前导码后面的前 6 个字节。交换机在其交换表中查找目的 MAC 地址,确定外发端口,然后将帧转发到其目的地。交换机对该帧不执行任何错误检查。

直通交换有以下两种变体。

(1) 快速转发交换(Cut-Through)。当交换机在输入端口检测到一个数据帧时,检查该帧的帧头,只要获取了帧的目的地址,就开始转发帧。它的优点是,开始转发前不需要读取整个完整的帧,延迟非常小。它的缺点是,不能提供检测功能。

(2) 无碎片交换(Fragment-Free)。这是改进后的直接转发,是一种介于前两者之间的解决方法。使用无碎片方法读取数据帧的前 64 字节后(如果帧长度大于 64 字节,说明该帧没有发生冲突),就开始转发该帧。这种方式虽然也不能提供数据校验,但是能够避免由转发冲突产生的碎片帧。它的数据处理速度比直接转发方式慢,但比存储转发方式快许多。

可将交换机配置为按端口执行直通交换,当达到用户定义的错误阈值时,这些端口自动切换为存储转发。当错误率低于该阈值时,端口自动恢复到直通交换。

3. 交换机配置和管理方式

交换机的配置和管理主要有以下 4 种方式:

(1) 控制口(Console Port)方式登录(本地配置)。

（2）通过 Telnet 虚拟终端登录（远程配置）。

（3）通过 TFTP 方式管理（远程配置）。

（4）通过 Web 或网络管理协议 SNMP 等网络管理软件进行管理（远程配置）。

其管理配置环境结构如图 2-2 所示。

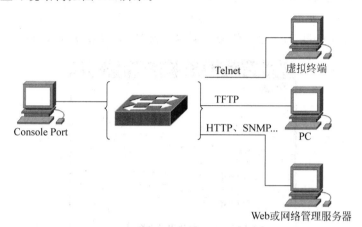

图 2-2　交换机的管理配置环境结构图

下面详细介绍不同配置环境的操作方法。

1）Console 口登录配置

初次安装交换机时，必须通过控制口（Console Port）进行登录，然后为交换机配置一个 IP 地址，才可以通过其他 3 种方式对交换机进行远程管理。通过控制口登录交换机，要使用全反线（Rollover Cable）连接计算机的串口和交换机的 Console 口，如图 2-3 所示。

图 2-3　通过 Console 口登录管理交换机

在 Windows 环境下使用的登录软件为超级终端（Super Terminal），步骤如下。

（1）选择"开始"→"附件"→"通讯"→"超级终端"。

（2）在"新建连接名称"文本框中输入连接名称（任意的字母和数字）。

（3）选择 COM1（假设连接交换机 Console 口连接的串口为 COM1）作为连接使用的端口。

（4）单击"确定"按钮后，COM1 的属性设置如图 2-4 所示。主要设置以下参数：

设置"每秒位数"为 9600，"数据位"为 8，"奇偶校验"为无，"停止位"为 1，"数据流控制"为无。

（5）单击"确定"按钮之后可以进入交换机的配置界面。

2）通过 Telnet 虚拟终端登录（远程配置）

在为交换机配置了一个 IP 地址之后，可以通过 Telnet 协议远程登录和管理交换机。Telnet 协议对应的 TCP 端口号为 23，是早期对远程设备进行配置和管理的常用网络协议。

但是由于使用 Telnet 协议传输数据时是明文传输，安全性不高，所以现在很多网络设备的远程管理都使用 SSH 方式来进行管理。由于 Telnet 的广泛应用，还是有必要学习的。

使用 Telnet 登录交换机比较简单，例如为交换机设置的 IP 地址是 192.168.1.1，便可以在一台和交换机连接的计算机上打开 MS-DOS 窗口，输入"telnet 192.168.1.1"，即可登录交换机。

注意：登录前应使用 ping 命令检查计算机到交换机网络线路的连通性。

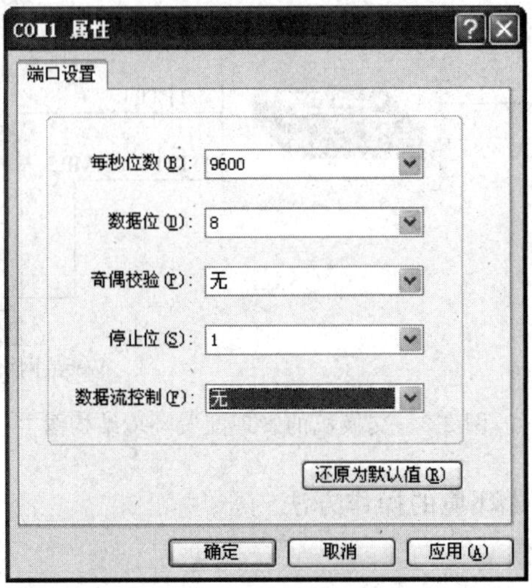

图 2-4　COM1 的属性设置

3）通过 TFTP 方式管理（远程配置）

该部分内容这里不作详细介绍。

4）通过 Web 或网络管理协议 SNMP 等网管软件进行配置管理。

通过 Web 方式管理网络设备，是目前大部分网络设备采用的方式。交换机内操作系统内嵌了 Web 服务器，客户端可使用浏览器通过 HTTP 协议来进行通信。另外，在中大型的网络管理中，常常使用网络管理软件通过 SNMP 协议来管理网络设备。

4. 交换机的配置实例

交换机配置的拓扑图如图 2-5 所示。

交换机模式和命令提示符的对应关系如表 2-1 所示。

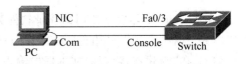

图 2-5　交换机配置的拓扑图

表 2-1　交换机模式和命令提示符的对应关系

命令模式名称	命令提示符	命令模式名称	命令提示符
用户模式	Switch>	接口配置模式	Switch(config-if)#
特权模式	Switch#	VLAN 配置模式	Switch(config-vlan)#
全局配置模式	Switch(config)#		

配置步骤如下：

（1）切换配置模式。

交换机的管理可以分为以下几个模式：普通用户模式、特权命令模式、全局模式、接口模式和 VLAN 模式。每个模式执行的命令不同，在命令提示符下可用"?"来查看该命令模式式可使用的功能命令。

登录交换机后，默认处于普通用户模式。进入特权执行模式之后，才可以访问另外的配置模式。Cisco IOS 软件的命令模式采用分层的命令结构。每一种命令模式支持与设备中某一类型的操作相关联的特定 Cisco IOS 命令。

```
Switch> enable                          //从用户执行模式切换到特权执行模式
Password: password                      //如已设置特权口令,则系统提示用户输入口令(该处实际上
                                        //不会显示密码或 Exit)
Switch#                                 //提示符#表示已处于特权执行模式
Switch# disable                         //从特权模式其换到用户执行模式
Switch>                                 //提示符>表示已处于用户执行模式
Switch> enable
Switch# configure terminal             //从特权执行模式切换到全局配置模式
Switch(config)#                         //提示符(config)#表示交换机已处于全局配置模式下
Switch(config)# interface fastethernet 0/1  //从全局配置模式切换到快速以太网接口 0/1 的接
                                        //口配置模式
Switch (config-if)#                     //表示交换机已处于接口配置模式
Switch(config-if)# exit                 //从接口配置模式切换到全局配置模式
Switch(config)# vlan1                    //从全局配置模式切换到 VLAN 配置模式
Switch(config-vlan)#                     //提示符(config-vlan)#表示已经处于 VLAN 配置模式
Switch(config-vlan)# end                 //从 VLAN 配置模式直接退回到特权执行模式
Switch#                                 //提示符#表示已经处于特权执行模式
```

（2）配置主机名。

```
Switch> enable
Switch# conf terminal                   //此处 conf 为命令简写,IOS 支持命令简写,提高配置效率
Enter configuration commands, one per line. End with CNTL/Z
Switch(config)# hostname S1
```

（3）接口基本配置。

默认情况下，交换机的以太网接口是开启的。对于交换机的以太网接口，可以配置双工模式和速率等。

```
Switch (config)# interface Fa0/1
Switch(config-if)# duplex{full/half/auto}
//duplex 来用配置接口的双工模式:full 表示全双工; half 表示半双工; auto 表示自动检测双工模式
Switch(config-if)# speed{10/100/1000/auto}
//speed 命令用来配置交换机的接口速度: 10 表示10Mbps; 100 表示 100 Mbps; 1000 表示 1000 Mbps;
//auto 表示自动检测接口速度
```

（4）配置密码。

```
Switch (config)# enable secret cisco     //配置特权模式密码
Switch (config)# line vty 0 4            //配置 telnet 登录的密码
//以上表示进入路由器的 VTY 虚拟终端,"vty 0 4"表示 vty 0 到 vty 4,共 5 个虚拟终端
```

```
Switch (config - line) # passwrod cisco
Switch (config - line) # login
```
//以上配置的是 vty 的密码,即 Telnet 密码
```
Switch (config - line) # exit
Switch (config) # enable password cisco
```
//以上配置了交换机特权模式的密码,不配置特权模式密码,就不能正常进行远程登录

（5）配置远程的地址。

交换机允许远程登录,需要先在交换机上配置一个 IP 地址,这个地址是在 VLAN 接口上配置的,如下:

```
Switch (config) # int vlan1
Switch (config - if) # ip address 172.16.1.1 255.255.0.0
Switch (config - if) # no shutdown
Switch (config) # ip default - gateway 172.16.1.254
```
//以上在 VLAN1 接口上配置了管理地址,接在 VLAN1 上的计算机可以直接远程登录该地址。为了其
//他网段的用户也可以 Telnet 交换机,在交换机上配置了默认网关

（6）保存配置。

```
Switch # copy running - config startup - config    //用于将配置信息从内存复制到 NVRAM,保存当前
                                                  //配置。Write 命令也有相同的功能
Destination filename[ startup - config]?
Building configuration...
[OK]
```

（7）备份交换机配置。

可以将交换机的配置文件备份到 TFTP 服务器中,首先在 PC 上启动 TFTP Server,并保证 PC 和交换机的 IP 能相互通信,配置 PC 的 IP 地址为 172.16.1.100/24。

```
Switch # copy startup - config tftp
Address or name of remote host []? 172.16.1.100        //TFTP 服务器的 IP 地址
Destination filename [ sw3560 - confg]?startup - config   //设置保存的文件名称
!!
2816 bytes copied in 0.054 secs (52148 bytes/sec)
Switch #
```

在 PC 上查看 TFTP Server 指定的根目录,便可以看到 startup-config. txt 文件。

（8）测试远程登录。

① 首先在 PC 上 ping 交换机的 VLAN1 的 IP 地址,IP 地址为 172.16.1.1。

```
C:\> ping 172.16.1.1
Pinging 172.16.0.1 with 32 bytes of data;
Reply from172.16.1.1;bytes = 32 time < 1ms TTL = 255
Reply from172.16.1.1;bytes = 32 time < 1ms TTL = 255
Reply from172.16.1.1;bytes = 32 time < 1ms TTL = 255
Reply from172.16.1.1;bytes = 32 time < 1ms TTL = 255
Ping Statistics for 172.16.1.1;
    Packets; Sent = 4, Received = 4, Lost = 0,0 % lo Approximate round trip times in milli - seconds;
    Minimum = 0ms, Maximum = 0ms, Average = 0ms
```
//以上表明计算机能 ping 通交换机

② 然后在交换机上 Telnet 交换机的 IP 地址。

```
C:\> telnet 172.16.1.1
//Telnet 交换机 VLAN1 的 IP 地址
Uer Access Verification
Password:
Router > enable
Password:
Router # exit
//输入 vty 的密码 cisco,输入 enable 的密码 cisco,就能正常进入交换机的特权模式进行其他配置了
```

2.1.3 实验任务

交换机的基本配置任务网络拓扑图如图 2-6 所示。

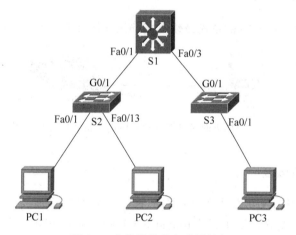

图 2-6　交换机的基本配置任务

交换机的基本配置 IP 地址表如表 2-2 所示。

表 2-2　交换机的基本配置 IP 地址表

设　　备	接　　口	IP 地址	子 网 掩 码
S1	VLAN1	172.16.1.101	255.255.255.0
S2	VLAN1	172.16.1.102	255.255.255.0
S3	VLAN1	172.16.1.103	255.255.255.0
PC1	Fa0/1	172.16.1.1	255.255.255.0
PC2	Fa0/13	172.16.1.2	255.255.255.0
PC3	Fa0/1	172.16.1.3	255.255.255.0

实验要求如下：

（1）配置交换机的名称为每个人姓名的拼音,设置交换机的特权模式密码为 cisco。

（2）将 3 台交换机设置为可以进行 Telnet 远程登录,每台交换机只允许一个用户同时登录；其中远程登录密码为 cisco,交换机的管理地址和 PC 的 IP 地址见表 2-2。

（3）以远程登录方式登录交换机 S1、S2、S3，并在 PC1 上设置 TFTP Server，将交换机 S1、S2、S3 的配置保存并分到 TFTP Server 上面。

2.2 交换机的密码恢复和 IOS 的备份及恢复

2.2.1 实验目的

（1）了解交换机的工作原理。
（2）掌握交换机的密码恢复。
（3）掌握交换机的 IOS 备份和恢复。

2.2.2 实验原理

交换机的密码恢复和 IOS 的备份及恢复拓扑图如图 2-7 所示。

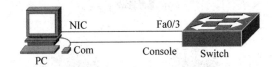

图 2-7　交换机的密码恢复和 IOS 的备份及恢复拓扑图

1. 交换机的密码恢复

Cisco 交换机的密码恢复方法和路由器的密码恢复方法差别较大，并且不同型号的交换机恢复方法也有所差异。以下是 Catalyst 3560（Catalyst 2950 也类似）交换机的密码恢复步骤。

（1）断开交换机电源，按住交换机前面板的 Mode 键不放，接上电源，便会看到如下内容：

```
Base ethernet MAC Address; 00:18:ba:11:f5:00
Xmodem file system is available.
The password-recovery mechanism is enabled.

The system has been interrupted prior to initializing the flash file system . The following commands will initialize
the flash filesystem and finish loading the operating system software;
flash_init
load_helper
bootswitch
```

（2）输入 flash_init 命令。

```
boot:flash_init
Initializing Flash...
flashfs[0]; 3 files,1 directories
flashfs[0]; 0 orphaned files,0 orphaned directories
```

```
flashfs[0]; Total bytes; 32514048
flashfs[0]; Bytes used; 6076928
flashfs[0]; Bytes available; 26437120
flashfs[0]; flashfs fsck took 12 second
...done initializing flash.
Boot Sector Filesystem (bs;) installed,fsid; 3
Setting console baud rate to 9600...
```

（3）输入 load_helper 命令。

```
boot:load_helper
```

（4）输入 dir flash 命令。

```
boot: dir flash
Directory of flash;/
2    - rwx 6073600   < date >      c3560 - ipbasek9 - mz.122 - 25.SEB4.bin
3    - rwx 1455      < date >      config.text
5    - rwx 24        < date >      private - config.text
26437120 bytes available 6076928 bytes used
//config.text是交换机的启动配置文件,和路由器的 start - config类似
```

（5）输入 rename flash:config.text flash:config.old 命令。

```
boot: rename flash:config.text flash:config.old
//以上是为启动配置文件改名,这样交换机启动时就读不到 config.text 了,从而绕开了密码验证步骤
```

（6）输入 boot 命令,以引导系统,这时无须再按住 Mode 键。

```
boot:boot
```

当出现如下提示时,输入 n。

```
Continue with the configuration dialog?[yes/no]:n
```

（7）使用 enable 命令,进入特权模式,并将文件 config.old 改为 config.text,命令如下:

```
Switch ♯ rename flash:config.old flash:config.text
```

再将原配置装入内存,命令如下:

```
Switch ♯ copy flash:config.text system:running - config
```

（8）修改各个密码。

```
Switch ♯ conf t
Switch ♯ (config) ♯ enable secret cisco
Switch (config) ♯ exit
```

（9）将配置写入 nvram。

```
Switch ♯ copy running - config start - config
```

此后,交换机在配置不丢失的情况下便可将密码破解了。

2. 交换机的 IOS 备份

（1）在 PC 上启动 TFTP Server。如果 PC 上有防火墙软件，需关闭。启动 TFTP Server 后将根目录指向 IOS 的备份目录，运行 TFTP Server 的界面如图 2-8 所示。

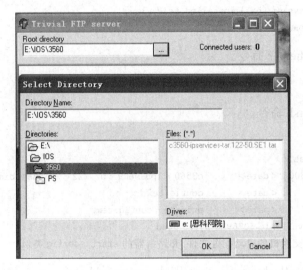

图 2-8　运行 TFTP Server

（2）在交换机上配置地址，使交换机和 TFTP Server 的 IP 能相互通信。

（3）登录交换机，找到 IOS 使用 dir flash:的文件名，然后运行 copy 命令。

```
Switch #copy flash: c3560 - advipservicesk9 - mz.122 - 44.SE2.bin tftp:
Address or name of remote host []? 172.16.1.100    //设置为 TFTP Server 所的 IP 地址
Destination filename [c3560 - advipservicesk9 - mz.122 - 44.SE2.bin]?   //保存 IOS 的文件名
…//此部分省略
10,427,104 bytes copied in 201 secs (51876 bytes/sec)
```

（4）查看 PC 上 TFTP 的根目录下是否有该备份文件。

3. 交换机的 IOS 恢复

如果交换机的 IOS 文件被删除重启后，便无法进入到正常配置模式，需要通过 Console 来进行 IOS 恢复。

（1）使用控制线连接交换机 Console 口与计算机串口，使用超级终端登录交换机。设置连接（如果连接的是其他串口，就选择其他串口），设置速率为 9600、无校验、无流控，设置停止位为 1，当然直接单击"还原为默认值"按钮也可以。连接以后，计算机会出现交换机无 IOS 的界面，一般的提示符是"switch:"。

（2）在超级终端输入以下内容：

```
switch:flash_init
```

会出现如下提示：

```
Initializing Flash...
```

```
flashfs[0]: 1 files, 1 directories
flashfs[0]: 0 orphaned files, 0 orphaned directories
flashfs[0]: Total bytes: 3612672
flashfs[0]: Bytes used: 1536
flashfs[0]: Bytes available: 3611136
flashfs[0]: flashfs fsck took 3 seconds...done Initializing Flash.
Boot Sector Filesystem
Parameter Block Filesystem
```

（3）在 switch：后面输入 load_helper 后无任何提示，然后用命令 set BAUD 115 200 设置速率（相对于 9600 的速率，可大大提高速度），按 Enter 键会出现乱码，关闭超级终端。重新打开超级终端，此次设置波特率为 115 200。

（4）输入如下复制指令：

switch：copy xmodem：flash：c3560 - advipservicesk9 - mz.122 - 44.SE2.bin

接着会出现如下提示：

Begin the Xmodem or Xmodem - 1K transfer now...
CCCC

系统提示中将会不断地出现"C"这个字母，这表示可以传文件了。

（5）在超级终端窗口中，选择"传送"→"传送文件"命令，打开图 2-9 所示的对话框，选择 IOS 文件，设置"协议"为"1K Xmodem"。单击"发送"按钮开始发送文件。此时需耐心等待，由于通信速率为 115 200bps，根据 IOS 文件的大小，大概需要 5～10min。

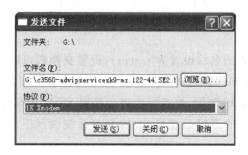

图 2-9　选择 IOS 文件及协议

（6）传送完毕后提示如下内容：

File "xmodem:" successfully copied to " c3560 - advipservicesk9 - mz.122 - 44.SE2.bin "
switch：

（7）在提示符下输入 switch：boot，路由交换设备将自动重新启动，也可以启用新的 IOS 系统。

（8）重新加电后就完成了所有的恢复工作，此时就可以正常使用新 IOS 系统的设备了。

2.2.3　实验任务

交换机的基本配置任务拓扑图如图 2-10 所示。
IP 地址表如表 2-3 所示。

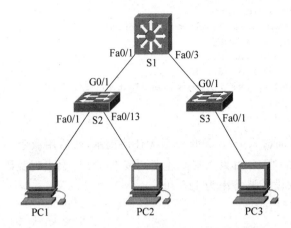

图 2-10   交换机的基本配置任务拓扑图

表 2-3   交换机的基本配置地址表

设　　备	接　　口	IP 地址	子网掩码
S1	VLAN1	172.16.1.101	255.255.255.0
S2	VLAN1	172.16.1.102	255.255.255.0
S3	VLAN1	172.16.1.103	255.255.255.0
PC1	Fa0/1	172.16.1.1	255.255.255.0
PC2	Fa0/13	172.16.1.2	255.255.255.0
PC3	Fa0/1	172.16.1.3	255.255.255.0

实验要求如下：

(1) 教师将交换机 S1 的名称设置为 teacher,设置交换机可以 Telnet 远程登录,将密码设置为一个不为其他人所知的密码,保存配置。要求学生在保留原配置的前提下破解密码。

(2) 将交换机 S2 的 IOS 删除,要求学生将交换机 S3 的 IOS 备份到 TFTP Server 所在的 PC3 上,然后用 S3 备份的 IOS 系统将 S2 的 IOS 系统恢复正常。

2.3   交换机的安全配置

2.3.1   实验目的

(1) 了解交换机的工作原理。

(2) 掌握交换机的端口安全配置。

(3) 了解安全违规模式的内容和应用。

2.3.2   实验原理

1. 交换机的安全性

(1) 未提供端口安全性的交换机可让攻击者乘虚而入,攻击者可连接到未使用的已启用端口,并执行信息收集或攻击。交换机可像集线器那样进行工作,这意味着连接到交换机的每一台都有可能查看通过交换机流向与交换机相连的所有 PC 的网络流量。因此,攻击者可以收集含有用户名、密码或网络上的系统配置信息的流量。

(2) 在部署交换机之前,应保护所有交换机的端口。端口安全性可限制端口上所允许的有效 MAC 地址的数量。如果为安全端口分配了安全 MAC 地址,那么当数据包的源地址不是已定义地址组中的地址时,端口不会转发这些数据包。

(3) 如果将安全 MAC 地址的数量限制为1,并为该端口分配一个安全 MAC 地址,那么连接该端口的工作站将确保获得端口的全部带宽,并且只有地址为安全 MAC 地址的工作站才能成功连接到交换机端口。如果端口已配置为安全端口,并且安全 MAC 地址的数量已达到最大值,那么当尝试访问该端口的工作站的 MAC 地址不同于已确定的安全 MAC 地址时,则会发生安全违规。

2．交换机的安全配置

配置端口安全性有很多方法,下面介绍在 Cisco 交换机上配置端口安全性的常用方法。

① 静态安全 MAC 地址:使用 switchport port-security mac-address mac-address 命令手动配置的。以此方法配置的 MAC 地址将存储在 MAC 地址表中。同时也添加到交换机配置文件中,交换机重启时仍然有效。

```
关闭不用的端口 ┌ Switch (config)＃int Fa0/1
              └ Switch (config－if)＃shutdown

              ┌ Switch (config－if)＃switch mode access      //以上命令把端口设置为访问
              │                                             //模式,用来接入计算机
启用端口安全配置┤ Switch (config－if)＃switch port－security  //以上命令用于打开交换机
              │                                             //的端口安全功能
              └ Switch (confg－if)＃switch port－security maximum 1
//以上命令允许该端口下的 MAC 的最大数量为1,即只允许一个设备接入
Switch (config－if)＃switch port－security violation shutdown
```

说明:"**switch port-security violation〈protect|shutdown|restrict〉**"的含义如下。

- protect:当新的计算机接入时,如果该接口的 MAC 条目超过最大数量,则这个新的计算机将无法接入,且原有的计算机不受影响。
- shutdown:当新的计算机接入时,如果该接口的 MAC 条目超过最大数量,则该接口将会被关闭,这个新的计算机和原有的计算机都无法接入,需要管理员使用 no shutdown 命令重新打开。
- restrict:当新的计算机接入时,如果该接口的 MAC 条目超过最大数量,则这个新的计算机可以接入,交换机将发送警告信息。

```
Switch (config－if)＃switchport port－security mac－address 0019.5535.b828 配置允许进入
的 MAC
Switch (confgi－if)＃no shutdown
Switch (config)＃int vlan1
Switch (config－if)
```

```
Switch (config-if)# ip address 172.16.0.1 255.255.0.0
//以上配置交换机的管理地址
Switch (config-if)# exit   //退回全局执行模式
```

② 动态安全 MAC 地址：MAC 地址是动态获取的，并且仅存储在当前 MAC 地址表中，获取到的安全 MAC 地址在交换机重新启动时将被清除。

```
Switch (config)# int Fa0/2
Switch (config-if)# shutdown_
Switch (config-if)# switch mode access_
//以上命令把端口设置为访问模式，用来接入计算机
Switch (config-if)# switch port-security_
//以上命令用于打开交换机的端口安全功能
Switch (confg-if)# switch port-security maximum 10_
//以上命令允许该端口下的 MAC 条目最大数量为 10，即允许 10 个设备接入
Switch (confg-if)# switch port-security violation protect_   //当新的计算机接入时，如果
//该接口的 MAC 条目超过最大数量，则这个新的计算机将无法接入，且原有的计算机不受影响
Switch (config-if)# end                                     //退回特权执行模式
```

③ 粘滞安全 MAC 地址：可以将端口配置为动态获得安全 MAC 地址，然后将所获得的 MAC 地址保存到运行配置，重启后仍可生效。

```
Switch #conf   terminure
Switch (config)# int Fa0/3
Switch (config-if)# shutdown
Switch (config-if)# switch mode access
//以上命令把端口设置为访问模式，用来接入计算机
Switch (config-if)# switch port-security
//以上命令用于打开交换机的端口安全功能
Switch (confg-if)# switch port-security maximum 20
//以上命令允许该端口下的 MAC 条目最大数量为 20，即允许 20 个设备接入
Switch (confg-if)# switch port-security macaddress sticky
//以上命令启用粘滞获取
Switch (config-if)# end                                     //退回特权执行模式
```

以下是实验调试结果。

```
Switch #show port-security
Secure Port    MaxSecureAddr      CurrentAddrr       SecurityViolation      Security Action
               (Count)            (Count)            (Count)
-------------------------------------------------------------------------------------------
   Fa0/1          1                  1                   0                  Shutdown
-------------------------------------------------------------------------------------------
Total Addresses in System (excluding one mac per port)   : 0
Max Addresses limit in System(excluding one mac per port): 6272
//以上可以查看端口安全的设置情况，端口 1 为安全端口，最多安全地址数为 1，违规处理的方式为
//关闭端口
```

安全违规模式包括保护、限制和关闭。当出现以下任一情况时，则会发生安全违规：

- 地址表中添加了最大数量的安全 MAC 地址,有工作站试图访问接口,而该工作站的 MAC 地址未出现在该地址表中。
- 在一个安全接口上获取或配置的地址出现在同一个 VLAN 中的另一个安全接口上,避免 MAC 地址伪造。

2.3.3 实验任务

交换机的安全配置网络拓扑图如图 2-11 所示。

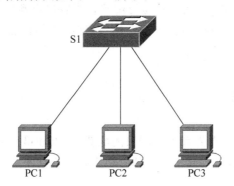

图 2-11 交换机的安全配置任务图

交换机的基本配置地址表如表 2-4 所示。

表 2-4 交换机的基本配置地址表

设 备	接 口	IP 地址	子 网 掩 码
S1	VLAN1	172.16.10.100	255.255.255.0
PC1	NIC		
PC2	NIC		
PC3	NIC		

实验要求如下:

(1) 按照表 2-4 设置好交换机 S1 的管理地址,设置交换机 S1 的 Fa0/1～Fa0/12 端口为动态安全 MAC 地址,设置 MAC 条目的最大数量为 10,设置安全违规模式为关闭,将 PC1 接到 Fa0/1;设置 Fa0/24 端口,使其采用静态安全 MAC 地址,设置 MAC 条目的最大数量为 1,设置安全违规模式为限制,并将 PC3 的 MAC 地址绑定到 Fa0/24;其他未使用的端口禁用。

(2) 设置 PC1、PC2 和 PC3 与交换机的管理地址为同一网段,使用 ipconfig/all 命令查看它们的 MAC 地址,并记录在表 2-5 中。

表 2-5 地址表

设 备	接 口	IP 地址	MAC 地址
PC1	NIC		
PC2	NIC		
PC3	NIC		

（3）尝试将 PC1 接到 Fa0/24 端口，将 PC3 接到 Fa0/1 端口，查看交换机会出现什么提示和情况，并解释为什么出现这样的情况。然后将 PC1 和 PC3 都接到 Fa0/2 和 Fa0/3 端口，查看是否出现错误提示。保存交换机 S1 的运行配置，然后启用 Fa0/13～Fa0/23 端口，并采用粘滞安全 MAC 地址，设置 MAC 条目的最大数量为 1，设置安全违规模式为保护，再将运行配置保存为启动配置，然后将 PC2 接到 Fa0/16；此时如果将 PC3 改接到 Fa0/16 端口，将 PC2 改接到 Fa0/24 端口，查看会出现什么情况。

（4）接着将 PC3 和 PC2 的网线断开，将交换机 S1 重新启动，将 PC3 改接到 Fa0/16 端口，将 PC2 改接到 Fa0/24 端口，再保存运行配置；然后再重新启动一次交换机 S1，将 PC3 改接到 Fa0/24 端口，将 PC2 改接到 Fa0/16 端口，这时交换机会出现什么情况？为什么会这样？请解释。

2.4　小结与思考

本章讲述了交换的基本配置和安全端口的配置，重点和难点为交换机的安全配置，特别是粘滞端口的概念和应用，需要同学们从理论和实践两方面来加强理解和运用。

【思考】

（1）在配置交换机远程 Telnet 登录时，如果只配置交换机远程登录密码而不配置 enable 密码，会出现什么情况？

（2）在恢复交换机 IOS 系统时，使用命令 set BAUD 115 200 修改速率，以提高 IOS 的传输速率，请问还可以有更高的传输速率吗？如果有，是多少？

（3）建议通过搜索引擎或者查阅课外书籍的途径了解目前关于静态、动态、粘滞安全地址类型的应用场合，要求对于每种类型至少列举一种应用场景。

第3章

VLAN、EtherChannel的配置

VLAN(Virtual LAN,虚拟局域网)技术主要用来控制局域网的广播流量和进行逻辑分组的划分,提高了局域网的性能和安全性。EtherChannel(以太通道)也称链路聚合,通过将多条物理链路捆绑成一条逻辑链路增加网络链路带宽,同时起到链路冗余的作用,以提高网络的稳定性和性能。本章通过学习 VLAN 和 EtherChannel 的配置,了解 VLAN 和 EtherChannel 技术的工作原理,理解其在构建以太网中的用途,从而能够灵活运用 VLAN 和 EtherChannel 技术来提高以太网的网络性能和稳定性。

3.1　VLAN 的配置

3.1.1　实验目的

(1) 了解 VLAN 的作用与用途。
(2) 了解通过 VLAN 来控制网络的广播流量原理。
(3) 掌握单一交换机及跨交换机划分 VLAN 的配置方法。
(4) 理解 VLAN 标签添加和删除的过程。

3.1.2　实验原理

1. VLAN 与广播域

在交换式局域网中,由于交换机能通过识别帧的 MAC 地址实现基于端口的数据帧的过滤,允许多台计算机并发传输数据而不会产生冲突,缩小了网络的冲突域,提升了网络的性能。

但是,随着网络规模的不断扩大,同一子网内主机的数量将会急剧增多,由于交换机会向所有端口转发广播报文,从而引起广播风暴(Broadcast Storm)。广播风暴不但占用大量的带宽,还会大量消耗计算机的资源,甚至引起主机崩溃。在现实的网络通信中,ARP、DHCP 等数据报文都是以广播方式发送的,如果广播域的主机数过多,则很容易引发广播风暴。

要避免这种情况的发生,首先要做到的是减少广播域内的主机数。默认情况下,所有连接到交换机的主机属于一个广播域,如图 3-1 所示。要减少广播域内主机数,可以通过将一个广播域划分为多个广播域的方式来完成。通过限制广播数据在更小的范围内传播,从而提高整个网络的带宽利用率。广播域的划分可以在第 2 层(使用交换机)或者在第 3 层(使用路由器)进行。最早用来分割广播域的设备是路由器,但是由于在路由器上分割广播域涉及逻辑地址(IP 地址)的划分,而且在第 3 层处理分组的速度比较慢,所以,在组建局域网时,要控制网络中的广播流量,通常采用在交换机上划分 VLAN 来进行的。

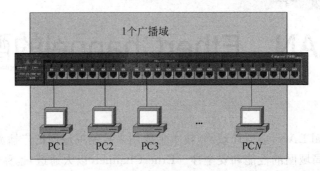

图 3-1　交换机的广播域

VLAN 并不是一种新型的局域网技术,而是通过交换机上特定的配置将原来同属于一个局域网中的主机划分成多个逻辑分组,相当于把原来的一个网络分割成几个独立的网络。VLAN 对广播域的划分如图 3-2 所示。在图中可以看到,原来属于一个广播域的主机经过 VLAN 划分之后,变成了 3 个广播域,每一个广播域就是一个 VLAN。划分之后,每个主机只能接收到来自本 VLAN 的数据,而无法接收其他 VLAN 的数据。例如 VLAN1 中的计算机只能接收 VLAN1 内的广播帧,而无法接收 VLAN2 和 VLAN3 的广播帧。通过下面计算:

(1) 没划分 VLAN 之前:1 个广播帧复制为 $N-1$ 个。

(2) 划分 3 个 VLAN 后:1 个广播帧复制为 $N/3-1$ 个。

可以看到,通过 VLAN 的划分,大大减少了网络中的广播流量。

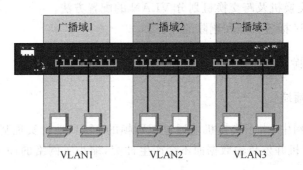

图 3-2　利用 VLAN 分割广播域

2. VLAN 的优点与 VLAN 划分方法

VLAN 与传统的 LAN 相比,具有以下优点:

(1) 限制广播流量,提高带宽利用率;

(2) 减少移动和改变的代价;

(3) VLAN 增强了网络安全性,可以控制用户访问权限和逻辑网段大小,将不同用户群划分在不同的 VLAN 中,从而提高交换式网络的整体性能和安全性;

（4）增加了组网的灵活性，使得网段可根据功能、部门等划分，而不考虑其物理位置。

根据划分的方法不同，VLAN 主要有以下几种。

（1）基于端口划分的 VLAN。基于端口的 VLAN 划分方法是根据以太网交换机的端口来划分广播域的，这是最常见的一种 VLAN 的划分方法。通过将交换机上的物理端口分成若干个组，每个组构成一个广播域，VLAN 和端口连接的主机无关，如图 3-3 所示。如表 3-1 所示为端口与 VLAN ID 的关系。

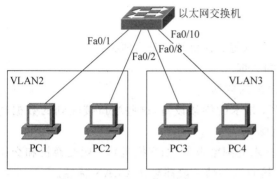

图 3-3 基于端口的 VLAN 的划分

表 3-1 端口与 VLAN ID 的关系

端口	VLAN ID
Fa0/1	VLAN2
Fa0/2	VLAN2
⋮	⋮
Fa0/8	VLAN3
⋮	⋮
Fa0/10	VLAN3

这种划分 VLAN 方法的优点是定义 VLAN 成员非常简单，只需定义交换机端口即可，这种划分 VLAN 的方法也称为静态 VLAN 划分。

（2）基于主机 MAC 地址划分 VLAN。基于主机 MAC 地址划分也称为动态 VLAN 划分。该方法提供基于终端主机 MAC 地址的成员资格，即对每个 MAC 地址的主机都配置属于哪个组。当主机连接到交换机端口时，交换机必须查询数据库来建立 VLAN 成员资格。当网络用户从一个物理位置移动到另一个物理位置时，自动保留其所属 VLAN 的成员身份，提供了更大的灵活性和机动性，但管理开销更大，如图 3-4 所示。

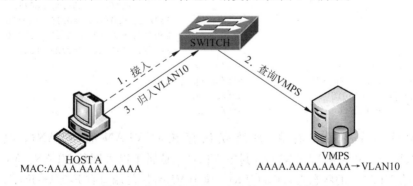

图 3-4 基于主机 MAC 地址的 VLAN 划分

（3）基于网络层协议划分 VLAN。按网络层协议来划分，可分为 IP、IPX、DECnet、AppletTalk 等 VLAN 网络。这种方法的优点是当用户的物理位置改变了，不需要重新配置所属的 VLAN。用户还可以根据协议类型来划分 VLAN。另外，不需要附加帧标签来识别 VLAN，可减少网络的通信量。但是，交换机检查每一个数据包的网络层地址需要消耗更多的时间（相对前面两种方法）。

(4) 基于 IP 组播划分 VLAN。IP 组播实际上也是一种 VLAN 的定义,即认为一个 IP 组播就是一个 VLAN。这种划分的方法扩大了广域网,具有更大的灵活性,而且容易通过路由器进行扩展,适合不同地域的局域网用户组成一个 VLAN,不适合局域网。

综合上述几种 VLAN 划分方法的优缺点,基于端口划分 VLAN 是普遍使用的方法之一,也是目前所有交换机都支持的一种 VLAN 划分方法。本次实验将采用基于端口的 VLAN 来进行。

3. VLAN 端口的分类

根据交换机处理 VLAN 数据帧的不同,可以将交换机端口分为两类:

* Access 端口,只能传输指定 VLAN 的数据。
* Trunk 端口,可以同时传输多个 VLAN 的数据。

Access 端口通常用于连接不支持 VLAN 技术的终端设备,这些端口接收到的数据帧都不包含 VLAN 的标签,属于标准的以太网帧。

Trunk 端口通常用于连接支持 VLAN 技术的网络设备(如交换机),一般交换机和交换机连接的接口会配置为 Trunk 模式,Trunk 接收到的帧一般都包含 VLAN 标签。

4. 单交换机 VLAN 配置实例

(1) 默认情况下,所有交换机的端口都分配到 VLAN1,使用以下命令查看当前 VLAN 的配置。

```
S1♯ show vlan          //查看当前 VLAN 的配置
VLAN Name                          Status    Ports
---- -------------------------------- --------- ----------------------------------
1    default                        active    Fa0/1, Fa0/2, Fa0/3, Fa0/4
                                              Fa0/5, Fa0/6, Fa0/7, Fa0/8
                                              Fa0/9, Fa0/10, Fa0/11, Fa0/12
                                              Fa0/13, Fa0/14, Fa0/15, Fa0/16
                                              Fa0/17, Fa0/18, Fa0/19, Fa0/20
                                              Fa0/21, Fa0/22, Fa0/23, Fa0/24
1002 fddi - default                 act/unsup
1003 token - ring - default         act/unsup
1004 fddinet - default              act/unsup
1005 trnet - default                act/unsup
```

从上面的命令中可以看到,系统默认存在的 VLAN 有 VLAN1、VLAN1002、VLAN1003、VLAN1004 和 VLAN1005,其中 VLAN1 是属于以太网的 VLAN。VLAN1 的名称为 default。VLAN1 的状态为 active(活动),属于 VLAN1 的端口有 Fa0/1～Fa0/24。

(2) 配置 VLAN 的步骤。

步骤 1:创建 VLAN。

```
Switch(config)♯ vlan10                //创建 VLAN10, VLAN ID 在 0～1005 之间
Switch(config - vlan)♯ name Student   //为 VLAN 命名(不是必需的)
```

步骤 2:将指定端口加入 VLAN。

```
Switch(config)♯ int Fa0/1             //进入端口 Fa0/1
```

```
Switch(config-if)♯switchport mode access      //修改端口模式
Switch(config-if)♯switchport access vlan10    //将端口加入 VLAN10
```

（3）单交换机 VLAN 的配置实例。

单交换机 VLAN 划分的网络拓扑图如图 3-5 所示。

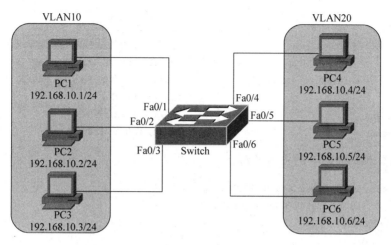

图 3-5　单交换机 VLAN 划分的网络拓扑图

背景说明：PC1～PC6 位于同一子网 192.168.10.0/24 中，在没有划分 VLAN 之前，PC1～PC6 的主机可以相互通信。现在需要将 PC1～PC3 划分给学生的网络，将 PC4～PC6 划分给教师的网络，但是不希望改变网络的物理结构。

配置要求：将 PC1～PC3 连接交换的端口划分到 VLAN10，将 PC4～PC6 连接交换机的主机划分到 VLAN20。

配置步骤如下：

（1）创建 VLAN 的命令如下。

```
S1♯conf t                            //进入特权模式
S1(config)♯vlan 10                   //创建 VLAN10
S1(config-vlan)♯name Student         //命名为 Student
S1(config-vlan)♯vlan 20              //创建 VLAN20
S1(config-vlan)♯name Teacher         //命名为 Teacher
```

（2）将端口加入到 VLAN。

```
S1(config)♯int Fa0/1                 //进入到接口 Fa0/1 配置模式
S1(config-if)♯switchport mode access //将接口模式设置为 Access 模式
S1(config-if)♯switchport access vlan 10 //将接口加入到 VLAN10
```

使用相同的命令，可以将其他端口也加入到 VLAN 中去。

注意：如果要一次将多个端口加入到 VLAN，可以使用 interface range 命令。例如，将 Fa0/1～Fa0/3 加入到 VLAN10，可以使用下面命令。

```
S1(config-if-range)♯int range Fa0/1-3  //进入到多个接口
S1(config-if)♯switchport mode access
S1(config-if)♯switchport access vlan 10
```

（3）验证 VLAN 的配置。

S1♯show vlan   //查看 VLAN 的配置

VLAN	Name	Status	Ports
1	default	active	Fa0/7, Fa0/8, Fa0/9, Fa0/10
			Fa0/11, Fa0/12, Fa0/13, Fa0/14
			Fa0/15, Fa0/16, Fa0/17, Fa0/18
			Fa0/19, Fa0/20, Fa0/21, Fa0/22
			Fa0/23, Fa0/24
10	Student	active	Fa0/1, Fa0/2, Fa0/3
20	Teacher	active	Fa0/4, Fa0/5, Fa0/6

（4）测试 PC1 和 PC6 的主机通信。

C:\Documents and Settings>ping 192.168.10.6
Pinging 192.168.10.6 with 32 bytes of data:
Request timed out.
Request timed out.
Request timed out.
Request timed out.
Ping statistics for 192.168.10.6:
    Packets: Sent = 4, Received = 0, Lost = 4 (100% loss)

5. 跨交换机 VLAN 配置实例

（1）VLAN 标签。默认情况下，局域网的所有交换机接口都属于 VLAN1，整个网络属于一个广播域，通信不存在任何问题。如果要在该网络中配置 VLAN，也就是将网络划分为不同的广播域，划分 VLAN 之后的网络逻辑结构图如图 3-6 所示。

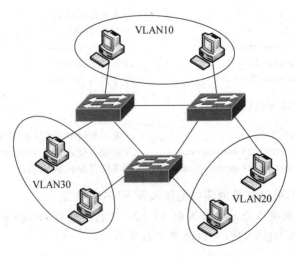

图 3-6　跨交换机 VLAN 划分的 VLAN 中继链路

从图 3-6 可见，交换机之间的链路需要同时能够传输多个 VLAN 的数据，为了使得交换机能够识别来自不同 VLAN 的数据帧，帧在离开本地交换机之前，必须在帧的头部插入 VLAN 的标签 Tag。数据帧携带了 VLAN Tag 之后，虽然传输路径经过多台交换机，但是也能够识别该帧属于哪个 VLAN。当交换机将帧转发到目的主机时，则会将 VLAN Tag 删除，转换为标准的以太网帧结构。如图 3-7 所示为跨交换机 VLAN Tag 添加、删除的过程。

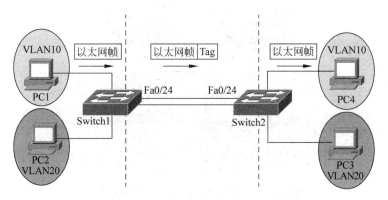

图 3-7　跨交换机 VLAN Tag 添加、删除的过程

跨交换机的 VLAN 也称为 Tag VLAN 或者标签 VLAN，对应的标准为 802.1q。

802.1q 协议在传统帧的格式上加上了一个 Tag 字段，该 Tag 字段包含了该帧的 VLAN ID，加了 Tag 字段的帧格式如图 3-8 所示。

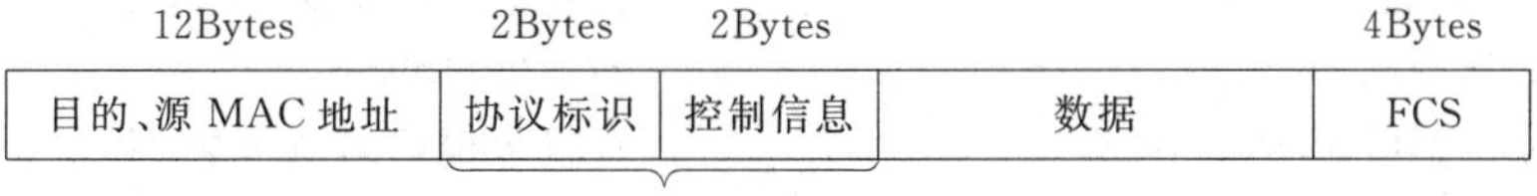

12Bytes	2Bytes	2Bytes		4Bytes
目的、源 MAC 地址	协议标识	控制信息	数据	FCS

图 3-8　添加了 Tag 字段的帧结构

- 协议标识：固定值 0x8100，表示该帧载有 802.1q 标记信息。
- 控制信息：12 比特表示 VID，范围为 1～4094。

配置跨交换机 VLAN 要注意的事项如下：

- 每个 VLAN 的数据库要保持一致。
- 交换机连接的每段链路的本征 VLAN(Native VLAN)要保持一致。
- 交换机互联的接口应设置为 VLAN 中继接口，即 Trunk 模式。

(2) 跨交换机 VLAN 的配置实例。

跨交换机 VLAN 划分的网络拓扑图如图 3-9 所示。

背景说明：PC1～PC6 位于同一子网 192.168.10.0/24 中，分别接入两台不同的交换机。在没有划分 VLAN 之前，PC1～PC6 的主机可以相互通信。现在需要将 PC1～PC3 划分给 VLAN10，PC4～PC6 划分给 VLAN20。

配置要求：将 S1 的 Fa0/1 端口和 S2 的 Fa0/1、Fa0/2 端口划分到 VLAN10；将 S1 的 Fa0/2、Fa0/3 端口和 S2 的 Fa0/3 端口划分到 VLAN20；同时将 S1、S2 互联的 Fa0/24 端口设置为中继接口，即设置为 Trunk 模式。

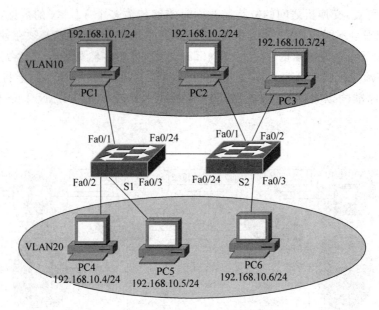

图 3-9   跨交换机 VLAN 划分的网络拓扑图

配置步骤如下:

(1) 交换机 S1 的配置。

S1 # configure terminal	//进入交换机全局配置模式
S1(config) # vlan 10	//创建 VLAN10
S1(config – vlan) # name test1	//将 VLAN10 命名为 test1
S1(config) # vlan 20	//创建 VLAN20
S1(config – vlan) # name test2	//将 VLAN20 命名为 test2

```
S1(config) # interface Fa0/1                  //进入 Fa0/1 的接口配置模式
S1(config – if) # switchport mode access      //将接口模式设置为 Access 模式
S1(config) # switchport access vlan 10        //将 Fa0/1 端口加入 VLAN10 中

S1(config) # interface range Fa0/2, Fa0/3     //进入 Fa0/2、Fa0/3 的接口配置模式
S1(config – if – range) # switchport mode access   //将接口模式设置为 Access 模式
S1(config – if – range) # switchport access vlan 20   //将 Fa0/3 端口加入 VLAN20 中

S1(config) # interface Fa0/24                 //进入 Fa0/24 的接口配置模式
S1(config) # switchport mode trunk           //将 Fa0/24 端口设为 Trunk 模式
```

(2) 交换机 S2 的配置。

```
S2 # configure terminal                       //进入交换机全局配置模式
S2(config) # vlan 10                          //创建 VLAN10
S2(config – vlan) # name test1                //将 VLAN10 命名为 test1
S2(config) # vlan 20                          //创建 VLAN20
S2(config – vlan) # name test2                //将 VLAN20 命名为 test2
```

```
S2(config)♯interface Fa0/3                        //进入 Fa0/3 的接口配置模式
S2(config-if)♯switchport mode access              //将接口模式设置为 Access 模式
S2(config)♯switchport access vlan20               //将 Fa0/1 端口加入 VLAN20 中

S2(config)♯interface range Fa0/1,Fa0/2            //进入 Fa0/2、Fa0/3 的接口配置模式
S2(config-if-range)♯switchport mode access        //将接口模式设置为 Access 模式
S2(config-if-range)♯switchport access vlan10      //将 Fa0/1、Fa0/2 端口加入 VLAN10 中

S2(config)♯interface Fa0/24                        //进入 Fa0/24 的接口配置模式
S2(config)♯switchport mode trunk                   //将 Fa0/24 端口设为 Trunk 模式
```

(3) 结果验证和测试。

① 查看交换机 S1 的 VLAN 情况。

```
S1♯sh vlan
VLAN Name                          Status    Ports
-------------------------------------------------------------------------------
1    default                       active    Fa0/4, Fa0/5, Fa0/6, Fa0/7
                                             Fa0/8, Fa0/9, Fa0/10, Fa0/11
                                             Fa0/12, Fa0/13, Fa0/14, Fa0/15
                                             Fa0/16, Fa0/17, Fa0/18, Fa0/19
                                             Fa0/20, Fa0/21, Fa0/22, Fa0/23
10   VLAN0010                      active    Fa0/1
20   VLAN0020                      active    Fa0/2, Fa0/3
```

※**注意**：Trunk 接口的 Fa0/24 不会出现在 VLAN 中，因为该种接口不属于任何一个 VLAN。

② 查看 Trunk 接口。

```
S1♯show interfaces trunk
Port      Mode       Encapsulation    Status       Native vlan
Fa0/24    on         802.1q           trunking     1

Port      Vlans allowed on trunk                   //该接口运行通过的 VLAN
Fa0/24    1-1005

Port      Vlans allowed and active in management domain
Fa0/24    1,10,20
```

③ 测试主机之间的通信。

PC1 和 PC4 的通信情况如下。

```
C:\Documents and Settings>ping 192.168.10.4
Pinging 192.168.10.4with 32 bytes of data:
Request timed out.
Request timed out.
Request timed out.
Request timed out.
Ping statistics for 192.168.10.4:
    Packets: Sent = 4, Received = 0, Lost = 4 (100% loss)
```

PC1 和 PC2 的通信情况如下。

```
C:\Documents and Settings > ping 192.168.10.2
Pinging 192.168.10.2 with 32 bytes of data:
Reply from 192.168.10.2: bytes = 32 time < 1ms TTL = 128
Reply from 192.168.10.2: bytes = 32 time < 1ms TTL = 128
Reply from 192.168.10.2: bytes = 32 time < 1ms TTL = 128
Reply from 192.168.10.2: bytes = 32 time < 1ms TTL = 128
Ping statistics for 192.168.10.2:
    Packets: Sent = 4, Received = 4, Lost = 0 (0 % loss)
```

3.1.3 实验任务

1. 单交换机 VLAN 的配置

拓扑结构图如图 3-10 所示。

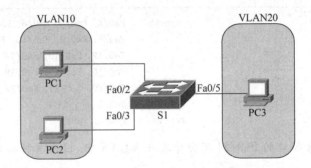

图 3-10 单交换机 VLAN 实验环境扑拓结构图

地址表如表 3-2 所示。

表 3-2 单交换机 VLAN 地址表

设　备	接　口	IP 地址	子 网 掩 码
PC1	网卡	172.16.10.1	255.255.255.0
PC2	网卡	172.16.10.2	255.255.255.0
PC3	网卡	172.16.10.3	255.255.255.0

实验要求：

(1) 根据地址表配置主机 IP 地址,测试各个主机之间的连通性。

(2) 按照拓扑图要求,创建 VLAN10、VLAN20,并将 PC1、PC2 加入到 VLAN10,将 PC3 加入到 VLAN20,记录使用到的配置命令,并测试各个主机之间的连通性。

(3) 简述根据得到的结果得到的结论。

2. 跨交换机 VLAN 的配置

拓扑结构图如图 3-11 所示。

地址表如表 3-3 所示。

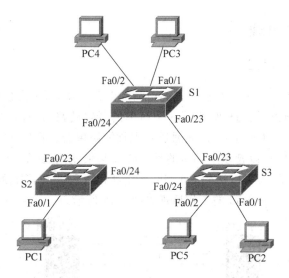

图 3-11 跨交换机 VLAN 实验环境图

表 3-3 跨交换机 VLAN 地址表

设 备	接 口	IP 地址	所属 VLAN
PC1	网卡	172.16.10.1/24	VLAN10
PC2	网卡	172.16.10.2/24	VLAN10
PC3	网卡	172.16.10.3/24	VLAN10
PC4	网卡	172.16.10.4/24	VLAN20
PC5	网卡	172.16.10.5/24	VLAN20

实验要求：

（1）没有配置 VLAN 之前查看各个交换机的 VLAN 情况和 Trunk 链路情况，记录使用的命令和结果。

（2）在 3 个交换机上创建 VLAN，并按照地址表将 PC 加入到对应的 VLAN 中，交换机之间连接的链路配置为 Trunk 链路，记录相关的配置命令。

（3）查看交换机的 VLAN 配置和 Trunk 链路配置结果。

（4）测试同一个 VLAN 以及不同 VLAN 之间的通信情况，记录测试结果。

3.2 EtherChannel 的配置

3.2.1 实验目的

（1）了解 EtherChannel 的主要用途。

（2）了解端口聚合协议（PAgP）和链路聚合控制协议（LACP）的区别。

（3）掌握以太信道的配置。

3.2.2 实验原理

1. EtherChannel 的用途

通常情况下,为了获取两台交换机之间更高的链路带宽,可在交换机之间添加多条物理链路,并对多个物理链路进行捆绑,形成一个简单的逻辑链路,这种由多个物理链路捆绑起来的逻辑链路称为 EtherChannel(以太通道),也称链路聚合。EtherChannel 是链路带宽扩展的一个重要途径。它可以把多个端口的带宽叠加起来使用,比如全双工快速以太网端口形成的 EtherChannel 最大可以达到 800Mbps,千兆以太网接口形成的 EtherChannel 最大可以达到 8Gbps,EtherChannel 的工作原理如图 3-12 所示。

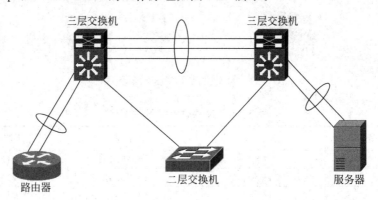

图 3-12　EtherChannel 的工作原理

EtherChannel 可建立在交换机上,也可以建立在路由器、三层交换机之上,还可以建立在服务器之上。EtherChannel 除了可以提高链路带宽外,还能提供链路冗余功能。当 EtherChannel 中的一条成员链路断开时,系统会将该链路的流量自动分配到 AP 中的其他有效链路上去,而且可以发送 Trap 消息来警告链路的断开。

典型的 EtherChannel 网络应用如图 3-13 所示。

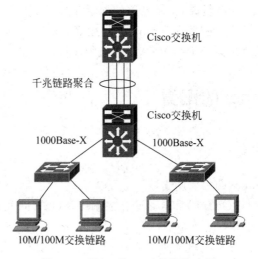

图 3-13　EtherChannel 的网络应用

在图 3-13 中,最上面两台交换机将 4 个千兆的链路聚合在一起,这样就可以获得 4Gbps 的网络带宽。

对于 Cisco 的 IOS 的交换机,不仅能支持第 2 层的 EtherChannel,还可以支持第 3 层的 EtherChannel。第 3 层 EtherChannel 相当于一个路由器接口,可以绑定 IP 地址。当其中的链路失效时,路由选择协议不会重新收敛。

2. EtherChannel 协议

EtherChannel 常用协议有两种,分别是 PAgP(Port Aggregation Protocol,端口聚合协议)和 LACP(Link Aggregation Control Protocol,链路聚合控制协议)。

PAgP 是 Cisco 的专有协议,一共有 4 种模式:

- On 模式。要求链路两端都配置为 On 模式。
- Off 模式。防止端口形成 EtherChannel。
- Auto 模式。默认模式,使端口进入被动协商状态,如果端口收到 PAgP 包,就形成 EtherChannel。
- Desirable 模式。会主动向对端发送 PAgP 协商数据,促使 EtherChannel 的形成。

LACP 是基于业界标准 802.3ad 的公有协议,被各个厂商支持。如果链路的两端为 Cisco 和其他厂商,必须使用 LACP 来建立 EtherChannel。LACP 模式也有 4 种:

- On 模式。强制端口形成 EtherChannel,要求链路两端都配置为 On 模式。
- Off 模式。防止端口形成 EtherChannel。
- Passive 模式。默认模式,使端口进入被动协商状态。如果端口收到 LACP 包,就形成 EtherChannel。
- Active 模式。使端口主动向对端发送 LACP 协商数据,促使 EtherChannel 的形成。

3. EtherChannel 的配置

AP(聚合端口)的配置主要分为两个步骤。首先,通过全局配置模式下的 interface port-channel ID 命令手工创建一个 EtherChannel。当把接口加入到一个不存在的 EtherChannel 时,EtherChannel 会被自动创建。然后,使用接口模式下的 channel-group 1 mode modeType 命令将一个接口加入一个 EtherChannel。

配置步骤及使用的命令如表 3-4 所示。

表 3-4　EtherChannel 配置步骤及使用的命令

创 建 步 骤	命 　 令
创建聚合端口 EtherChannel 1	(config)#interface port-channel 1
将以太网接口加入 channel-group 1,并将模式设置为 On 模式	(config-if-range)#channel-group 1 mode on

注意：链路聚合的限制。

(1) 组端口的速度必须一致。

(2) 组端口必须属于同一个 VLAN。

(3) 组端口使用的传输介质相同。

(4) 组端口必须属于同一层次,与 AP 也要在同一层次。

(5) 思科交换机最多允许 8 个端口绑定一起。

4. 流量负载均衡

EtherChannel 可以根据报文的 MAC 地址或者 IP 地址进行流量平衡,即把流量平均分配到 EtherChannel 的成员链路中去。流量平衡可以根据 MAC 地址、IP 地址和端口号进行,又可以根据源地址和目的地址进行。源 MAC 地址流量平衡即根据报文的源 MAC 地址把报文分配到各个链路中去。不同的主机转发的链路不同,同一台主机的报文从同一个链路转发。

在全局模式下应使用 port-channel load-balance 负载均衡的策略,命令如下。

```
S1(config)#port-channel load-balance ?
  dst-ip          Dst IP Addr            //根据目的 IP 地址进行负载均衡
  dst-mac         Dst Mac Addr           //根据目的 MAC 地址进行负载均衡
  src-dst-ip      Src XOR Dst IP Addr    //根据源地址和目的 IP 地址进行负载均衡
  src-dst-mac     Src XOR Dst Mac Addr   //根据源地址和目的 MAC 地址进行负载均衡
  src-ip          Src IP Addr            //根据源 IP 地址进行负载均衡
  src-mac         Src Mac Addr           //根据源 MAC 地址进行负载均衡
```

5. EtherChannel 的配置实例

拓扑结构图如图 3-14 所示。

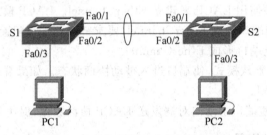

图 3-14　EtherChannel 扑拓结构图

地址表如表 3-5 所示。

表 3-5　EtherChannel 网络拓扑地址表

设　　备	接　　口	IP 地址	子 网 掩 码
PC1	网卡	172.16.1.1	255.255.255.0
PC2	网卡	172.16.1.2	255.255.255.0

配置步骤如下:

(1) 交换机 S1 的配置。

```
S1(config)#interface port-channel 1      //创建 EtherChannel 1
S1(config-if)#int rang Fa0/1, Fa0/2      //进入接口 Fa0/1、Fa0/2
S1(config-if-range)#switchport mode trunk //将接口配置为 Trunk 模式
S1(config-if-range)#channel-group 1 mode on //将接口加入 EtherChannel 1,为 On 模式
S1(config)#port-channel load-balance dst-mac //配置负载均衡的算法为 dst-mac(根据目的
                                             //MAC 地址进行负载均衡)
```

(2) 交换机 S2 的配置。

```
S2(config)#interface port-channel 1      //创建 EtherChannel 1
S2(config-if)#int rang Fa0/1, Fa0/2      //进入接口 Fa0/1、Fa0/2
```

```
S2(config - if - range)♯switchport mode trunk          //将接口配置为 Trunk 模式
S2(config - if - range)♯channel - group 1 mode on       //将接口加入 EtherChannel 1,为 On 模式
S2(config)♯port - channel load - balance dst - mac      //配置负载均衡的算法为 dst - mac(根据目的
                                                        //MAC 地址进行负载均衡)
```

（3）查看配置结果。

```
S1♯sh etherchannel summary                             //查看 EtherChannel 概况
Flags:   D - down          P - in port - channel
         I - stand - alone s - suspended
         H - Hot - standby (LACP only)
         R - Layer3        S - Layer2
         U - in use        f - failed to allocate aggregator
         u - unsuitable for bundling
         w - waiting to be aggregated
         d - default port
Number of channel - groups in use: 1
Number of aggregators:             1
Group    Port - channel  Protocol    Ports
------ + ------------- + ----------- + ---------------------------------------------
1        Po1(SU)           -         Fa0/1(P) Fa0/2(P)

S1♯show etherchannel load - balance                    //查看负载均衡的策略
EtherChannel Load - Balancing Operational State (dst - mac):
Non - IP: Destination MAC address
  IPv4: Destination MAC address
  IPv6: Destination MAC address
```

（4）结果验证,验证其中一条链路断开后的主机通信。

在执行 ping 命令的过程中,使用如下命令:

```
S1(config)♯int Fa0/1
S1(config - if)♯shutdown
```

将 S1 的端口关闭,观察实验现象,测试结果如图 3-15 所示。

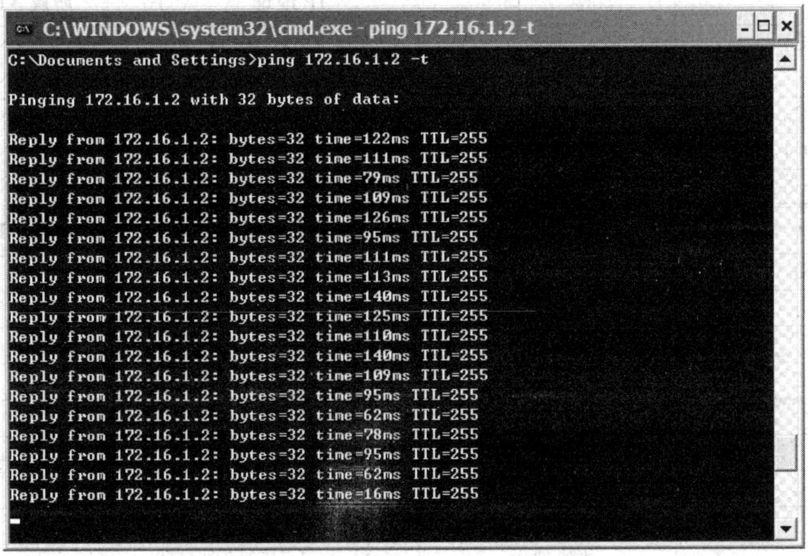

图 3-15　EtherChannel 的测试结果

从图中可看出，当捆绑物理链路其中一条断掉后，网络依然能继续通信，验证了EtherChannel 具有链路冗余的功能。

3.2.3　实验任务

拓扑结构图如图 3-16 所示。

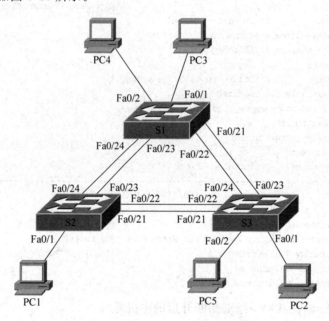

图 3-16　跨交换机 VLAN 扑拓结构图

地址表如表 3-6 所示。

表 3-6　跨交换机 VLAN 地址表

设　　备	接　　口	IP 地址	所属 VLAN
PC1	网卡	172.16.10.1/24	VLAN10
PC2	网卡	172.16.10.2/24	VLAN10
PC3	网卡	172.16.10.3/24	VLAN10
PC4	网卡	172.16.10.4/24	VLAN20
PC5	网卡	172.16.10.5/24	VLAN20
设　　备	端　　口	状　　态	所属 VLAN
S1	Fa0/24	Shut down	—
	Fa0/22	Shut down	—
	其他端口	Up	—
S2	Fa0/24	Shut down	—
	Fa0/22	Shut down	—
	其他端口	Up	—
S3	Fa0/24	Shut down	—
	Fa0/22	Shut down	—
	其他端口	Up	—

实验要求：

（1）没有配置 VLAN 之前查看各个交换机的 VLAN 情况和 Trunk 链路情况，记录使用的命令和结果。

（2）将交换机 S1、S2、S3 之间的两条链路配置为 EtherChannel 通道。

（3）在 3 个交换机上创建 VLAN，并按照地址表将 PC 加入到对应的 VLAN 中，交换机之间连接的链路配置为 Trunk 链路，记录相关的配置命令。

（4）查看交换机的 VLAN 配置和 Trunk 链路配置结果。

（5）测试同一个 VLAN 以及不同 VLAN 之间的通信情况，记录测试结果。

3.3　小结与思考

本章主要介绍了 VLAN 的工作原理与用途、单交换机 VLAN 和跨交换机 VLAN 的配置、交换机端口的模式、Trunk 接口的配置以及以太通道 EtherChannel 的配置。

EtherChannel 通过端口聚合不仅提高了交换机之间的带宽，而且还起到链路冗余的作用，但是 EtherChannel 需要消耗以太网端口。

【思考】

（1）VLAN 的主要功能是什么？一个 VLAN 就是一个广播域，这种说法是否正确？

（2）Port VLAN 和 Tag VLAN 的区别是什么？交换机默认的 VLAN 是什么？

（3）根据交换机处理的 VLAN 数据帧的不同，可将交换机的端口分为几类？各自有什么特点？

（4）简述 Tag VLAN 帧传输中 VLAN 标记的添加和删除过程。

（5）EtherChannel 的主要用途是什么？进行链路捆绑会受到哪些限制？能否将双绞线链路和光纤链路进行捆绑？

第4章

生成树协议

本章介绍了基本生成树协议的概念和相关扩展生成树协议的工作原理与配置,其中包括基于 VLAN 的生成树协议(PVST)、快速生成树协议(RSTP)的原理和配置,从而对企业网络冗余稳定性以及第二层环路问题的解决提供了相关的思路和方法。

4.1　生成树协议的基本理论与配置

4.1.1　实验目的

(1) 理解 STP 的用途。

(2) 理解 STP 的工作过程。

(3) 掌握根桥、根端口、指定端口的选举规则。

(4) 掌握 STP 中端口角色的变化。

(5) 掌握基本 STP 的配置。

4.1.2　实验原理

1. STP 概述

生成树协议(Spanning Tree Protocol,STP)是一种工作在 OSI 第 2 层的网络协议,通过链路冗余来提高局域网的健壮性和稳定性,被广泛应用于局域网组建中。STP 通过阻塞某些端口来解决环路带来的广播风暴等问题。STP 通过使用生成树算法,将原来存在环路的网络拓扑变成树形网络(不存在环)。当正常工作的链路出现故障时,原来被阻塞的端口会快速启用转发报文,实现冗余的功能。

组建局域网时,通常采用冗余方法提高网络的健壮性、稳定性。常见的冗余方式有链路冗余和设备冗余。如图 4-1 所示,在这 3 层结构的网络中,核心层、分布层和接入层均采用了链路冗余。

不过,网络中的冗余链路会造成网络中的环路,而对第 2 层的网络环路会带来以下问题:

(1) 广播风暴。

(2) 多帧复制。

(3) MAC 地址表的不稳定。

为了解决第 2 层的网络环路问题,同时又要保证网络的稳定和健壮性,引入了链路动态管理的策略。首先通过阻塞某些链路避免环路的产生,当正常工作的链路由于故障断开时,阻塞的链路会立刻被激活,从而迅速取代故障链路的位置,保证网络的正常运行,这就是 STP 协议的主要思想。

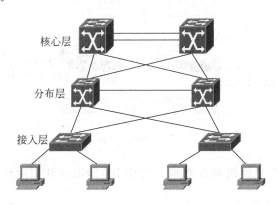

图 4-1　网络链路冗余

2. STP 的工作过程

STP 通过协商阻塞一些交换机端口,以确保网络中所有源到目的地之间只有一条逻辑路径,构建一棵没有环路的转发树。为了在网络中形成一个没有环路的拓扑,交换机要进行以下 3 个步骤的工作:

(1) 选举根桥。

(2) 每个非根桥交换机计算到达根桥的最短路径。

(3) 选择根端口、指定端口和非指定端口。

其中,STP 端口类型一共有 3 种,如表 4-1 所示。

表 4-1　STP 端口类型

端 口 类 型	功 能 说 明
根端口(root port)	存在于非根桥上,指到达根桥路径开销最小的端口,每个交换机只能有一个
指定端口(designated port)	负责发送网段 BPDU 的端口,每个物理网段只能有一个
非指定端口(non-designated)	被阻塞的端口,不能转发数据帧

在 STP 的根桥和根端口选择过程中,哪个交换机能获胜将取决于以下因素(按顺序进行):

- 最低的根桥 ID,也称 BID;
- 最低的根路径代价;
- 最低发送者桥 ID;
- 最低发送者端口 ID。

如图 4-2 所示为根网桥的选举过程。

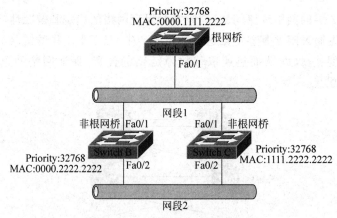

图 4-2　根网桥的选举过程

① 选举根桥：每个交换机都具有唯一的桥 ID（Bridge ID，BID），这个 ID 由两部分组成，如图 4-3 所示。

网桥优先级是一个 2 字节的整数，交换机的自身默认优先级为 32768 即 0x1000；MAC 地址就是交换机的 MAC 地址。具有最低 BID 的交换机就是根桥。BID 进行比较时先比较优先级，优先级相同时再比较 MAC 地址。

图 4-3　网桥 ID——BID 的组成

BID 的信息被封装在 BPDU 中，每个交换机广播接收到的 BPDU 和发送的自身 BPDU，通过 BPDU 泛洪，可以获知 BID 最小的交换机，该交换机即被选为根桥。例如在图 4-2 中，3 台交换机的优先级（Priority）相同，Switch A 的 MAC 地址最小，所以 Switch A 的 BID 最小，被选举为根网桥。根桥相当于树形结构中的树根。

② 选取根端口：选举了根桥后，其他交换机就成为了非根桥。根桥上的接口都是指定端口，会转发数据包。每台非根桥要选举一条到根桥的根路径。STP 使用路径代价 Cost 值来决定到达根桥的最佳路径（Cost 是累加的，带宽大的链路 Cost 低）到达根桥，最低 Cost 值的路径就是根路径，端口就是根端。如果 Cost 一样，就根据选举顺序选举根端口。根端口转发数据包，生成树链路开销代价如表 4-2 所示。

表 4-2　生成树链路开销代价表

链 路 带 宽	旧 标 准	新 标 准
10Mbps	100	100
100Mbps	10	19
1Gbps	1	4
10Gbps	1	2
>10Gbps	1	1

路径开销计算如表 4-2 所示。

在各个非根网桥中的端口中，到根网桥路径开销最小的端口被指定为根端口，在图 4-4 中，Switch B 和 Switch C 的两个端口 Fa0/1、Fa0/2 的开销分别为 19 和 38，所以 Fa0/1 被选定为根端口。

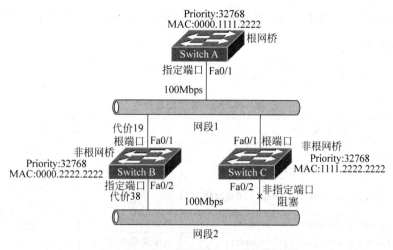

图 4-4 路径开销计算

③ 选举指定端口和非指定端口:当交换机确定了根端口后,还必须将剩余端口配置为指定端口(DP)或非指定端口(非 DP),以完成逻辑无环生成树。交换网络中的每个网段只能有一个指定端口。当两个非根端口连接到同一个 LAN 网段时,会发生竞争端口角色的情况。这两台交换机会交换 BPDU 帧,以确定哪个交换机端口是指定端口,哪一个是非指定端口。一般而言,交换机端口是否配置为指定端口由 BID 决定。在网段 2 所连接的两个端口中,Switch B 的 BID 值小于 Switch C 的 BID 值,所以 Switch B 的 Fa0/2 为指定端口,处于转发状态,Switch C 的 Fa0/2 为非指定端口,处于阻塞状态。

3. STP 的收敛过程

当网络的拓扑发生变化时,网络会从一个状态向另一个状态过渡,重新打开或阻断某些端口。交换机的端口状态变换及时间如图 4-5 所示。

从图中可以看出,STP 的最长收敛时间为 50s。

交换机的端口要经过几种状态:禁用状态(Disable)→阻塞状态(Blocking)→侦听状态(Listening)→学习状态(Learning)→转发状态(Forwarding)。每种端口状态对数据的处理如表 4-3 所示。

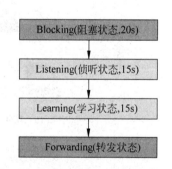

图 4-5 STP 端口状态的切换及时间

表 4-3 生成树端口状态对数据的转发

过　程	阻塞	侦听	学习	转发	禁用
接收并处理 BPDU	能	能	能	能	不能
转发接口上收到的数据	不能	不能	不能	能	不能
转发其他接口发来的数据帧	不能	不能	不能	能	不能
学习 MAC 地址	不能	不能	能	能	不能

启用了生成树的交换机端口都必须经过禁用状态、阻塞状态、侦听状态、学习状态才能进入到转发状态,但是有一种端口比较特殊,就是连接 PC 的端口,该类型端通常无须参加生成树

收敛,需要一直处于转发状态。可以将该类型端口设置为 Portfast 接口,具体命令如下所示。

4. STP 的配置命令

STP 的常用配置命令如表 4-4 所示。

表 4-4   STP 常用配置命令

相 关 命 令	功 能
S1 # **show spanning-tree**	查看交换机生成树协议的配置情况
S1(config) # **spanning-tree mode pvst/rapid-pvst**	配置生成树的模式为 STP 或是 RSTP
S1(config) # **spanning-tree vlan1 priority ＜0-61440＞**	配置交换机在 VLAN1 中的优先级(优先级为 4096 倍数),范围为 0~61440
S1(config) # **spanning-tree vlan1 root primary**	将交换机配置为 VLAN1 中的根桥
S1(config) # **spanning-tree vlan1 root secondary**	将交换机配置为 VLAN1 中的次根桥
S1(config-if) # **interface Fa0** S1(config-if) # **spanning-tree vlan1 cost 18**	将 Fa0 端口在 VLAN1 生成树的路径开销修改为 18
S1(config-if) # **interface Fa0** S1(config-if) # **spanning-tree vlan1 port-priority 16**	将 Fa0 端口在 VLAN1 生成树的端口优先级修改为 16,端口优先级为 16 的倍数,从 0~240
S1 # **show spanning-tree interface fastethernet 0/1**	查看生成树中 Fa0/1 端口状态
S1 # **show spanning-tree vlan vlan-id**	查看某个 VLAN 下的 STP 配置信息

5. STP 配置实例

STP 配置网络拓扑如图 4-6 所示。

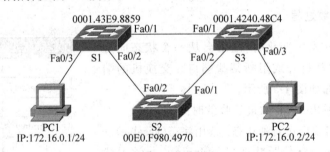

图 4-6   STP 配置网络拓扑

实验背景:思科的交换机默认启用 STP,所以不需要做任何配置,接通电源后,交换机自动协商成功。

实验要求:要求配置 STP,确保 S1 为网络生成树的根桥,S2 为网络生成树的备用根桥,将与 PC 连接的端口配置为 Portfast 端口。

配置步骤如下:

(1) 观察自动 STP 的根桥选举情况(无须做任何配置)。

① 观察 S1 的生成树情况。

S1 # show spanning - tree
VLAN0001
　　Spanning tree enabled protocol ieee

```
//根桥的信息
Root ID      Priority   32769              //根桥的优先级
             Address    0001.4240.48C4     //根桥的 MAC 地址,可知 S3 为根桥
             Cost       19                 //本交换机到根桥路径开销为 19
             Port       1(FastEthernet0/1) //本交换机根端口为 Fa0/1
             Hello Time 2 sec   Max Age 20 sec   Forward Delay 15 sec
//本交换机的信息
//优先级 = 32768(默认优先级) + 1(VLAN1 的序号)
Bridge ID    Priority   32769   (priority 32768 sys - id - ext 1)
             Address    0001.43E9.8859     //本交换机 MAC 地址
             Hello Time 2 sec   Max Age 20 sec   Forward Delay 15 sec
             Aging Time 20


Interface    Role Sts Cost            Prio. Nbr Type
---------------- ---- --- --------- ------------------------------------
Fa0/1        Root FWD 19(根端口)       128.1     P2P
Fa0/2        Desg FWD 19(指定端口)     128.2     P2P
Fa0/3        Desg FWD 19               128.3     P2P
```

② 观察 S2 的生成树情况。

```
S2 # show spanning - tree
VLAN0001
  Spanning tree enabled protocol ieee
  Root ID      Priority   32769              //根桥优先级
               Address    0001.4240.48C4     //根桥 MAC 地址
               Cost       19                 //本交换机到根桥路径开销为 19
               Port       1(FastEthernet0/1) //本交换机根端口为 Fa0/1
               Hello Time 2 sec   Max Age 20 sec   Forward Delay 15 sec
//本交换机的信息
  Bridge ID    Priority   32769   (priority 32768 sys - id - ext 1)   //优先级
               Address    00E0.F980.4970     //MAC 地址
               Hello Time 2 sec   Max Age 20 sec   Forward Delay 15 sec
               Aging Time 20


Interface    Role Sts Cost            Prio. Nbr Type
---------------- ---- --- --------- ------------------------------------
Fa0/1        Root FWD 19(根端口)       128.1 P2P
Fa0/2        Altn BLK 19(阻塞端口)     128.2 P2P
```

注意:S2 的 Fa0/2 端口和 S1 的 Fa0/2 端口竞争指定端口时失败(S2 的 BID 小于 S1 的 BID),端口被阻塞,不转发报文。

③ 观察 S3 的生成树情况。

```
S3 # show spanning - tree
VLAN0001
  Spanning tree enabled protocol ieee
  Root ID      Priority   32769              //根桥优先级
               Address    0001.4240.48C4     //根桥 MAC 地址
               This bridge is the root       //本交换机为根桥
               Hello Time 2 sec   Max Age 20 sec   Forward Delay 15 sec
//观察可以得知自身 MAC 地址和根桥 MAC 地址相同,即本交换机为根桥
  Bridge ID    Priority   32769   (priority 32768 sys - id - ext 1)
```

```
          Address       0001.4240.48C4
          Hello Time    2 sec   Max Age 20 sec   Forward Delay 15 sec
          Aging Time    20
```

Interface	Role Sts Cost	Prio.Nbr Type	
Fa0/1	Desg FWD 19(指定端口)	128.1	P2P
Fa0/2	Desg FWD 19(指定端口)	128.2	P2P
Fa0/3	Desg FWD 19(指定端口)	128.3	P2P

（2）要让 S1 成为根桥，S2 成为备份根桥，需要修改 S1 和 S2 的优先级，将其优先级降低，提高其在选举根桥中的地位。

```
S1(config)#spanning-tree vlan1 root primary        //成为根桥
S1(config)#interface Fa0/3
S1(config-if)#spanning-tree portfast               //配置 Fa0/3 端口为 Portfast 接口
S2(config)#spanning-tree vlan1 root secondary       //成为备用根桥
S1(config)#interface Fa0/3
S1(config-if)#spanning-tree portfast               //配置 Fa0/3 端口为 Portfast 接口
```

（3）结果与测试。

① 查看 S1 的生成树情况。

```
S1#sh spanning-tree
VLAN0001
   Spanning tree enabled protocol ieee
   Root ID    Priority    24577                     //已经发生改变,优先级降低
              Address     0001.43E9.8859
              This bridge is the root               //S1 已经成为根桥
              Hello Time  2 sec   Max Age 20 sec   Forward Delay 15 sec
   …//省略部分为无关内容
```

Interface	Role Sts Cost	Prio.Nbr Type	
Fa0/1	Desg FWD19	128.1	P2P
Fa0/2	Desg FWD19	128.2	P2P
Fa0/3	Desg FWD19	128.3	P2P

注意：所有的端口都变成了指定端口。

② 查看 S2 的生成树情况。

```
S2#sh spanning-tree
VLAN0001
   Spanning tree enabled protocol ieee
   Root ID    Priority    24577
              Address     0001.43E9.8859
              Cost        19
              Port        2(FastEthernet0/2)            //根端口已经发生变化
              Hello Time  2 sec   Max Age 20 sec   Forward Delay 15 sec
   //S2 的生成树信息
   Bridge ID  Priority    28673  (priority 28672 sys-id-ext 1)   //优先级降低,但比 S1 优
                                                                 //先级要高
```

```
Address       00E0.F980.4970
Hello Time    2 sec   Max Age 20 sec   Forward Delay 15 sec
Aging Time    20
```
…//省略部分无关内容

从结果看到,通过改变交换机的优先级,让网络的根桥选举发生了变化,S1 成为根桥,S2 成为备用根桥,当 S1 发生故障时,S2 将会取代 S1 成为网络中的根桥。

4.1.3　实验任务

网络拓扑如图 4-7 所示。

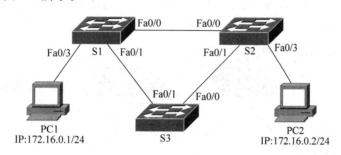

图 4-7　STP 实验网络拓扑

实验要求:

(1) 在 S1、S2、S3 上运行 STP(默认已经启动),观察并找出根桥及每个非根桥上的根端口和阻塞端口,并记录相应的结果。

(2) 将 S1、S2、S3 的网桥优先级分别修改为 4096、8192、40960,观察修改完后的优先级的生成树根桥选举情况和端口角色的选举,并记录相应的结果。

(3) 测试 PC1 和 PC2 的通信,观察 PC1 到 PC2 的数据帧的传递路径。将 PC1 和 PC2 传递路径上的两台交换机相连的一个接口关闭,再次测试 PC1 和 PC2 的连通性,并记录新的传递路线。

4.2　基于 VLAN 的生成树协议

4.2.1　实验目的

(1) 理解基于 VLAN 生成树协议的工作过程。
(2) 理解 Trunk 接口在生成树协议中的作用。
(3) 掌握 PVST 的配置。

4.2.2　实验原理

1. PVST

随着 VLAN 技术在二层网络的盛行,给生成树协议带来了挑战,STP 的缺陷表现在以下 3 个方面：

(1) 整个网络只有一个生成树，在网络规模比较大的时候收敛时间较长，拓扑变化影响面大。

(2) 当链路被阻塞后将不承载任何流量，造成了带宽的极大浪费。

为了说明 STP 在 VLAN 网络环境下的缺点，举例如下。在如图 4-8 所示的网络中存在 VLAN10、VLAN20、VLAN30 这 3 个 VLAN。S1 为根桥，S3 的 Fa3 端口为阻塞端口，这样 S2 和 S3 之间的链路无法转发数据帧，该链路完全被阻塞而无法使用，造成网络性能低下。

但是，在 VLAN 的网络中，完全可以通过在 Trunk 链路上阻塞单个 VLAN 的数据帧而达到构成生成树，如图 4-9 所示。

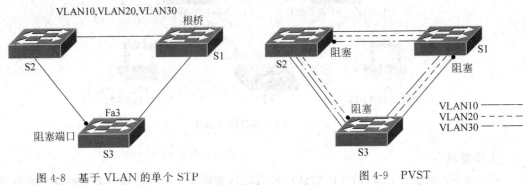

图 4-8　基于 VLAN 的单个 STP　　　　　图 4-9　PVST

在图中可以看到，S1 和 S2 的链路上阻塞了 VLAN30 的数据帧，VLAN30 构成 STP，但是该链路仍然可以转发 VLAN20、VLAN10 的数据。这样，不需要完全阻塞整个链路而构成生成树，提高了链路的利用效率，这种技术称为 PVST(Per-Vlan Spanning Tree)。

PVST 是基于 VLAN 的生成树协议，是 Cisco 对 802.1d STP 协议进行扩展提出的，每个 VLAN 都会拥有一个生成树实例。PVST 的缺点如下：

(1) 由于 PVST 是 Cisco 的私有协议且只支持 Cisco 专有的 ISL 中继协议，不支持 802.1q 中继协议。

(2) PVST 无法兼容于其他厂商的设备。

2．PVST+

PVST+对 PVST 协议进行了改进，提高了 PVST 的兼容性，可以和 STP、RSTP 兼容，同时支持 Trunk 链路的 ISL 标准和 802.1q 中继标准，而且添加了 BPDU 防护和根防护等增强功能。但是 PVST 和 PVST+仍然存在以下缺陷：

(1) 由于每个 VLAN 都需要一棵生成树，PVST BPDU 的通信量将会成倍增加，与 VLAN 数目成正比。

(2) 在 VLAN 个数比较多的时候，交换机需要维护更多的生成树的实例，而计算量和资源占用量将急剧增长。

(3) 由于协议的私有性，PVST/PVST+不能像 STP/RSTP 一样得到广泛的支持。

3. PVST+网桥 ID

PVST+对 8 个字节的网桥 ID——BID 进行了修改,将原来网桥优先级字段(16 位)拆分为新的网桥优先级(4 位)和 VLAN ID(12 位)。因此,交换机在传递 BPDU 时可以判断该 BPDU 属于哪个 VLAN,如图 4-10 所示。

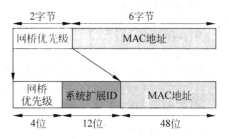

因此,在 PVST+中,网桥的默认优先级=默认优先级+VLAN ID,例如 VLAN10 中的 BID 为 32768(默认优先级)+10=32778。

图 4-10 对网桥 ID 进行修改

4. 配置 PVST+

PVST+和 STP 的配置相似,需要为每个 VLAN 指定根网桥(Primary Root Bridge)和次根网桥(Secondary Root Bridge)。

(1) spanning-tree vlan *vlan-ID* root primary //设置交换机为指定 VLAN 的根网桥

(2) spanning-tree vlan *vlan-ID* root secondary //设置交换机为指定 VLAN 的次根网桥

5. Portfast 接口的配置

在交换机的端口中,与终端相连的接口无须参加 STP 的收敛,因为该类型端口可以一直处于转发状态。通常把与终端连接的接口设置为 Portfast 接口,Portfast 接口无须经过生成树收敛的几个状态,直接无时延地从 Blocking 状态转变为 Forward 状态。将端口配置为 Portfast 接口的命令如下:

```
S1(config-if)#spanning-tree portfast
```

注意:只能将和终端连接的接口配置为 Portfast,交换机和交换机连接的接口不能配置 Portfast,否则会出现环路。

6. PVST+配置实例

PVST+配置拓扑如图 4-11 所示。

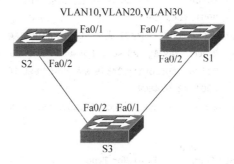

图 4-11 PVST+配置拓扑

配置说明:要求配置 S1 为 VLAN10 的根桥,为 VLAN20 的次根桥;配置 S2 为 VLAN10 的次根桥,为 VLAN20 的根桥。

配置步骤如下：

（1）S1 的配置。

```
S1(config)#vlan10                              //创建 VLAN10
S1(config)#vlan20                              //创建 VLAN20
S1(config)#vlan30                              //创建 VLAN30
S1(config)# int range Fa0/1-2
S1(config-if-range)#switchport mode trunk
S1(config)#spanning-tree vlan10 root primary   //设置为 VLAN10 的根网桥
S1(config)#spanning-tree vlan20 root secondary //设置为 VLAN20 的次根网桥
```

（2）S2 的配置。

```
S2(config)#vlan10                              //创建 VLAN10
S2(config)#vlan20                              //创建 VLAN20
S2(config)#vlan30                              //创建 VLAN30
S2(config)# int range Fa0/1-2
S2(config-if-range)#switchport mode trunk
S2(config)#spanning-tree vlan10 root secondary //设置为 VLAN10 的次根网桥
S2(config)#spanning-tree vlan20 root primary   //设置为 VLAN20 的根网桥
```

（3）S3 的配置。

```
S3(config)#vlan10                              //创建 VLAN10
S3(config)#vlan20                              //创建 VLAN20
S3(config)#vlan30                              //创建 VLAN30
S3(config)# int range Fa0/1-2
S3(config-if-range)#switchport mode trunk
```

（4）结果与测试。

① 查看 S1 上 VLAN10 生成树情况。

```
S1# sh spanning-tree vlan10
VLAN0010
  Spanning tree enabled protocol ieee
  Root ID    Priority    24586          //S1 优先级已经被修改
             Address     0001.4240.48C4
             This bridge is the root    //S1 成为 VLAN10 的生成树
             Hello Time  2 sec  Max Age 20 sec  Forward Delay 15 sec
  Bridge ID  Priority    24586   (priority 24576 sys-id-ext 10)
             Address     0001.4240.48C4
             Hello Time  2 sec  Max Age 20 sec  Forward Delay 15 sec
             Aging Time  20


Interface        Role Sts Cost       Prio.Nbr Type
---------------- ---- --- --------- -------- --------------------------------
Fa0/1            Desg FWD 19            128.1   P2P
Fa0/2            Desg FWD 19            128.2   P2P
```

//Fa0/1 和 Fa0/2 端口均转发 VLAN10 的数据帧

② 查看 S1 上 VLAN20 生成树情况。

```
S1♯sh spanning-tree vlan20
VLAN0020
  Spanning tree enabled protocol ieee
  Root ID    Priority    24596
             Address     0001.43E9.8859
             Cost        19
             Port        1(FastEthernet0/1)
             Hello Time  2 sec  Max Age 20 sec  Forward Delay 15 sec
```
//S1 在 **VLAN10** 的优先级已经被改变,但是仍然被根桥优先级小,成为次根桥
```
  Bridge ID  Priority    28692   (priority 28672 sys-id-ext 20)
             Address     0001.4240.48C4
             Hello Time  2 sec  Max Age 20 sec  Forward Delay 15 sec
             Aging Time  20
Interface         Role Sts Cost      Prio.Nbr Type
---------------- ---- --- --------- -------- --------------------------------

Fa0/1             Root FWD 19          128.1    P2P
Fa0/2             Desg FWD 19          128.2    P2P
```
//**Fa0/1** 在 VLAN20 中为根端口,Fa0/2 为指定端口,均转发 **VLAN10** 的数据帧

③ 查看 S1 上 VLAN20 生成树情况。

//没有对 **VLAN30** 进行任何配置,因此根据交换机 **BID** 自动进行选举
```
S1♯sh spanning-tree vlan30
VLAN0030
  Spanning tree enabled protocol ieee
  Root ID    Priority    32798      //32798 = 32768(默认优先级) + 30(VLAN 30)
             Address     0001.4240.48C4
             This bridge is the root   //本交换机为根桥
             Hello Time  2 sec  Max Age 20 sec  Forward Delay 15 sec
  Bridge ID  Priority    32798   (priority 32768 sys-id-ext 30)
             Address     0001.4240.48C4
             Hello Time  2 sec  Max Age 20 sec  Forward Delay 15 sec
             Aging Time  20
Interface         Role Sts Cost      Prio.Nbr Type
---------------- ---- --- --------- -------- --------------------------------

Fa0/1             Desg FWD 19          128.1    P2P
Fa0/2             Desg FWD 19          128.2    P2P
```
//**Fa0/1** 和 **Fa0/2** 为指定端口,均转发 **VLAN30** 的数据帧

4.2.3 实验任务

网络拓扑如图 4-12 所示。

实验要求:

(1)按照图中的要求创建 VLAN10、VLAN20、VLAN30,并将交换机相连的接口配置为 Trunk 接口。

(2)将和 PC 相连的交换机接口配置为 Portfast 接口。

(3)将 S1 配置为 VLAN10 的根桥,VLAN20 的次根桥;将 S2 配置为 VLAN20 的根

桥，VLAN30 的次根桥；将 S3 配置为 VLAN30 的根桥，VLAN10 的次根桥。

（4）观察 S1 上的 Fa0/1、Fa0/2 接口在各个 VLAN 的生成树中是否被阻塞。

（5）查看 S1 的生成树信息，记录 S1 在 VLAN30 的优先级如何生成，将 Fa0/1 接口禁用，观察生成收敛情况，观察 Fa0/3 是否参与生成树收敛的过程。

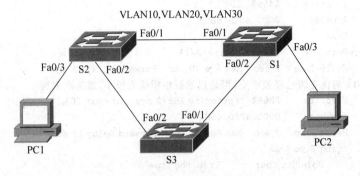

图 4-12　PVST＋实验网络拓扑

4.3　快速生成树协议

4.3.1　实验目的

（1）理解 STP 和 RSTP 的主要特点与区别。

（2）理解 RSTP 的交换机端口角色。

（3）理解 RSTP 的交换机端口状态的变化。

（4）掌握 RSTP 的配置。

4.3.2　实验原理

1. STP 的缺陷

STP 的最大缺陷表现在收敛速度上。当拓扑发生变化时，新的配置信息要经过一定的延时才能传播到整个网络，这个延时默认为 15s。STP 的端口状态有 5 种，分别为禁用、阻塞、侦听、学习和转发。一个端口从阻塞到转发状态，最长收敛时间可达 50s。由此可见，802.1d 的 STP 协议无法满足现代交换网络对故障快速响应的需求。

2. RSTP

为了解决这个缺陷，快速生成树协议（Rapid Spanning Tree Protocol，RSTP）也就是 802.1w 标准被提出，作为 STP 的补充。RSTP 协议主要做了 3 点重要改进，使收敛时间大大提高，最快可达 1s，具体如下：

（1）增加端口类型。原来的 STP 中只有根端口、指定端口和阻塞端口 3 种类型。RSTP 为根端口和指定端口设置了快速切换用的替换端口（Alternate Port）和备份端口（Backup Port）。这两种端口属于阻塞（Blocking）类型。当根端口/指定端口失效情况下，替换端口/备份端口会无时延进入到转发状态。

（2）减少端口状态。STP 中存在 5 种端口状态，而在 RSTP 中只有丢弃、学习和转发 3 种状态。

（3）根据不同的端口类型，采用不同的收敛策略。

① 边缘端口（Edge Port）指和终端而不是交换机相连的端口。该端口可以直接进入转发状态，不需要任何时延，类似 PVST＋中的 Portfast。

② 根端口（Root Port）。使用替换端口（Alternate Port）可立即进入转发状态，无须任何时延。

③ 点对点端口（Point-to-Point Port）指只连接两个交换机的点对点链路的端口。该类端口可以通过和邻居握手协商端口状态，无须等待 50s 完成切换，缩短收敛时间。对于 3 个以上交换机共享的链路，下游网桥不会响应上游指定端口发出的握手请求，只能等待两倍的转发时延（30s）才能进入转发状态。

RSTP 大大提高了生成树的收敛时间，但是还是存在以下缺陷：

（1）整个网络只有一棵生成树，随着网络规模的增加，收敛时间也会增大，拓扑改变影响范围大。

（2）链路阻塞不承载流量，造成带宽浪费。

在 Cisco 中扩展了 RSTP 协议，使用快速的 PVST＋协议可以解决上述问题。当然，也可以使用 MSTP 协议，不过 MSTP 不在本书的讨论范围中。

3. 快速 PVST＋的配置

快速 PVST＋是 Cisco 版本的 RSTP，支持 VLAN 之上的 RSTP。默认情况下，Cisco 的交换机会启动的 PVST＋协议。用户可以使用下面命令启动快速 PVST＋协议：

```
S3(config)♯spanning-tree mode rapid-pvst
```

4. PVST＋配置实例

快速 PVST＋配置拓扑如图 4-13 所示。

配置说明：配置快速 PVST＋协议，要求 S2 为网络的根桥，S3 为网络的次根桥。

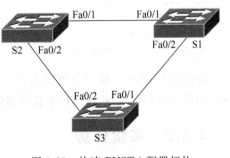

配置步骤如下：

（1）配置 S1。

```
S1(config)♯spanning-tree mode rapid-pvst
```

（2）配置 S2。

图 4-13 快速 PVST＋配置拓扑

```
S2(config)♯spanning-tree mode rapid-pvst
S2(config)♯spanning-tree vlan1 root primary
```

（3）配置 S3。

```
S3(config)♯spanning-tree mode rapid-pvst
S3(config)♯spanning-tree vlan1 root secondary
```

（4）结果与测试。

① 查看 S1 的生成树结果。

```
S1 # show spanning - tree
VLAN0001
  Spanning tree enabled protocol rstp   //生成树模式为 RSTP
  Root ID    Priority    24577
             Address     0001.965D.8435
             Cost        19
             Port        1(FastEthernet0/1)
             Hello Time  2 sec  Max Age 20 sec  Forward Delay 15 sec

  Bridge ID  Priority    32769   (priority 32768 sys - id - ext 1)
             Address     00D0.BC84.955B
             Hello Time  2 sec  Max Age 20 sec  Forward Delay 15 sec
             Aging Time  20


Interface          Role Sts Cost      Prio.Nbr Type
---------------- ---- --- --------- -------- --------------------------------
Fa0/1              Root FWD 19        128.1    P2P
Fa0/2              Altn BLK 19        128.2    P2P
/ * Fa0/2 为 Altn,即替换端口,目前处于 BLK(阻塞)状态,端口类型为 P2P,点对点端口 * /
```

② 将 S1 的 Fa0/1 端口禁用,再使用 show spanning-tree 命令观察 S1 的生成树收敛情况。

```
S1(config) # int Fa0/1
S1(config - if) # shutdown     //禁用端口
S1 # sh spanning - tree
VLAN0001
Interface          Role Sts Cost      Prio.Nbr Type
---------------- ---- --- --------- -------- --------------------------------
Fa0/2              Root FWD 19        128.2    P2P
```

可以看到,Fa0/2 端口立刻转变为 Root 类型端口,端口状态也立刻转变为 Forward 状态,没有任何时延,说明 RSTP 的收敛速度比 STP 的提高很多。

4.3.3　实验任务

网络拓扑如图 4-14 所示。

实验要求:

（1）按照图中的要求创建 VLAN10、VLAN20,并将交换机相连的接口配置为 Trunk 接口。

（2）在交换机上运行 RSTP 协议。将 S1 配置为 VLAN10 的根桥,VLAN20 的次根桥;将 S2 配置为 VLAN20 的根桥,VLAN10 的次根桥。

（3）查看并记录 S1、S2、S3 的生成树信息,记录网络中的根桥、根端口、指定端口、选择端口、备用端口。将 Fa0/1 接口禁用,观察生成收敛情况。

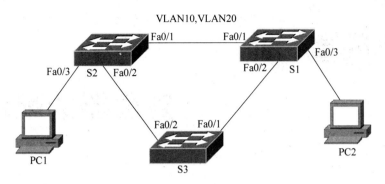

图 4-14 快速 PVST＋实验网络拓扑

4.4 小结与思考

本章主要讲解了 STP、PVST、PVST＋、RSTP 等生成树协议的工作原理及用途，重点掌握从 STP 发展到 RSTP 的原因及各种版本 STP 的优缺点。掌握如何配置生成树协议及查看生成树协议的相关信息。

【思考】

（1）根桥的选举过程是怎样的？

（2）一个被阻塞的端口转变为转发状态需要经过哪些过程？

（3）基于 VLAN 的生成树协议和单 VLAN 的生成树协议有哪些区别？

（4）快速生成树协议的特点是什么？它是如何实现的？

第5章

路由器的配置

路由器(Router)是连接局域网、广域网的设备,是网络互联的基石,工作在网络层,通过路由决定数据的转发,用于不同网络之间的互联通信。本章主要介绍路由器硬件架构、软件组成以及登录管理路由器的常用方法和基本配置。

5.1 路由器的功能及基本操作

5.1.1 实验目的

(1) 了解路由器的基本功能。

(2) 了解路由器的硬件、软件构成。

(3) 掌握登录路由器基本方法:控制口、Telnet 登录方式。

(4) 掌握路由器的基本配置。

5.1.2 实验原理

1. 路由器的硬件部分和软件部分

路由器是组建网络时用于网络互联的网络设备,外观和交换机相似,接口比交换机少,属于网络汇聚层设备。下面从路由器的前板和后板认识路由器的外形。图 5-1 所示是 Cisco 2811 路由器的前板结构示意图。

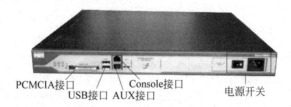

图 5-1 路由器 Cisco 2811 的前板结构示意图

前板包含了电源开关、Console 接口(控制台接口)、AUX 接口(辅助端口)、PCMCIA 接口、USB 接口及相应的指示灯。表 5-1 描述了路由器常见接口的用途。

表 5-1 路由器常见接口及其功能

接 口 名 称	功能和特点
Console 接口	用于路由器的初始化连接以及配置,使用全反线连接
AUX 接口	用于通过 Modem 拨号远程接入,当 Console 出现故障时,也可以通过 AUX 接入
USB 接口	用于存储的扩展
PCMCIA 接口	可支持 IOS 系统的热插拔

路由器的后板结构示意如图 5-2 所示。

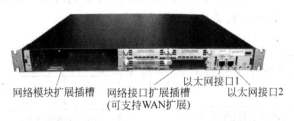

图 5-2 路由器 Cisco 2811 的后板结构示意图

后板主要包括了网络连接接口,如以太网接口、广域网接口及可以进行语音扩展的扩展插槽。

最早的路由器设备类似于一台多网络接口的计算机,报文的转发使用软件来实现,但是现在的路由器在设计和外形上和普通的计算机有较大的区别,不过人们也可以把它当成一台特殊的计算机,路由器的 IOS 源自 UNIX 操作系统。

路由器的硬件部分主要包括 CPU(中央处理器)、Flash(闪存)、ROM(只读存储器)、RAM(随机存储器)、NVRAM(非易失性 RAM)、IO 接口和线缆等,如图 5-3 所示。

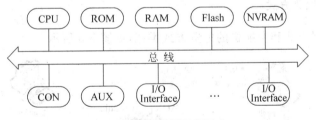

图 5-3 路由器的硬件组成

各个部件的功能如表 5-2 所示。

表 5-2 路由器的组成硬件及其功能

部 件	功 能 说 明
CPU	中央处理器。执行 IOS 指令,决定路由器的性能
ROM	只读存储器。包含开机诊断程序、引导程序和 IOS 系统软件
Flash	用于保存路由器的 IOS 映像和路由器微码
NVRAM	非易失性 RAM。关电时内容不会丢失,通常用于保存路由器的配置文件
RAM	随机存储器。用于存放路由表、ARP 缓存、数据缓存等,关机后内容被清除
I/O 接口	可分组进入路由器的通道

路由器的软件部分主要分为 IOS 和配置文件。IOS(Internetwork Operating System，网络互联操作系统)，指路由器运行的操作系统，决定路由器的功能和相关特性，存放在 Flash 存储中；配置文件指对路由器进行配置之后保存配置信息的文件，路由器启动后会自动加载，存放在 NVRAM 存储中。

2. 路由器的启动过程

路由器的启动过程如同 PC 的启动过程。加电后，进行自检(主要检查有没有硬件故障)，如果没有硬件故障，开始加载启动代码，加载操作系统映像(Image)。操作系统启动成功后，加载配置文件。具体的启动过程如图 5-4 所示。

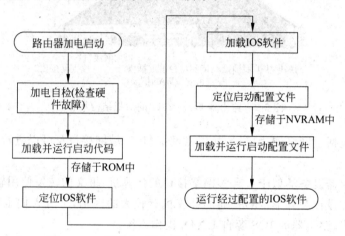

图 5-4　路由器的启动过程

3. 路由器的配置方式

路由器的配置方式和交换机的配置方式类似，如图 5-5 所示。

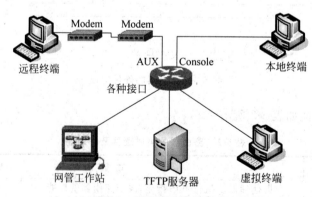

图 5-5　配置路由器的方式

(1) Console 口连接终端计算机。

(2) AUX 口连接 Modem，通过电话线与远程的终端计算机相连。

(3) 通过 TFTP 服务器登录。

(4) 通过 Telnet 程序登录。

（5）通过 SNMP 网管工作站登录。

（6）通过 SSH 协议登录。

（7）通过 HTTP 协议登录。

初始化配置：路由器的第一次设置必须通过 Console 控制口，使用超级终端程序登录，使用超级终端建立连接如图 5-6 所示。

(a) 打开超级终端软件

(b) 选择连接的串口

(c) 设置COM口的连接属性

图 5-6 使用超级终端

路由器常用的基本配置命令如下：

（1）查看路由器的基本配置信息。

```
Router # show version    //查看路由器的基本配置信息
```

说明：该命令可以查看路由器 IOS 的版本名、文件名、CPU、内存、Flash、NVRAM 等基本硬件信息。

路由器的基本配置信息如图 5-7 所示。

```
Router#show version
Cisco IOS Software, 2800 Software (C2800NM-ADVIPSERVICESK9-M), Version 12.4(15)T
1, RELEASE SOFTWARE (fc2)                                    └─IOS版本名
Technical Support: http://www.cisco.com/techsupport
Copyright (c) 1986-2007 by Cisco Systems, Inc.
Compiled Wed 18-Jul-07 06:21 by pt_rel_team

ROM: System Bootstrap, Version 12.1(3r)T2, RELEASE SOFTWARE (fc1)
Copyright (c) 2000 by cisco Systems, Inc.

System returned to ROM by power-on
System image file is "c2800nm-advipservicesk9-mz.124-15.T1.bin" ── IOS映像文件名

cisco 2811 (MPC860) processor (revision 0x200) with 60416K/5120K bytes of memory
               └─CPU型号                                          内存大小
Processor board ID JAD05190MTZ (4292891495)
M860 processor: part number 0, mask 49
2 FastEthernet/IEEE 802.3 interface(s)─接口名称
239K bytes of NVRAM.                 ─NVRAM容量
62720K bytes of processor board System flash (Read/Write)─Flash容量

Configuration register is 0x2102 ─ 寄存器的值
```

图 5-7　路由器的基本配置信息

（2）配置主机名。

```
Router(config)#hostname R1        //配置主机名
R1(config)#                       //配置结果
```

说明：该命令用于更改路由器的主机名，通过为路由器配置主机名可以识别路由器在网络中的身份，如 CDP 协议、SSH 协议会要求路由器配置主机名。配置主机名命令虽然简单，但是却非常重要。

（3）配置接口 IP 地址。

路由器的接口工作在第 3 层，因此需要配置 IP 地址，才能够正常工作，命令如下：

```
R1(config)#int Fa0/1                                          //进入到接口配置模式
R1(config-if)#ip address 192.168.1.1 255.255.255.0           //配置 IP 地址
R1(config-if)#no shutdown                                     //激活该接口
%LINK-5-CHANGED: Interface FastEthernet0/1, changed state to up  //接口被激活
```

（4）查看接口配置。

```
R1#show ip interface brief
Interface            IP-Address      OK? Method Status                Protocol
FastEthernet0/0      192.168.1.1     YES manual up                    up
FastEthernet0/1      unassigned      YES unset  administratively down down
```

可以看出：

Fa0/0 的状态是激活的，可以正常工作。

Fa0/1 的状态是没有激活，处于管理关闭状态。

（5）查看路由器路由表。

```
Router#sh ip route
```

```
Codes: C - connected, S - static, I - IGRP, R - RIP, M - mobile, B - BGP
       D - EIGRP, EX - EIGRP external, O - OSPF, IA - OSPF inter area
       N1 - OSPF NSSA external type 1, N2 - OSPF NSSA external type 2
       E1 - OSPF external type 1, E2 - OSPF external type 2, E - EGP
       i - IS - IS, L1 - IS - IS level - 1, L2 - IS - IS level - 2, ia - IS - IS inter area
       * - candidate default, U - per - user static route, o - ODR
       P - periodic downloaded static route
Gateway of last resort is not set
C    192.168.1.0/24 is directly connected, FastEthernet0/0
C    192.168.2.0/24 is directly connected, FastEthernet0/1
```

其中，Codes 表示路由项生成的方式，C 表示直连路由；S 表示静态路由；R 表示 RIP 协议生成；O 表示 OSPF 协议生成。

在该路由器中，只存在两条直连路由。

　路由生成方式　　目的网络　　　　　　　　通往目的网络的接口

　　　C　　192.168.1.0/24 is directly connected, FastEthernet0/0
　　　C　　192.168.2.0/24 is directly connected, FastEthernet0/1

（6）查看接口的信息。

```
Router # show interface Fa0/1      //查看 Fa0/1 接口信息
```
　　　　　　　　　　　　　接口名称
```
        Router # show interfaces Fa0/1      接口物理地址
        FastEthernet0/1 is up, line protocol is up (connected)
           Hardware is Lance, address is 000c. cFa0. 2502 (bia 000c. cFa0. 2502)
带宽    Internet address is 192.168.2.2/24 —接口IP地址
           MTU 1500 bytes, BW 100000 Kbit, DLY 100 usec, 时延
             reliability 255/255, txload 1/255, rxload 1/255
           Encapsulation ARPA, loopback not set
           ARP type:ARPA, ARP Timeout 04:00:00,
           Last input 00:00:08, output 00:00:05, output hang never
           Last clearing of "show interface" counters never
           Input queue:0/75/0 (size/max/drops); Total output drops:0
           Queueing strategy:fifo
           Output queue:0/40 (size/max)
           5 minute input rate 0 bits/sec, 0 packets/sec
           5 minute output rate 0 bits/sec, 0 packets/sec
```

4. 配置 Telnet 访问路由器

Telnet 协议是 TCP/IP 协议族中的一员，是 Internet 远程登录服务器的标准协议和主要方式。它为用户提供了在本地计算机上完成远程主机工作的能力。在终端使用者的计算机上使用 Telnet 程序连接到服务器。终端使用者可以在 Telnet 程序中输入命令，这些命令会在服务器上运行，就像直接在服务器的控制台上输入一样，在本地就能控制服务器。要开始一个 Telnet 会话，必须通过输入用户名和密码先登录服务器。

Telnet 远程登录服务分为以下 4 个过程：

（1）本地终端与远程主机建立连接。该过程实际上是建立 TCP 连接，用户必须知道远程主机的 IP 地址或域名；

（2）将本地终端上输入的用户名和口令及以后输入的任何命令或字符以 NVT（Net Virtual Terminal）格式传送到远程主机。该过程实际上是从本地主机向远程主机发送一个 IP 数据包；

（3）将远程主机输出的 NVT 格式的数据转化为本地所接受的格式并送回本地终端，包括输入命令回显和命令执行结果；

（4）最后，本地终端对远程主机进行撤销连接。该过程是撤销 TCP 连接。

Telnet 登录的配置过程如表 5-3 所示。

表 5-3　Telnet 登录的配置过程

步骤	命　　令	说　　明
1	R1♯conf　t R1(config)♯int Fa0/1 R1(config-if)♯ip address 192.168.1.1 255.255.255.0 R1(config-if)♯no shutdown	配置路由器接口的 IP 地址
2	R1(config)♯line vty 0 4 R1(config-line)♯password cisco123 R1(config-line)♯login	进入 vty 配置模式 配置密码 设置密码登录使用
3	PC>ping 192.168.1.1	配置主机的 IP 地址，测试线路的连通性，进行 Telnet 测试
4	PC>telnet 192.168.1.1 Trying 192.168.1.1 ...Open Password：	输入密码，配置成功

Telnet 登录的缺点：Telnet 连线会话所传输的资料并未加密，所输入及显示的资料，包括账号名称及密码等隐秘资料，可能会遭其他人窃听，Telnet 密码的捕获结果如图 5-8 所示，因此有许多服务器会将 Telnet 服务关闭，改用更为安全的 SSH。

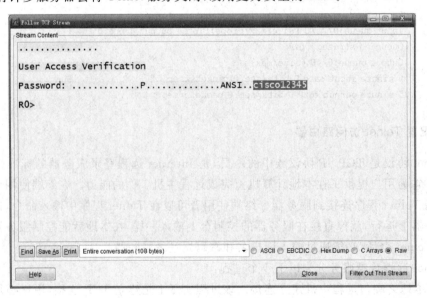

图 5-8　捕获的明文密码

5.1.3 实验任务

利用路由器实现的网络互联的拓扑图如图 5-9 所示。

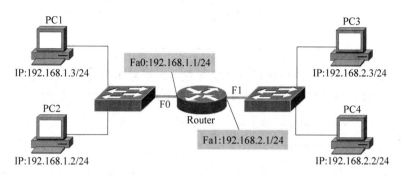

图 5-9 利用路由器实现的网络互联的环境拓扑图

实验说明：本实验主要是通过一台路由器连接不同的网络，理解第 3 层的互联和第 2 层互联的区别，掌握路由器的工作原理，理解路由表的功能。

注意：主机的网关地址和连接主机路由器接口的 IP 要一致。

实验步骤：

(1) 配置各个主机的 IP 地址、子网掩码及网关地址，如图 5-10 所示。

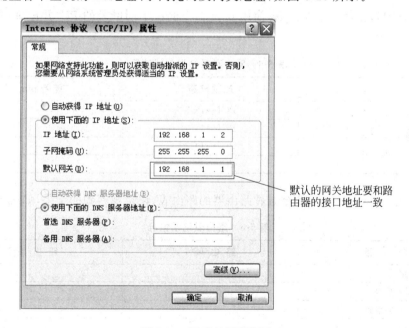

图 5-10 IP 地址网关配置

使用 ping 命令进行测试，并记录测试结果，如表 5-4 所示。

表 5-4 网络互连前的组网测试结果

	测试链路	能否 ping 通
同一网段中	PC1↔PC2	
	PC3↔PC4	
不同网段中	PC1↔PC3	
	PC2↔PC4	

（2）使用 show version 命令查看路由器配置。记录路由器 IOS 版本号、CPU 型号、内存容量、Flash 容量、NVRAN 容量及接口的类型和个数，理解路由器的硬件组成。

IOS 版本号：_____

CPU 型号：_____

内存容量：_____

Flash 容量：_____

NVRAM 容量：_____

（3）使用 Console 口登录路由器，配置路由器的名称为 R1，配置相应的接口 IP 地址，记录所使用的命令。

（4）使用 show ip int brief 命令查看接口的状态，观察接口是否激活？记录看到的结果。如果接口激活失败，则寻找故障原因并解决。使用 show interface Fa0/0 命令和 show interface Fa0/1 命令查看路由器的以太网接口的物理地址，并记录下来。

（5）确保接口已经完全激活后，使用 ping 命令测试不同网段的 PC，并记录一下测试结果，如表 5-5 所示。

表 5-5 网络互联组网测试结果

	测试链路	能否 ping 通
	PC1↔PC3	
	PC1↔PC4	
不同网段中	PC2↔PC3	
	PC2↔PC4	

（6）使用 show ip route 命令查看路由器的路由表，记录观察到的结果，如表 5-6 所示。

表 5-6 路由表记录情况

项 目	路由项 1	路由项 2
网络号		
子网掩码		
下一跳地址		
接口		
路由类型		

（7）在路由器上配置 Telnet 登录，记录使用到的命令，并在 PC1 上使用 Telnet 登录路由器，截图记录登录成功的界面。

5.2　小结与思考

本章主要介绍路由器的基本配置,了解路由器的启动过程,掌握登录路由器的几种方式,以及通过实验体会路由器是如何进行数据的路由选择和数据转发的。

【思考】

(1) 对于一台新出厂的路由器,是通过 Console 口还是 Telnet 来进行配置?

(2) 路由器每个接口连接网络的网络号能否相同?

(3) 如何保存当前配置? 使用什么命令?

(4) 路由表中的路由包含哪些信息?

(5) 主机 IP 信息配置的网关地址意义是什么? 应该如何配置?

第6章

静态路由的配置

要获取非直连网络的路径,可以通过静态路由或动态路由。静态路由是通过管理员手工配置目的网络的下一跳地址,路径的选择依赖于管理员的配置。静态路由不能及时地反映网络拓扑的变化,但可以减少动态路由协议占用的带宽和计算资源的开销。静态路由适用于中小型网络。默认路由是一种特殊的静态路由,常常应用在单出口的网络,可以减少路由表的存储开销。

6.1 静态路由和总结静态路由

6.1.1 实验目的

(1) 掌握路由表的原理和概念。
(2) 了解直连路由、静态路由、总结静态路由的差别,掌握它们使用的场合和配置。
(3) 熟练掌握 ip route 命令的含义和使用。

6.1.2 实验原理

1. 路由表原理

首先介绍 3 条路由表基本原理,它们摘自于 Alex Zinin 的著作 *Cisco IP Routing*(Cisco IP 路由)。以图 6-1 所示的网络拓扑为例。

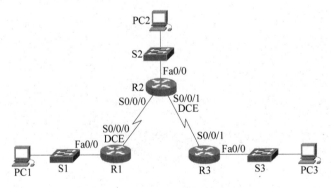

图 6-1　路由表原理

(1) 原理一：每台路由器根据其自身路由表中的信息独立做出决策。

R3 的路由表中有 3 条静态路由分别去 172.16.1.0/24、172.16.2.0/24 和 172.16.3.0/24 3 个网段。当 R3 有数据包发给 172.16.3.0/24 网段时，R3 根据自己路由表中的信息独立做出转发决定，它不会咨询任何其他路由器(R1 和 R2)中的路由表。它也不知道其他路由器(R1 和 R2)是否有到其他网络的路由。而网络管理员则负责确保每台路由器都能获知远程网络。

(2) 原理二：一台路由器的路由表中包含某些信息并不表示其他路由器也包含相同的信息。

R3 不知道其他路由器的路由表中有哪些信息。例如，R3 有一条通过路由器 R2 到达 172.16.3.0/24 网络的路由。所有与这条路由匹配的数据包均属于 172.16.3.0/24 网络，这些数据包都将转发到路由器 R2。但是 R3 并不知道 R2 是否有到达 172.16.3.0/24 网络的路由。如果 R2 没有到达 172.16.3.0/24 网络的路由，数据包将不能到达目的网络 172.16.3.0/24。同样，网络管理员负责确保下一跳路由器有到达该网络的路由。通过原理二可以了解到，如果要确保其他路由器有到达这 3 个网络的路由，还需在这些路由器上配置正确的路由。

(3) 原理三：有关两个网络之间路径的路由信息并不能提供反向路径(即返回路径)的路由信息。

网络通信大多数都是双向的，这表示数据包必须在相关终端设备之间进行双向传输。例如，来自 PC3 的数据包可以到达 PC1，因为所有相关的路由器(R1、R2 和 R3)都有指向目的网络 172.16.3.0/24 的路由。但是从 PC1 到 PC3 的返回数据包是否能成功到达，则取决于相关路由器是否包含指向返回路径(PC3 所在的 192.168.2.0/24 网络)的路由。

2. 路由表的结构

路由表是一种数据结构，用于存储从其他源获得的路由信息。路由表的主要用途是为路由器提供通往不同目的网络的路径。路由表包含一组"已知"网络地址，即直接相连、静态配置及动态获知的地址。路由器的最基本功能是路由，路由的完成由选路和转发两个基本步骤构成。而路由表则是路由器选择路径的基础。

路由器在转发数据时，要先在路由表(Routing Table)中查找相应的路由。路由器有以下 3 种途径建立路由。

- 直连网络：路由器自动添加和自己直接连接的网络的路由。
- 静态路由：管理员手工输入到路由器的路由。
- 动态路由：由路由协议(Routing Protocol)动态建立的路由。

使用 Router♯show ip route 命令可以查看路由器中路由表的内容，如图 6-2 所示。

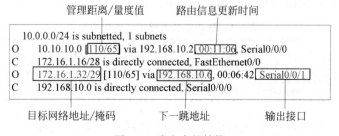

图 6-2 路由表的结构

路由表中每个字段含义如下。

- 路由来源：每个路由表中的第一个字段，表示该路由的来源。比如"C"代表直连路由，"S"代表静态路由，"＊"说明路由为默认路由，"R"表示这条路由是"RIP"协议得到的。
- 目标网络地址/掩码：包括网络前缀和掩码说明，如 172.22.0.0/16。网络掩码显示格式有 3 种：第一显示格式为掩码的比特数，如/24 表示掩码的长度为 24 位；第二种显示格式为点分十进制，如 255.255.255.0；第三种显示格式以十六进制方式显示，如 0xFFFFFF00，默认情况下为第一种显示格式。
- 管理距离/量度值：管理距离代表该路由来源的可信度，不同的路由来源，该值不一样；量度值代表该路由的花费。路由表中显示的路由均为最优路由，即管理距离和量度值都最小。两条到同一目标的、来源不同的路由，在安装到路由表中之前，需要进行比较，首先要比较管理距离，然后取管理距离小的路由，如果管理距离相同，就比较量度值，如果量度值也一样则安装多条路由。
- 下一跳 IP：说明该路由的下一个转发路由器。
- 存活时间：说明该路由已经存在的时间长短，以"时:分:秒"的方式显示，只有动态路由才有存活时间字段。
- 下一跳接口：说明符合该路由的 IP 包，将往该接口发送出去。

当路由器从某个接口中收到一个数据包时，路由器查看数据包中的目的网络地址，如果发现数据包的目的地址不在接口所在的子网中，则查看自己的路由表，找到数据包的目的网络所对应的接口，并从相应的接口转发出去，这就是最基本的路由原理。

3．静态路由与总结静态路由

静态路由：当从一个网络路由到末节网络时，一般使用静态路由。静态路由的缺点是不能动态反映网络拓扑，当网络拓扑发生变化时，管理员必须手工改变路由表。然而，静态路由不会占用路由器太多的 CPU 和 RAM 资源，也不占用线路的带宽。如果出于安全的考虑，要隐藏网络的某些部分或者管理员想控制数据转发路径，也会使用静态路由。在一个小而简单的网络中，也常使用静态路由，因为配置静态路由会更为简捷。

总结静态路由：多条静态路由可以总结成一条静态路由，前提是符合以下条件，目的网络可以总结成一个网络地址，并且多条静态路由都使用相同的送出接口或下一跳 IP 地址。

4．静态路由配置命令

配置和删除静态路由的命令如表 6-1 所示。

表 6-1　静态路由的配置和删除命令

命　　　　令	作　　　用
Router(config)＃ip route *network-address subnet-mask* ｛ip-address ｜ exit-interface ｝	配置静态路由
Router(config)＃no ip route *network-address subnet-mask*	删除静态路由

- network-address：要加入路由表的远程网络的目的网络地址。
- subnet-mask：要加入路由表的远程网络的子网掩码。用户可对此子网掩码进行修

改,以总结一组网络。

- ip-address:一般指下一跳路由器的 IP。
- exit-interface:将数据包转发到目的网络时使用的送出接口。

例:ip route 192.168.1.0 255.255.255.0 s0/0

例:ip route 192.168.1.0 255.255.255.0 192.168.2.2

在设置静态路由时,如果链路是点到点的(如 PPP 封装链路),采用网关地址和接口都可以;然而如果是多路访问的链路(如以太网),则只能采用网关地址,ip route 192.168.1.0 255.255.255.0 192.168.2.2;而不能采用接口 ip route 192.168.1.0 255.255.255.0 Fa0/0。

5. 配置实例

网络拓扑图如图 6-3 所示。

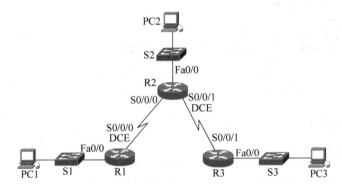

图 6-3　静态路由网络拓扑

设备 IP 地址表如表 6-2 所示。

表 6-2　设备 IP 地址表

设 备	接 口	IP 地址	子 网 掩 码
R1	Fa0/0	172.16.3.1	255.255.255.0
	S0/0/0	172.16.2.1	255.255.255.0
R2	Fa0/0	172.16.1.1	255.255.255.0
	S0/0/0	172.16.2.2	255.255.255.0
	S0/0/1	192.168.1.2	255.255.255.0
R3	Fa0/0	192.168.2.1	255.255.255.0
	S0/0/1	192.168.1.1	255.255.255.0
PC1	NIC	172.16.3.10	255.255.255.0
PC2	NIC	172.16.1.20	255.255.255.0
PC3	NIC	192.168.2.30	255.255.255.0

实验步骤如下:

(1) 配置路由器 R1。

```
R1(config)＃int Fa0/0
R1(config-if)＃ip address 172.16.3.1 255.255.255.0
R1(config-if)＃no shutdown          //激活接口
```

```
R1(config)♯int s0/0/0
R1(config-if)♯clock vate 64000          //配置 DCE 的时钟频率
R1(config-if)♯ip address 172.16.2.1 255.255.255.0
R1(config-if)♯no shutdown              //配置到其他网络的静态路由
R1(config)♯ip route 172.16.1.0  255.255.255.0  172.16.2.2
R1(config)♯ip route 192.168.1.0  255.255.255.0  172.16.2.2
R1(config)♯ip route 192.168.2.0  255.255.255.0  172.16.2.2
```

（2）配置路由器 R2。

```
R2(config)♯int Fa0/0
R2(config-if)♯ip address 172.16.1.1 255.255.255.0
R2(conf-if)♯no shutdown              //激活接口
R2(config)♯int s0/0/0
R2(config-if)♯ip address 172.16.2.2  255.255.255.0
R2(config-if)♯no shutdown
R2(config)♯int s0/0/1
R2(config-if)♯clock rate 64000
R2(config-if)♯ip address 192.168.1.2  255.255.255.0
R2(config-if)♯no shutdown
R2(config)♯ip route 192.168.2.0  255.255.255.0  192.168.1.1
R2(config)♯ip route 172.16.3.0  255.255.255.0  172.16.2.1
```

（3）配置路由器 R3。

```
R3(config)♯int Fa0/0
R3(config-if)♯ip address 192.168.2.1  255.255.255.0
R3(config-if)♯no shutdown              //激活接口
R3(config)♯int s0/0/1
R3(config-if)♯ip address 192.168.1.1 255.255.255.0
R3(config-if)♯no shutdown
R3(config)♯ip route 172.16.1.0  255.255.255.0  192.168.1.2
R3(config)♯ip route 172.16.2.0  255.255.255.0  192.168.1.2
R3(config)♯ip route 172.16.3.0  255.255.255.0  192.168.1.2
```

（4）实验调试。

① 首先查看路由器 R1、R2 和 R3 的路由表。

```
R1♯show ip route
Codes: C-connected, S-static, I-IGRP, R-RIP, M-mobile, B-BGP
       D-EIGRP, EX-EIGRP external, O-OSPF, IA-OSPF inter area
       N1-OSPF NSSA external type 1, N2-OSPF NSSA external type 2
       E1-OSPF external type 1, E2-OSPF external type 2, E-EGP
       i-IS-IS, L1-IS-IS level-1, L2-IS-IS level-2, ia-IS-IS inter area
       *-candidate default, U-per-user static route, o-ODR
       P-periodic downloaded static route
Gateway of last resort is not set
       172.16.0.0/24 is subnetted, 3 subnets
S         172.16.1.0 [1/0] via 172.16.2.2
C         172.16.2.0 is directly connected, Serial0/0/0
C         172.16.3.0 is directly connected, FastEthernet0/0
S      192.168.1.0/24 [1/0] via 172.16.2.2
S      192.168.2.0/24 [1/0] via 172.16.2.2
//可以看到,R1 路由表中存在两条直连路由,3 条静态路由
```

R2#show ip route
Codes: C-connected, S-static, I-IGRP, R-RIP, M-mobile, B-BGP
　　　　D-EIGRP, EX-EIGRP external, O-OSPF, IA-OSPF inter area
　　　　N1-OSPF NSSA external type 1, N2-OSPF NSSA external type 2
　　　　E1-OSPF external type 1, E2-OSPF external type 2, E-EGP
　　　　i-IS-IS, L1-IS-IS level-1, L2-IS-IS level-2, ia-IS-IS inter area
　　　　*-candidate default, U-per-user static route, o-ODR
　　　　P-periodic downloaded static route
Gateway of last resort is not set
　　　172.16.0.0/24 is subnetted, 3 subnets
C　　　 172.16.1.0 is directly connected, FastEthernet0/0
C　　　 172.16.2.0 is directly connected, Serial0/0/0
S　　　 172.16.3.0 [1/0] via 172.16.2.1
C　　192.168.1.0/24 is directly connected, Serial0/0/1
S　　192.168.2.0/24 [1/0] via 192.168.1.1

R3#show ip route
Codes: C-connected, S-static, I-IGRP, R-RIP, M-mobile, B-BGP
　　　　D-EIGRP, EX-EIGRP external, O-OSPF, IA-OSPF inter area
　　　　N1-OSPF NSSA external type 1, N2-OSPF NSSA external type 2
　　　　E1-OSPF external type 1, E2-OSPF external type 2, E-EGP
　　　　i-IS-IS, L1-IS-IS level-1, L2-IS-IS level-2, ia-IS-IS inter area
　　　　*-candidate default, U-per-user static route, o-ODR
　　　　P-periodic downloaded static route
Gateway of last resort is not set
　　　172.16.0.0/24 is subnetted, 3 subnets
S　　　 172.16.1.0 [1/0] via 192.168.1.2
S　　　 172.16.2.0 [1/0] via 192.168.1.2
S　　　 172.16.3.0 [1/0] via 192.168.1.2
C　　192.168.1.0/24 is directly connected, Serial0/0/1
C　　192.168.2.0/24 is directly connected, FastEthernet0/0

② 接着从 PC1、PC2 和 PC3 上互 ping，测试网络是否通畅。

PC>ping 172.16.1.20　　　//PC1 ping PC2
Pinging 172.16.1.20 with 32 bytes of data:
Reply from 172.16.1.20: bytes = 32 time = 141ms TTL = 126
Reply from 172.16.1.20: bytes = 32 time = 125ms TTL = 126
Reply from 172.16.1.20: bytes = 32 time = 110ms TTL = 126
Reply from 172.16.1.20: bytes = 32 time = 157ms TTL = 126
Ping statistics for 172.16.1.20:
　　Packets: Sent = 4, Received = 4, Lost = 0 (0 % loss),
Approximate round trip times in milli-seconds:
　　Minimum = 110ms, Maximum = 157ms, Average = 133ms
PC>ping 192.168.2.30　　　//PC1 ping PC3
Pinging 192.168.2.30 with 32 bytes of data:
Reply from 192.168.2.30: bytes = 32 time = 172ms TTL = 125
Reply from 192.168.2.30: bytes = 32 time = 172ms TTL = 125
Reply from 192.168.2.30: bytes = 32 time = 188ms TTL = 125
Reply from 192.168.2.30: bytes = 32 time = 188ms TTL = 125
Ping statistics for 192.168.2.30:

```
        Packets: Sent = 4, Received = 4, Lost = 0 (0 % loss),
Approximate round trip times in milli - seconds:
        Minimum = 172ms, Maximum = 188ms, Average = 180ms
PC > ping 192.168.2.30        //PC2 ping PC3
Pinging 192.168.2.30 with 32 bytes of data:
Reply from 192.168.2.30: bytes = 32 time = 4ms TTL = 128
Reply from 192.168.2.30: bytes = 32 time = 16ms TTL = 128
Reply from 192.168.2.30: bytes = 32 time = 15ms TTL = 128
Reply from 192.168.2.30: bytes = 32 time = 0ms TTL = 128
Ping statistics for 192.168.2.30:
        Packets: Sent = 4, Received = 4, Lost = 0 (0 % loss),
Approximate round trip times in milli - seconds:
        Minimum = 0ms, Maximum = 16ms, Average = 8ms
```

在上例中,R3 有 3 条静态路由,3 条路由都通过相同的 Serial0/0/1 接口转发通信。如果可能,可将 172.16.1.0/24、172.16.2.0/24 和 172.16.3.0/24 总结成 172.16.0.0/22 网络。因为所有 3 条路由使用相同的送出接口,而且它们可以总结成一个 172.16.0.0 255.255.252.0 网络,所以可以创建一条总结路由。

以下为创建总结路由 172.16.0.0/22 的过程,如图 6-4 所示。

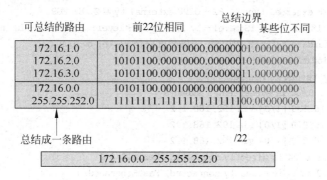

图 6-4   总结默认静态路由

- 以二进制格式写出想要总结的网络。
- 找出用于总结的子网掩码,从最左侧的位开始。
- 从左向右找出所有连续匹配的位。
- 当发现有位不匹配时,立即停止,则当前所在的位即为总结边界。
- 现在,计算从最左侧开始的匹配位数。该数字即为总结路由的子网掩码,本例中为/22 或 255.255.252.0。
- 找出用于总结的网络地址,方法是复制匹配的 22 位并在其后用 0 补足 32 位。

通过上述步骤,便可将 R3 上的 3 条静态路由总结成一条静态路由,该路由使用总结网络地址 172.16.0.0 255.255.252.0(该处路由总结忽略了"172.16.0.0/24"网络的路由,实际上需要 4 条路由才能正确汇总为 172.16.0.0/22 的路,此处只作实验演示)。

(5)先删除路由器 R3 的 3 条静态路由。

```
R3(config)#no ip route 172.16.1.0   255.255.255.0   192.168.1.2
R3(config)#no ip route 172.16.2.0   255.255.255.0   192.168.1.2
R3(config)#no ip route 172.16.3.0   255.255.255.0   192.168.1.2
```

（6）接着配置总结静态路由。

R3(config)♯ip route 172.16.0.0 255.255.252.0 192.168.1.2

（7）比较前后路由表的内容。

总结前：

R3♯show ip route
∗∗∗省略部分输出∗∗∗
Gateway of last resort is not set
  172.16.0.0/24 is subnetted, 1 subnets
S 172.16.1.0 [1/0] via 192.168.1.2
S 172.16.2.0 [1/0] via 192.168.1.2
S 172.16.3.0 [1/0] via 192.168.1.2
C 192.168.1.0/24 is directly connected, Serial0/0/1
C 192.168.2.0/24 is directly connected, FastEthernet0/0

总结后：

R3♯show ip route
∗∗∗省略部分输出∗∗∗
Gateway of last resort is not set
  172.16.0.0/22 is subnetted, 1 subnets
S 172.16.0.0 [1/0] via 192.168.1.2
C 192.168.1.0/24 is directly connected, Serial0/0/1
C 192.168.2.0/24 is directly connected, FastEthernet0/0

（8）使用 ping 命令测试网络连通性。

PC＞ping 192.168.2.30 //PC1 ping PC3
Pinging 192.168.2.30 with 32 bytes of data:
Reply from 192.168.2.30: bytes＝32 time＝172ms TTL＝125
Reply from 192.168.2.30: bytes＝32 time＝172ms TTL＝125
Reply from 192.168.2.30: bytes＝32 time＝188ms TTL＝125
Reply from 192.168.2.30: bytes＝32 time＝188ms TTL＝125
Ping statistics for 192.168.2.30:
  Packets: Sent＝4, Received＝4, Lost＝0 (0％ loss),
Approximate round trip times in milli－seconds:
Minimum＝172ms, Maximum＝188ms, Average＝180ms
PC＞ping 192.168.2.30 //PC2 ping PC3
Pinging 192.168.2.30 with 32 bytes of data:
Reply from 192.168.2.30: bytes＝32 time＝4ms TTL＝128
Reply from 192.168.2.30: bytes＝32 time＝16ms TTL＝128
Reply from 192.168.2.30: bytes＝32 time＝15ms TTL＝128
Reply from 192.168.2.30: bytes＝32 time＝0ms TTL＝128
Ping statistics for 192.168.2.30:
  Packets: Sent＝4, Received＝4, Lost＝0 (0％ loss),
Approximate round trip times in milli－seconds:
Minimum＝0ms, Maximum＝16ms, Average＝8ms

可见总结路由起了作用。

6.1.3　实验任务

静态路由和总结静态路由拓扑如图 6-5 所示。

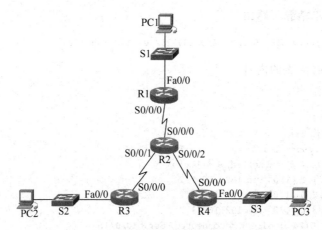

图 6-5   静态路由和总结静态路由拓扑

IP 地址表如表 6-3 所示。

表 6-3   IP 地址表

设　　备	接　　口	IP 地址	子 网 掩 码
R1	Fa0/0	192.168.1.1	255.255.255.0
	S0/0/0	172.16.1.2	255.255.255.252
R2	S0/0/0	172.16.1.1	255.255.255.252
	S0/0/1	172.16.1.5	255.255.255.252
	S0/0/2	172.16.1.9	255.255.255.252
R3	S0/0/0	172.16.1.6	255.255.255.252
	Fa0/0	192.168.10.1	255.255.255.0
R4	S0/0/0	172.16.1.10	255.255.255.252
	Fa0/0	192.168.20.1	255.255.255.0
PC1	NIC	192.168.1.10	255.255.255.0
PC2	NIC	192.168.10.10	255.255.255.0
PC3	NIC	192.168.20.10	255.255.255.0

实验要求：

（1）在路由器 R1～R4 上配置静态路由，确保各个网段能够相互访问，同时将路由器 R1～R4 的路由表内容截图并保存，作为实验报告的附件。

（2）在路由器 R3 和 R4 上面配置表 6-4 所示的内容。

表 6-4   路由器 R3 和 R4 的配置

设　　备	接　　口	IP 地址	子 网 掩 码
R3	Loopback0	192.168.8.1	255.255.255.0
	Loopback1	192.168.9.1	255.255.255.0
	Loopback2	192.168.11.1	255.255.255.0
R4	Loopback0	192.168.21.1	255.255.255.0
	Loopback1	192.168.22.1	255.255.255.0
	Loopback2	192.168.23.1	255.255.255.0

在路由器 R1～R4 上配置静态路由,要求在路由器 R1 和 R2 上将去到路由器 R3 和 R4 上的 Loopback0-2 和 Fa0/0 的网段路由进行总结,同时将路由器 R1～R4 的路由表内容截图并保存,作为实验报告的附件。

(3) 假设在(2)的过程中不采用总结静态路由,该如何配置?

6.2 默认路由

6.2.1 实验目的

(1) 掌握默认路由的原理和概念。

(2) 了解直连路由、静态路由、默认静态路由的差别,掌握它们使用的场合和配置。

6.2.2 实验原理

1. 默认静态路由的用途

默认静态路由是与所有数据包都匹配的路由。出现以下情况时,便会用到默认静态路由。

(1) 路由表中没有其他路由与数据包的目的 IP 地址匹配。也就是说,路由表中不存在更为精确的匹配。在公司网络中,连接到 ISP 网络的边缘路由器上往往会配置默认静态路由。

(2) 如果一个网络只有单一的网络出口,则会在边缘路由器上配置默认路由。

2. 默认静态路由的配置

配置默认静态路由的命令类似于配置其他静态路由,但网络地址和子网掩码均为 0.0.0.0。

Router(config)♯ip route 0.0.0.0 0.0.0.0 [exit‐interface │ ip‐address]
//0.0.0.0 0.0.0.0 网络地址和掩码称为"全零"路由,该路由可以匹配所有的 32 位目的网络 IP

172.16.1.0/24、172.16.2.0/24 和 172.16.3.0/24 可以用一条默认路由取代。

(1) 先删除路由器 R3 的一条总结静态路由:

R3(config)♯no ip route 172.16.0.0 255.255.252.0 192.168.1.2

(2) 接着配置默认路由。

R3(config)♯ip route 0.0.0.0 0.0.0.0 192.168.1.2

(3) 显示路由表的内容。

R3(config)♯show ip route
*** 省略部分输出 ***
Gateway of last resort is 192.168.1.2 to network 0.0.0.0
C   192.168.1.0/24 is directly connected, Serial0/0/1
C   192.168.2.0/24 is directly connected, FastEthernet0/0
S*   0.0.0.0/0 [1/0] via 192.168.1.2

（4）使用 ping 命令测试网络连通性。

```
PC > ping 192.168.2.30      //PC1 ping PC3
Pinging 192.168.2.30 with 32 bytes of data:
Reply from 192.168.2.30: bytes = 32 time = 172ms TTL = 125
Reply from 192.168.2.30: bytes = 32 time = 172ms TTL = 125
Reply from 192.168.2.30: bytes = 32 time = 188ms TTL = 125
Reply from 192.168.2.30: bytes = 32 time = 188ms TTL = 125
Ping statistics for 192.168.2.30:
     Packets: Sent = 4, Received = 4, Lost = 0 (0 % loss),
Approximate round trip times in milli − seconds:
Minimum = 172ms, Maximum = 188ms, Average = 180ms
```

可见默认静态路由起了作用。

6.2.3　实验任务

默认静态路由实验拓扑如图 6-6 所示。

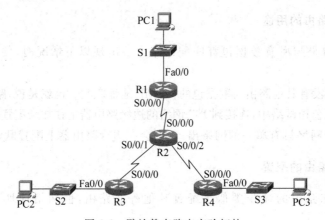

图 6-6　默认静态路由实验拓扑

IP 地址表如表 6-5 所示。

表 6-5　IP 地址表

设　　备	接　　口	IP 地 址	子 网 掩 码
R1	Fa0/0	192.168.1.1	255.255.255.0
	S0/0/0	172.16.1.2	255.255.255.252
R2	S0/0/0	172.16.1.1	255.255.255.252
	S0/0/1	172.16.1.5	255.255.255.252
	S0/0/2	172.16.1.9	255.255.255.252
R3	S0/0/0	172.16.1.6	255.255.255.252
	Fa0/0	192.168.10.1	255.255.255.0
R4	S0/0/0	172.16.1.10	255.255.255.252
	Fa0/0	192.168.20.1	255.255.255.0
PC1	NIC	192.168.1.10	255.255.255.0
PC2	NIC	192.168.10.10	255.255.255.0
PC3	NIC	192.168.20.10	255.255.255.0

实验要求：

（1）假设路由器 R1、R2、R3 分别对应公司甲、公司乙、公司丙，R4 为 ISP 的路由器，要求在路由器 R1、R3 和 R4 上配置默认静态路由，在路由器 R2 上配置静态路由，使得整个网络能够互联互通。

（2）假如 R3 和 R4 增加了如表 6-6 所示的网段。

表 6-6　IP 地址表

设　　备	接　　口	IP 地址	子网掩码
R3	Loopback 0	192.168.8.1	255.255.255.0
	Loopback 1	192.168.9.1	255.255.255.0
	Loopback 2	192.168.11.1	255.255.255.0
R4	Loopback 0	192.168.21.1	255.255.255.0
	Loopback 1	192.168.22.1	255.255.255.0
	Loopback 2	192.168.23.1	255.255.255.0

整个网络又该如何配置？

6.3　小结与思考

本章介绍了如何使用静态路由连接远程网络。远程网络是指只有通过将数据包转发至另一台路由器才能到达的网络。静态路由配置很简单，虽然在大型网络中，这种手动操作可能会造成很大的麻烦，但是在后面的章节中，将看到即使在已经使用动态路由协议的情况下，静态路由仍在继续使用。

静态路由可以配置为使用下一跳 IP 地址，通常是下一跳路由器的 IP 地址。当使用下一跳 IP 地址时，路由器必须要存在到达下一跳地址的接口。只有当静态路由中的下一跳 IP 地址能够解析到送出接口时，该路由才能输入路由表中。在点对点串行链路上，使用送出接口来配置静态路由通常更为有效。在类似以太网的多路访问网络中，可以同时为静态路由配置下一跳 IP 地址和送出接口。静态路由的默认管理距离为"1"。该管理距离同样适用于同时配置有下一跳地址和送出接口的静态路由。无论使用下一跳 IP 地址还是送出接口配置静态路由，如果用于转发数据包的送出接口不在路由表中，则路由表不会包含该静态路由。

在很多情况下，多条静态路由可以总结为一条静态路由，这意味着路由表中的条目数量会随之减少，路由表查找过程也因此变得更快。覆盖面最广的总结静态路由是默认路由，此路由的网络地址和子网掩码均为 0.0.0.0。如果路由表中没有更加精确的匹配条目，路由表将使用默认路由将数据包转发到另一台路由器。

【思考】

（1）在路由表中查找路由条目的时候最终需要进行递归查找，请问什么是递归查找？什么时候会发生递归查找？

（2）请阐述总结静态路由和默认静态路由的意义所在。

第 7 章

路由信息协议

路由信息协议(Routing Information Protocol,RIP)是最早的距离矢量型 IP 路由选择协议,也是路由器生产商之间使用的第一个开放标准。RIP 协议有两个版本:版本 1 和版本 2。两者的区别在于版本 2 中加入了一些现在的大型网络中所要求的特性,如认证、路由汇总、无类域间路由和变长子网掩码(VLSM)。这些高级特性都不被 RIP 版本 1 支持。本章主要介绍 RIP 协议的基本工作过程,以及 RIPv1、RIPv2 的常用配置。

 ## 7.1　RIP 协议的基本配置

7.1.1　实验目的

(1) 理解动态路由协议的基本原理。

(2) 理解 RIP 协议的工作过程,了解 RIP 协议的报文结构。

(3) 理解 RIP 协议中的定时器的用途。

(4) 掌握 RIPv1 的配置。

(5) 掌握 RIPv2 的配置。

7.1.2　实验原理

1. RIP 的工作原理

RIP 是一种使用于小型网络的动态路由协议,采用距离矢量算法,通过相邻的路由器定期交换路由表信息,并使用跳数作为量度值来进行路由选择,从而产生新的路由表。RFC 1058 文档中定义了 RIP 协议的相关标准。

RIP 是基于应用层的,报文通过传输层 UDP 来进行传输,使用的源端口和目的端口号都为 520。在网络层,RIPv1 使用广播地址 255.255.255.255 作为目的地址,RIPv2 则使用组播地址 224.0.0.9 作为目的地址。RIP 在协议族中的位置如图 7-1 所示。

路由器启动 RIP 后,平均每隔 30s 向外发送一次响应消息。响应消息(或者称更新消息)包含了路由器的整个路由选择表。在实际路由器中,使用了一个随机变量来防止表的同步。一个典型的 RIP 处理单个的更新时间大约是 25~30s。在 Cisoc IOS 中,路由器更新的时间在 25.5~30s 之间变化。

路由器为每条 RIP 的路由设置一个超时计时器,如果路由器经过 180s 内(6 个更新周期)还没有收到来自对端路由器关于该路由项的更新,则将这条路由设置为不可达,发往该路由的报文会被路由器全部丢掉。如果在240s内仍未收到更新报文,则将该路由直接从路由表中删除。

RIP使用跳数来衡量到达目的网络的距离,称为量度值。在大多数路由器中,直连网络的跳数为0(有的路由器直连网络设置为1)。每经过一个路由器跳数加1。如果存在两条到达相同网络的RIP路由项,则取量度值最小的路由项加入路由表。为了限制收敛时间,RIP规定跳数的取值为0~15之间的整数,跳数等于16代表不可达。

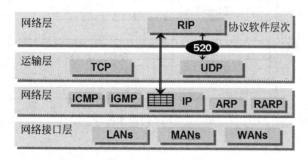

图7-1　RIP在TCP/IP协议族的位置

2. RIP 的收敛

收敛是指采用特定路由协议的所有路由器对整个网络拓扑具有一致性的认识。收敛时间指路由器从不一致到一致所经历的时间。RIP收敛慢,因此只能适用于小型的网络。如图7-2所示,Net1的网络变化平均要经过 $n \times 15s$ 才能到达最右边的路由器。因此,如果 n (传递路由项的路由器数目)越大,那么路由传递的时间就越长。所以,在RIP中,n 的最大值为15。

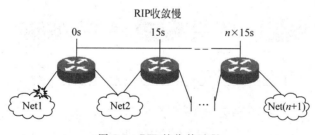

图7-2　RIP的收敛过程

3. RIP 的报文结构

RIP报文大致分为两类:请求报文(Request报文)和应答报文(Response报文)。它们使用相同的格式,由固定的首部和后面可选的网络IP地址及到该网络的跳数(阴影部分)组成。RIP的报文结构如图7-3所示。

Commands(命令)占用一个字节,用1表示请求报文,用2表示应答报文。命令3和命令4已经废弃不用,命令5被Sun Microsysetems保留用于内部使用。

Version(版本)占用一个字节,表示RIP的协议版本号,目前存在RIPv1和RIPv2两个

版本。接下来的两个字节必须为 0。阴影部分是到达某个网络的网络 IP 地址和到该网络
的跳数列表,可以有多个,格式是相同的。开始的两个字节表示网络的协议族,IP 协议族对
应的值为 2。RIP 各用 4 个字节表示 IP 地址和距离量度值(跳数)。距离量度值用跳数来衡
量,取值范围是 0~16(16 表示网络不可达)。

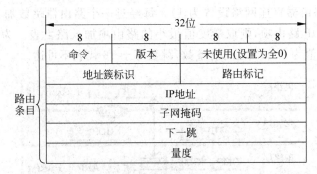

图 7-3　RIP 的报文格式

4. RIP 路由项的结构

如图 7-4 所示,网络 168.2.0.0/16 连接在 Router C 的 Ethernet0 接口,属于 Router C 的直
连网络,路由量度值为 0。而在 Router B 上,要通过 Router C 才能到达网络 168.2.0.0/16,则
量度值增加 1,值为 1。在 Router A 上,要到达该网络,必须经过路由器 B 和路由器 C,所以
量度值为 2,在各个路由器上的路由表中可以查看到量度值。

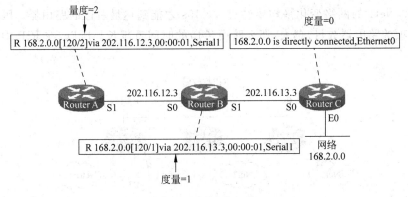

图 7-4　RIP 路由项

RIP 的路由项通常包含的信息如表 7-1 所示。

表 7-1　RIP 路由项的信息

名　称	作　用
目的地址	主机或网络地址
下一跳地址	为到达目的地,要经过的下一个路由器接口的地址
接口	转发报文的路由器接口
Metric 值	本路由器到达目的地的开销,可取 0~16 之间的整数(16 表示不可达)
定时器	该路由项最后一次被修改的时间

使用 show ip route 命令可以查看路由器的路由表,RIP 路由项结构如图 7-5 所示。

```
Router B#show ip route
...
Gateway of last resort is not set

     172.17.0.0/24 is subnetted, 2 subnets
R    172.17.25.0 [120/1] via 172.17.26.1, 00:00:18, Serial0/0
C    172.17.26.0 is directly connected, Serial0/0
     172.16.0.0/24 is subnetted, 1 subnets
C    172.16.26.0 is directly connected, Loopback0
```

图 7-5 RIP 路由项结构

5. RIP 的配置命令

RIP 的配置过程如表 7-2 所示。

表 7-2 RIP 配置过程

步骤	命 令	说 明
1	R1(config)♯router rip	启动 RIP
2	R1(config-router)♯network x.x.x.x(主类网络号)	宣告参与 RIP 的网络
	R1(config-router)♯version 2	使用 RIPv2 版本,默认为版本 1
3	R1♯show ip route	查看并验证 RIP 是否配置成功

注意事项:

(1) 每台路由器都要启动 RIP。

(2) 在配置 RIP 之前要确认路由器之间链路是否连通。

(3) 使用 network 宣告网络时,要宣告路由器之间互联的网络。

相关命令:

(1) router rip:激活 RIP,指明路由协议为 RIP。

(2) network <网段地址>:指明直接相连的网段,广播路由信息。

(3) show ip protocol:显示路由器的路由信息。

(4) show ip route:显示 IP 路由表。

(5) version {1 | 2} 指定 RIP 的版本,版本 1 或者版本 2。

测试配置正确的命令:

(1) show ip route:用于检测路由表。

(2) debug ip rip:用于调试 RIP 信息。

(3) clear ip route:清除 IP 路由表的信息。

6. RIP 的配置实例

实验拓扑结构如图 7-6 所示。

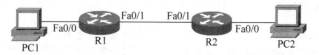

图 7-6 RIPv1 动态路由实验配置图

地址表如表 7-3 所示。

表 7-3 RIP 配置实验 IP 地址表

设 备	接 口	IP 地址	子网掩码
R1	Fa0/0	192.168.10.1	/24
	Fa0/1	172.16.1.1	/24
R2	Fa0/0	192.168.20.1	/24
	Fa0/1	172.16.1.2	/24
PC1	NIC	192.168.10.10	/24
PC2	NIC	192.168.20.10	/24

实验步骤如下：

(1) 配置网络基本信息。

① 配置路由器 R1。

```
R1#conf t                                        //进入全面配置模式
R1(config)#int Fa0/0                             //进入接口配置模式
R1(config-if)#ip address 192.168.10.1 255.255.255.0   //配置 Fa0/0 接口的 IP
R1(config-if)#no shutdown                        //激活接口
R1(config-if)#int Fa0/1
R1(config-if)#ip address 172.16.1.1 255.255.255.0
R1(config-if)#no shutdown
```

② 配置路由器 R2。

```
R2#conf t
R2(config)#int Fa0/0
R2(config-if)#ip address 192.168.20.1 255.255.255.0
R2(config-if)#no shutdown
R2(config-if)#int Fa0/1
R2(config-if)#ip address 172.16.1.2 255.255.255.0
R2(config-if)#no shutdown
```

③ 检查路由器接口是否被正确激活。

```
R1#show ip interface brief
Interface          IP-Address        OK? Method Status                  Protocol
FastEthernet0/0    192.168.10.1      YES manual up                      up
FastEthernet0/1    172.16.1.1        YES manual up                      up
Vlan1              unassigned        YES unset  administratively down   down
```

如果 Status 和 Protocol 都是 up,说明端口已经被激活,可以进行路由协议的配置,否则检查故障并确保端口处于正常工作状态。

(2) RIP 路由协议配置。

① 配置路由器 R1。

```
R1(config)#router rip                        //启动 RIP 进程
R1(config-router)#network 172.16.0.0         //宣告参与 RIP 进程的网络,只需宣告主类网络
R1(config-router)#network 192.168.10.0       //宣告参与 RIP 进程的网络
```

//如果使用 RIPv2,配置以下命令
R1(config - router)♯version 2

② 配置路由器 R2。

R1(config)♯router rip　　　　　　　　　//启动 RIP 进程
R1(config - router)♯network 172.16.0.0　　//宣告参与 RIP 进程的网络,只需宣告主类网络
R1(config - router)♯network 192.168.20.0　//宣告参与 RIP 进程的网络
//如果使用 RIPv2,配置以下命令
R1(config - router)♯version 2

(3) 检查配置结果与测试。

① 在 PC1 上 ping PC2,测试结果如下:

```
C:\> ping 192.168.20.10
    Pinging 192.168.20.10 with 32 bytes of data:
    Reply from 192.168.20.10: bytes = 32 time = 94ms TTL = 126
    Reply from 192.168.20.10: bytes = 32 time = 94ms TTL = 126
    Reply from 192.168.20.10: bytes = 32 time = 78ms TTL = 126
    Reply from 192.168.20.10: bytes = 32 time = 93ms TTL = 126
    Ping statistics for 192.168.20.10:
        Packets: Sent = 4, Received = 4, Lost = 0 (0% loss),
    Approximate round trip times in milli - seconds:
        Minimum = 78ms, Maximum = 94ms, Average = 89ms
```

证明整个网络可以互通。

② 下面查看 R1 的路由表:

```
R1♯show ip route
Codes: C - connected, S - static, I - IGRP, R - RIP, M - mobile, B - BGP
       D - EIGRP, EX - EIGRP external, O - OSPF, IA - OSPF inter area
       N1 - OSPF NSSA external type 1, N2 - OSPF NSSA external type 2
       E1 - OSPF external type 1, E2 - OSPF external type 2, E - EGP
       i - IS - IS, L1 - IS - IS level - 1, L2 - IS - IS level - 2, ia - IS - IS inter area
       * - candidate default, U - per - user static route, o - ODR
       P - periodic downloaded static route
Gateway of last resort is not set
     172.16.0.0/24 is subnetted, 1 subnets
C    172.16.1.0 is directly connected, FastEthernet0/1
C    192.168.10.0/24 is directly connected, FastEthernet0/0
R    192.168.20.0/24 [120/1] via 172.16.1.2, 00:00:23, FastEthernet0/1
```

通过以上内容可以看出,R1 上存在到 192.168.20.0 的路由,路由项前面的 R 表示该路由是通过 RIP 得到的,[120/1]中的 120 表示管理距离,RIP 路由协议的管理距离为 120;1 表示量度值,在 RIP 中为跳数,表示 R1 到达该网络的跳数为 1;00:00:23 表示距离下一次更新还有 3(30－27)s; via 172.16.1.2 表示下一跳地址;FastEthernet0/1 表示出口。

③ 下面查看 R1 上路由协议配置:

```
R1♯show ip protocols
Routing Protocol is "rip"
Sending updates every 30 seconds, next due in 18 seconds
```

Invalid after 180 seconds, hold down 180, flushed after 240

Outgoing update filter list for all interfaces is not set

Incoming update filter list for all interfaces is not set

//每隔 30s 发送一次更新,下次更新报文的发送在 18s 后

//路由失效的时间为 180s,抑制倒计时为 180s,清空计时器为 240s

//路由发送的过滤列表在所有接口上都没有配置

//路由接收的过滤列表在所有接口上都没有配置

Redistributing: rip

Default version control: send version 1, receive any version

Interface	Send	Recv	Triggered RIP Key – chain
FastEthernet0/0	1	2 1	
FastEthernet0/1	1	2 1	

//默认版本控制:发送 RIP 版本 1 报文,接收 RIP 所有版本报文

Automatic network summarization is in effect

//自动启用网络汇总功能

Maximum path: 4

//最大负载均衡的路由数为 4 条

Routing for Networks:

  172.16.0.0

  192.168.10.0

//参与 RIP 进程的网络为 172.16.0.0、192.168.10.0

Passive Interface(s):

//被动接口没有配置

Routing Information Sources:

Gateway	Distance	Last Update
172.16.1.2	120	00:00:07

Distance: (default is 120)

//管理距离为默认值:120

④ 使用 debug 调试输出 RIP 报文信息:

R1♯debug ip rip

RIP protocol debugging is on

R1♯RIP: received v1 update from 172.16.1.2 on FastEthernet0/1

     192.168.20.0 in 1 hops

RIP: sending v1 update to 255.255.255.255 via FastEthernet0/0 (192.168.10.1)

RIP: build update entries

    network 172.16.0.0 metric 1

    network 192.168.20.0 metric 2

RIP: sending v1 update to 255.255.255.255 via FastEthernet0/1 (172.16.1.1)

RIP: build update entries

    network 192.168.10.0 metric 1

RIP: received v1 update from 172.16.1.2 on FastEthernet0/1

     192.168.20.0 in 1 hops

RIP: sending v1 update to 255.255.255.255 via FastEthernet0/0 (192.168.10.1)

RIP: build update entries

    network 172.16.0.0 metric 1

    network 192.168.20.0 metric 2

RIP: sending v1 update to 255.255.255.255 via FastEthernet0/1 (172.16.1.1)

RIP: build update entries

    network 192.168.10.0 metric 1

使用 R1♯ undebug all 可以关闭调试。

7.2 不连续子网中 RIP 的配置

7.2.1 实验目的

(1) 理解不连续子网的概念。
(2) 了解边缘路由自动汇总的工作过程。
(3) 理解不连续子网 RIP 配置。

7.2.2 实验原理

1. 不连续子网与边界路由汇总

不连续子网是指一个自然网段的多个连续子网被其他子网隔断,该隔断子网被称为不连续子网。如图 7-7 所示,中间的网络把 PC1 和 PC2 的网络分隔开,而且中间网络的主网号和 PC1、PC2 的主网号不相同,从而构成不连续子网。

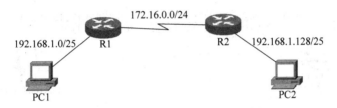

图 7-7 不连续子网示意图

在 RIPv1 中,路由报文并不携带子网掩码,只能根据主类网络号来识别网络掩码。而且,在不连续子网的网络中,路由项会在网络边缘自动进行路由汇总。

如图 7-8 所示,R1 运行 RIP,左边的网络为 192.168.10.0 的子网,当 R1 将左边的网络传播到 R2 之前。R1 会检查右边的网络号,发现为 172.16.10.0/24,即为不连续子网。也就是说 R1 左边和右边的网络是分隔开的,R1 中的虚线即为网络边缘。因此,R1 会往 R2 传播方向的网络进行网络汇总,即向主类网络汇总,汇总后的网络为 192.168.10.0。

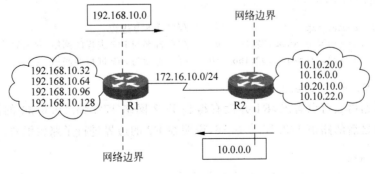

图 7-8 边界汇总示意图

同样,R2 在将 10.0.0.0 的子网传播到 R1 时也会进行路由汇总,得到汇总网络为 10.0.0.0。

因此,R1 和 R2 无法详细获取对方详细的子网信息,而路由不正确的汇总会造成网络信息丢失,引起路由黑洞。

2．关闭路由汇总和使用 RIPv2

在不连续子网的网络边界,路由汇总会引起路由协议的丢失,因此,要解决边界路由汇总问题,可以使用 RIPv2 和关闭路由汇总命令,命令如表 7-4 所示。

表 7-4　启动 RIPv2 和关闭自动汇总命令

命 令	功 能
R1(config-router)♯version 2	启动 RIPv2
R1(config-router)♯no auto-summary	关闭自动汇总

3．配置实例

不连续子网 RIP 配置拓扑如图 7-9 所示。

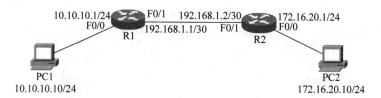

图 7-9　不连续子网 RIP 配置拓扑图

下面介绍实验步骤。

(1) 配置 R1、R2 的 RIPv1。

① 配置路由器 R1。

```
R1(config)♯router rip                    //启动 RIP 进程
R1(config - router)♯network 10.0.0.0      //宣告参与 RIP 进程的网络,只需宣告主类网络
R1(config - router)♯network 192.168.10.0  //宣告参与 RIP 进程的网络
```

② 配置路由器 R2。

```
R1(config)♯router rip                    //启动 RIP 进程
R1(config - router)♯network 172.16.0.0    //宣告参与 RIP 进程的网络,只需宣告主类网络
R1(config - router)♯network 192.168.1.0   //宣告参与 RIP 进程的网络
```

(2) 查看 R1、R2 的路由汇总。

通过查看路由表可以看出,R1 并没有得到 PC2 网络 172.16.20.0/24 的路由,而是得到了进行汇总之后的路由 172.16.0.0/16,说明在 R2 的边界进行了路由汇总。

```
R1♯sh ip route
Codes: C - connected, S - static, I - IGRP, R - RIP, M - mobile, B - BGP
       D - EIGRP, EX - EIGRP external, O - OSPF, IA - OSPF inter area
```

```
N1 - OSPF NSSA external type 1, N2 - OSPF NSSA external type 2
E1 - OSPF external type 1, E2 - OSPF external type 2, E - EGP
i - IS-IS, L1 - IS-IS level-1, L2 - IS-IS level-2, ia - IS-IS inter area
* - candidate default, U - per-user static route, o - ODR
P - periodic downloaded static route

Gateway of last resort is not set

     10.0.0.0/24 is subnetted, 1 subnets
C       10.10.10.0 is directly connected, FastEthernet0/0
R    172.16.0.0/16 [120/1] via 192.168.1.2, 00:00:08, FastEthernet0/1
     192.168.1.0/30 is subnetted, 1 subnets
C       192.168.1.0 is directly connected, FastEthernet0/1
```

通过查看 R2 的路由表可以看出，R2 并没有得到 PC1 网络 10.10.10.0/24 的路由，而是得到了进行汇总之后的路由 10.0.0.0/8，说明在 R1 的边界也进行了路由汇总。

```
R2#sh ip route
Codes: C - connected, S - static, I - IGRP, R - RIP, M - mobile, B - BGP
       D - EIGRP, EX - EIGRP external, O - OSPF, IA - OSPF inter area
       N1 - OSPF NSSA external type 1, N2 - OSPF NSSA external type 2
       E1 - OSPF external type 1, E2 - OSPF external type 2, E - EGP
       i - IS-IS, L1 - IS-IS level-1, L2 - IS-IS level-2, ia - IS-IS inter area
       * - candidate default, U - per-user static route, o - ODR
       P - periodic downloaded static route

Gateway of last resort is not set

R    10.0.0.0/8 [120/1] via 192.168.1.1, 00:00:29, FastEthernet0/1
     172.16.0.0/24 is subnetted, 1 subnets
C       172.16.20.0 is directly connected, FastEthernet0/0
     192.168.1.0/30 is subnetted, 1 subnets
C       192.168.1.0 is directly connected, FastEthernet0/1
```

（3）配置 RIPv2 和关闭路由汇总。

① 配置 R1。

R1(config)#router rip	//启动 RIP 协议
R1(config-router)#version 2	//使用 RIPv2
R1(config-router)#no auto-summary	//关闭自动汇总

② 配置 R2。

R2(config)#router rip	//启动 RIP 协议
R2(config-router)#version 2	//使用 RIPv2
R2(config-router)#no auto-summary	//关闭自动汇总

（4）结果验证。

```
R2#sh ip route
Codes: C - connected, S - static, I - IGRP, R - RIP, M - mobile, B - BGP
       D - EIGRP, EX - EIGRP external, O - OSPF, IA - OSPF inter area
```

```
N1 - OSPF NSSA external type 1, N2 - OSPF NSSA external type 2
E1 - OSPF external type 1, E2 - OSPF external type 2, E - EGP
i - IS-IS, L1 - IS-IS level-1, L2 - IS-IS level-2, ia - IS-IS inter area
 * - candidate default, U - per-user static route, o - ODR
P - periodic downloaded static route

Gateway of last resort is not set

      10.0.0.0/24 is subnetted, 1 subnets
R        10.10.10.0 [120/1] via 192.168.1.1, 00:00:19, FastEthernet0/1
      172.16.0.0/24 is subnetted, 1 subnets
C        172.16.20.0 is directly connected, FastEthernet0/0
C     192.168.1.0/24 is directly connected, FastEthernet0/1
```

从中可以看到已经获得 10.10.10.0/24 的路由,关闭自动汇总起到效果。

使用 R2♯debug ip rip 可以查看 RIP 路由项的接收和发送情况。

```
R2♯RIP: received v2 update from 192.168.1.1 on FastEthernet0/1
      10.10.10.0/24 via 0.0.0.0 in 1 hops
RIP: sending v2 update to 224.0.0.9 via FastEthernet0/1 (192.168.1.2)
RIP: build update entries
      172.16.20.0/24 via 0.0.0.0, metric 1, tag 0
```

7.3　RIP 的计时器配置

7.3.1　实验目的

(1) 理解 RIP 四大计时器的作用。

(2) 掌握四大计时器的配置。

(3) 理解四大计时器配置对 RIP 的影响。

7.3.2　实验原理

1. RIP 的四大计时器

(1) 路由更新计时器(Update Timer)。路由器运行 RIP 后,平均每隔 30s 从启动 RIP 的接口不断发送路由更新消息,这个周期更新的时间称为路由更新计时器。实际上,路由更新计时器是一个 25~35s 之间的随机数,主要是为了防止所有路由器同时发送更新报文引起的网络拥塞。当超过 30s 没有收到关于路由项的更新,路由器将认为路由失效,但是并没有从路由表中删除。

(2) 无效计时器(Invalidation Timer)。主要用来限制路由项的有效时间。当某个路由在 180s(6 个更新周期)之内没有接收到路由更新,就认为该路由无效,跳数标记为 16,也就是不可达,路由器将不再转发发往该网络的报文。

(3) 垃圾回收计时器(Garbage Collection)。当路由被标记为 16(不可达)时,并没有立刻从路由表删除,只是不再转发前往该网络的报文。当垃圾计时器超时了,才从路由表删除该路由项。垃圾计时器一般比无效计时器长 60s,即 240s。

(4)抑制计时器(Holddown Timer)。如果一条路由更新的跳数大于路由表已记录的该路由的跳数,会引起该路由进入长达 180s 的抑制状态阶段,即在抑制计时器超时之前不会接收关于该路由的任何更新。

下面介绍查看计时器常用的命令。

(1)查看默认计时器的值。

```
R1♯sh ip protocols
Routing Protocol is "rip"
Sending updates every 30 seconds, next due in 16 seconds
Invalid after 180 seconds, hold down 180, flushed after 240
Outgoing update filter list for all interfaces is not set
Incoming update filter list for all interfaces is not set
```

通过以上命令可以看出,默认情况下,更新计时器为 30s,无效计时器为 180s,抑制计时器为 180s,垃圾回收计时器为 240s。

(2)修改计时器的数值。

```
R1(conf-t)♯router rip
R1(conf--router)♯ timer basic update invalid holdown flush  //修改 4 个计时器的数值
```

2. 配置实例

RIP 计时器配置网络拓扑如图 7-10 所示。

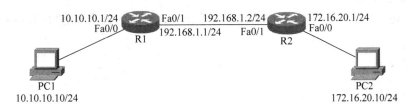

图 7-10　RIP 计时器配置网络拓扑图

背景描述:某企业的广域网连接是一条低速的链路,网络管理员想降低路由协议对链路带宽的消耗,提高带宽的利用率,于是决定修改 RIP 的定时器默认值,通过增大定时器值来减少路由更新的频率,进而减少带宽消耗。

(1)配置好 R1 和 R2 的 RIP 路由协议(关闭路由汇总、使用 RIPv2)。

① 配置路由器 R1。

```
R1(config)♯router rip                    //启动 RIP 进程
R1(config-router)♯network 10.0.0.0       //宣告参与 RIP 进程的网络,只需宣告主类网络
R1(config-router)♯network 192.168.1.0    //宣告参与 RIP 进程的网络
R1(config-router)♯version 2              //使用 RIPv2
R1(config-router)♯no auto-summary        //关闭自动汇总
```

② 配置路由器 R2。

```
R2(config)♯router rip                    //启动 RIP 进程
```

```
R2(config - router) # network 172.16.0.0    //宣告参与 RIP 进程的网络,只需宣告主类网络
R2(config - router) # network 192.168.1.0   //宣告参与 RIP 进程的网络
R2(config - router) # version 2             //使用 RIPv2
R2(config - router) # no auto - summary     //关闭自动汇总
```

(2) 将 R2 的 Fa0/0 接口关闭。

180s 后继续观察 R1 的路由表,在 R1 上使用 show ip route 命令观察路由表的变化。
172.16.20.0/24 网络被标记为不可达,但是还没有从路由表中删除。

```
R1 # show ip route
…
     10.0.0.0/24 is subnetted, 1 subnets
C       10.10.10.0 is directly connected, FastEthernet0/0
     172.16.0.0/24 is subnetted, 1 subnets
R       172.16.20.0 is possibly down, routing via 192.168.1.2, FastEthernet0/1
C    192.168.1.0/24 is directly connected, FastEthernet0/1
```

240s 后继续观察路由表的变化,可以看到 172.16.20.0/24 网络已经被删除。

```
R1 # show ip route
…
Gateway of last resort is not set
     10.0.0.0/24 is subnetted, 1 subnets
C       10.10.10.0 is directly connected, FastEthernet0/0
C    192.168.1.0/24 is directly connected, FastEthernet0/1
```

(3) 修改路由器计时器。

重新启动 R2 的 Fa0/0 接口,按照以下要求修改计时器的数值,观察计时器的变化。

```
  Update = 5;
  Invalid = 15;
  Holddown = 15;
  Flush = 30;
R2(config) # router rip
  R2(config - router) # timers basic 5 15 15 30
```

(4) 使用 show ip protocol 命令查看修改结果,可以看到四大计时器已经发生了改变。

```
 R1 # show ip protocols
Routing Protocol is "rip"
Sending updates every 5 seconds, next due in 4 seconds
Invalid after 15 seconds, hold down 15, flushed after 30
Outgoing update filter list for all interfaces is not set
Incoming update filter list for all interfaces is not set
Redistributing: rip
…
```

7.3.3 实验任务

RIPv1 动态路由实验拓扑图如图 7-11 所示。
IP 地址表如表 7-5 所示。

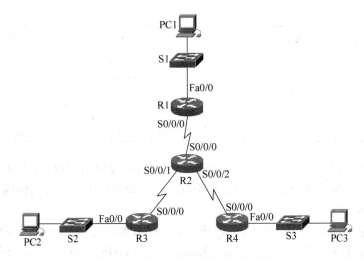

图 7-11　RIPv1 动态路由实验拓扑图

表 7-5　IP 地址表

设 备	接　　口	IP 地 址	子 网 掩 码
R1	Fa0/0	192.168.1.1	255.255.255.0
	S0/0/0	192.168.2.2	255.255.255.252
R2	S0/0/0	192.168.2.1	255.255.255.252
	S0/0/1	192.168.3.1	255.255.255.252
	S0/0/2	192.168.4.1	255.255.255.252
R3	S0/0/0	192.168.3.2	255.255.255.252
	Fa0/0	192.168.10.1	255.255.255.0
R4	S0/0/0	192.168.4.2	255.255.255.252
	Fa0/0	192.168.20.1	255.255.255.0
PC1	NIC	192.168.1.10	255.255.255.0
PC2	NIC	192.168.10.10	255.255.255.0
PC3	NIC	192.168.20.10	255.255.255.0

实验要求：

（1）同时将路由器 R1～R4 的路由表内容截图并保存，作为实验报告的附件。

（2）将路由器 R1、R2、R3 和 R4 上面的接口改为如表 7-6 所示的 IP 地址。

表 7-6　IP 地址表

设 备	接　　口	IP 地 址	子 网 掩 码
R1	Fa0/0	192.168.1.1	255.255.255.0
	S0/0/0	172.16.1.2	255.255.255.252
R2	S0/0/0	172.16.1.1	255.255.255.252
	S0/0/1	172.16.1.5	255.255.255.252
	S0/0/2	172.16.1.9	255.255.255.252
R3	S0/0/0	172.16.1.6	255.255.255.252
	Fa0/0	192.168.10.1	255.255.255.0

续表

设 备	接　口	IP 地址	子网掩码
R4	S0/0/0	172.16.1.10	255.255.255.252
	Fa0/0	192.168.20.1	255.255.255.0
PC1	NIC	192.168.1.10	255.255.255.0
PC2	NIC	192.168.10.10	255.255.255.0
PC3	NIC	192.168.20.10	255.255.255.0

在路由器 R1～R4 上配置 RIPv1 动态路由,这时各个路由表的内容如何? 各个网段是否能互联互通? 请解释为什么会出现这种情况? 在不修改路由器地址的情况下如何解决这个问题? 请配置。

(3) 查看路由器 R1～R4 的 Update、Invalid、Holddown、Flush 的值并记录,然后将各个路由器计时器的值改为 Update = 10；Invalid = 30；Holddown = 30；Flush = 60。

7.4　RIP 的安全配置

7.4.1　实验目的

(1) 理解 RIP 中被动接口的作用。
(2) 掌握被动接口的配置。
(3) 掌握 RIP 的认证配置。

7.4.2　实验原理

1. RIP 认证

通常,RIP 会将路由更新信息网所有参与 RIP 进程的接口发送出去,但是没有验证的路由信息的传播会造成网络信息的泄漏,从而给网络安全带来一定的影响。另外,RIP 在接收路由更新时也是没有认证的,凡是符合 RIP 报文格式的路由报文都可能引起路由器的路由更新,从而给伪造的路由信息报文提供路由欺骗的机会。

验证机制是 RIPv2 的新增功能,验证算法将使用报文路由部分的第 1 条路由信息来进行身份验证,将地址标识符设置为 0xFFFFFF,并且在其下面的字段中包含了验证所需的信息。具有验证功能的 RIPv2 报文结构如图 7-12 所示。

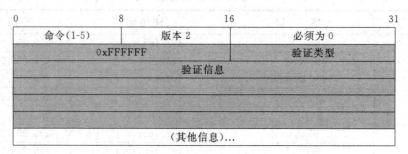

图 7-12　具有验证功能的 RIPv2 的报文结构

RIPv2 支持两种认证方式：明文认证和 MD5 认证。在明文认证中，由于未经加密的认证随报文一同传送，所以明文认证不能用于安全性要求较高的情况。MD5 认证的报文格式有两种：一种遵循 RFC 1723(RIP Version 2 Carrying Additional Information)规定，另一种遵循 RFC 2082(RIP-2 MD5 Authentication)规定。默认情况下采用 MD5 认证。

如果路由器没有配置对 RIPv2 数据包信息进行验证，那么路由器将接收 RIPv1 格式和没有验证信息的 RIPv2 格式的数据包，丢弃带有验证信息的 RIPv2 的数据包。如果路由器配置了对 RIPv2 数据包进行验证，那么路由器将接收 RIPv1 和通过验证的 RIPv2 数据包，丢弃对不带有验证信息和没有通过验证的 RIPv2 数据包。

2. RIP 安全配置

通常可以从以下两个方面提高 RIP 的安全性：

(1) 被动接口。只接收路由信息，不传播路由信息的接口为被动接口。被动接口可以阻止路由信息向不需要的方向进行传播。

(2) RIP 协议认证。RIPv2 提供了路由认证功能。路由器只接收通过认证的路由信息报文。

被动接口和 RIP 协议认证配置步骤如表 7-7 所示。

表 7-7 配置步骤

步骤	命 令	说 明
1	R1(config-router)# **passive-interface** interface	配置被动接口
2	R1 (config)# key chain RIP-KEY R1 (config-keychain)# key 1 R1 (config-keychain-key)# key-srting cisco	创建密钥链 定义密钥链上的密钥
3	R1(config-if)# int s0/3/0 R1(config-if)# ip rip authentication mode md5 R1(config-if)# ip rip authentication key-chain RIP-KEY	在接口设置 RIP 认证模式(明文认证还是 MD5 认证)和认证密钥

通常，接口将使用默认的明文认证，但是 MD5 认证可以获得更高的安全性。

需注意的问题如下。

(1) RIPv1 不支持路由认证。

(2) RIPv2 支持两种认证方式，即明文认证和 MD5 认证，默认不进行认证。

(3) 可以配置多个密钥，在不同的时间应用不同的密钥。

(4) 当配有多个密钥时，路由器按照从上到下的顺序检索匹配的密钥。

(5) 当发送路由更新数据包时，路由器利用检索到的第一个匹配的密钥发送路由更新数据包；当接收到一个路由更新数据包时，如果路由器没有检索到一个匹配的密钥，则丢弃收到的路由更新数据包。

3. RIP 安全配置实例

RIP 安全配置网络拓扑图如图 7-13 所示。

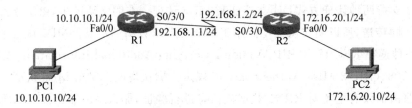

图 7-13　RIP 安全配置网络拓扑图

配置说明：

（1）禁止路由器 R1 向 PC 传播路由更新信息，将 R1 的 Fa0/0、R2 的 Fa0/0 配置为被动接口。

（2）阻止路由器接收非法的路由更新，配置 RIP 密钥链，认证密钥为 cisco。

下面介绍实验步骤。

（1）配置 R1。

```
R1(config)＃int Fa0/0
R1(config-if)＃ip address 10.10.10.1 255.255.255.0
R1(config-if)＃no shutdown

R1(config-if)＃int s0/3/0
R1(config-if)＃ip address 192.168.1.1 255.255.255.0
R1(config-if)＃clock rate 64000
R1(config-if)＃no shutdown

R1(config)＃router rip
R1(config-router)＃network 10.0.0.0
R1(config-router)＃network 192.168.1.0
R1(config-router)＃version 2
R1(config-router)＃no auto-summary
//配置被动接口,禁止向以太网发送路由更新
R1(config-router)＃passive-interface Fa0/0

//RIP 认证
R1(config)＃key chain RIP-KEY          //定义一个密钥链 RIP-KEY,进入密钥链的配置模式
R1(config-keychain)＃key 1             //定义密钥序号为 1,进入密钥配置模式
R1(config-keychain-key)＃key-srting cisco   //定义密钥 1 的密码为 cisco

//在接口启动 RIP 的 MD5 认证方式
R1(config-if)＃int s0/3/0
R1(config-if)＃ip rip authentication mode md5
R1(config-if)＃ip rip authentication key-chain RIP-KEY
```

（2）配置 R2。

```
R2(config)＃int Fa0/0
R2(config-if)＃ip address 172.16.20.1 255.255.255.0
R2(config-if)＃no shutdown

R2(config-if)＃int s0/3/0
```

R2(config - if)♯ip address 192.168.1.2 255.255.255.0
R2(config - if)♯no shutdown

R2(config)♯router rip
R2(config - router)♯network 172.16.0.0
R2(config - router)♯network 192.168.1.0
R2(config - router)♯version 2
R2(config - router)♯no auto - summary
//配置被动接口,禁止向以太网发送路由更新
R2(config - router)♯passive - interface Fa0/0

//RIP 认证
R2 (config)♯key chain RIP - KEY　　　　　//定义一个密钥链 RIP - KEY,进入密钥链的配置模式
R2 (config - keychain)♯key 1　　　　　　//定义密钥序号为1,进入密钥配置模式
R2 (config - keychain - key)♯key - srting cisco//定义密钥 1 的密码为 cisco

//在接口启动 RIP 的 MD5 认证方式
R2(config - if)♯int s0/3/0
R2(config - if)♯ip rip authentication mode md5
R2(config - if)♯ip rip authentication key - chain RIP - KEY

(3) 结果验证。

R1♯show key chain　　　　　　　　　　//查看密钥链配置情况
Key - chain RIP - KEY:
　　key 1 -- text "cisco"
　　　　accept lifetime (always valid) - (always valid) [valid now]
　　　　send lifetime (always valid) - (always valid) [valid now]

Router1♯debug ip rip　　　　　　　　//打开 RIP 调试功能,显示接收和发送路由更新都正常
RIP protocol　debugging　is on
R1♯RIP: received v2 update from 192.168.1.2 on Serial0/3/0
　　　172.16.20.0/24 via 0.0.0.0 in 1 hops
RIP: sending　v2 update to 224.0.0.9 via Serial0/3/0 (192.168.1.1)
RIP: build update entries
　　　10.10.10.0/24 via 0.0.0.0, metric 1, tag 0
RIP: received v2 update from 192.168.1.2 on Serial0/3/0
　　　172.16.20.0/24 via 0.0.0.0 in 1 hops
RIP: sending　v2 update to 224.0.0.9 via Serial0/3/0 (192.168.1.1)
RIP: build update entries
　　　10.10.10.0/24 via 0.0.0.0, metric 1, tag 0

从上面的调试结果可以看出,路由更新只往 S0/3/0 接口发出,没有从 Fa0/0 接口传播,验证了被动接口的配置效果。

7.4.3　实验任务

RIP 协议安全配置实验拓扑图如图 7-14 所示。
IP 地址表如表 7-8 所示。

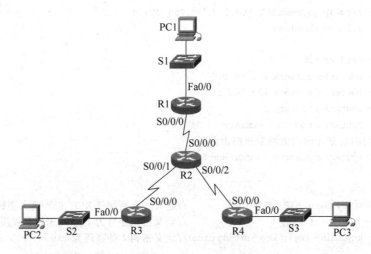

图 7-14　RIP 协议安全配置实验拓扑图

表 7-8　IP 地址表

设备	接　口	IP 地址	子 网 掩 码
R1	Fa0/0	192.168.1.1	255.255.255.0
	S0/0/0	172.16.1.2	255.255.255.252
R2	S0/0/0	172.16.1.1	255.255.255.252
	S0/0/1	172.16.1.5	255.255.255.252
	S0/0/2	172.16.1.9	255.255.255.252
R3	S0/0/0	172.16.1.6	255.255.255.252
	Fa0/0	192.168.10.1	255.255.255.0
R4	S0/0/0	172.16.1.10	255.255.255.252
	Fa0/0	192.168.20.1	255.255.255.0
PC1	NIC	192.168.1.10	255.255.255.0
PC2	NIC	192.168.10.10	255.255.255.0
PC3	NIC	192.168.20.10	255.255.255.0

实验要求：

（1）假设路由器 R1、R2、R3 分别对应公司甲、公司乙、公司丙，R4 为 ISP 的路由器，要求在路由器 R1、R2、R3 和 R4 上配置 RIPv2 动态路由协议，使得整个网络能够互联互通。

（2）为了保证路由信息的安全，在路由器 R1-R2、R3-R2、R4-R2 之间的广域网链路上配置 RIP 认证，防止路由信息被非法接收。认证的要求如下：采用 MD5 协议认证，定义一个密匙 1，密码为 000000。

（3）首先打开 RIP 调试功能，查看路由器 R1、R3 和 R4 是否向以太网发送路由更新，并截图保存；接着将路由器 R1、R3 和 R4 的以太网接口配置为被动接口，禁止向以太网发送路由更新；最后打开 RIP 调试功能，查看路由器 R1、R3 和 R4 是否向以太网发送路由更新，并截图保存。

7.5 小结与思考

本章主要讲解了 RIP 的工作原理以及 RIPv1、RIPv2 的相关配置。重点掌握不连续子网中 RIP 配置，理解边界路由自动汇总。另外还介绍了关于 RIP 中常见的安全配置，如被动接口配置和 RIP 认证配置。在实验结果验证中，介绍了使用 debug 命令来查看 RIP 报文的路由更新内容和报文的传播等。RIP 作为早期动态路由协议，目前在中小型网络中还在广泛应用，因此，了解 RIP 的相关特性和配置将有助于人们的实际组网工作。

【思考】

（1）RIP 如何更新路由项？RIP 最大的缺点是什么？

（2）RIP 有哪些计时器？

（3）什么是路由环路？RIP 可以通过哪些方法来防止路由环路？

（4）为什么要配置被动接口？通常在什么位置会配置被动接口？

（5）什么是边界路由自动汇总？如何关闭自动汇总功能？

（6）RIPv1 和 RIPv2 在收敛时间上有无区别？它们的区别在哪里？

第8章

OSPF路由协议

8.1 OSPF 单区域配置

8.1.1 实验目的

(1) 理解 OSPF 路由协议的工作过程及路由表的生成过程。

(2) 熟悉 OSPF 路由协议的基本配置。

(3) 掌握量度值 COST 的计算。

(4) 查看和调试 OSPF 路由协议的相关信息。

8.1.2 实验原理

1. OSPF 简介

OSPF 由 IETF(Internet 工程工作小组)的 OSPF 工作组设计,该组织如今仍然存在。OSPF 的开发始于 1987 年,如今正在使用的两个版本如下。

- OSPFv2:用于 IPv4 网络的 OSPF(RFC 1247 和 RFC 2328)。
- OSPFv3:用于 IPv6 网络的 OSPF (RFC 2740)。

OSPF(Open Shortest Path First)是一种内部网关协议(Interior Gateway Protocol,IGP),用于在单一自治系统(Autonomous System,AS)内决策路由。与 RIP 相对,OSPF 是链路状态路由协议,而 RIP 是距离向量路由协议。RIP 是利用 UDP 的 520 号端口进行传输,实现中利用套接口编程,而 OSPF 则直接在 IP 上进行传输,它的协议号为 89。在 RIP 中,所有的路由都由跳数来描述,到达目的地的路由最大不超过 16 跳,且只保留唯一的路由,这就限制了 RIP 的服务半径,即其只适用于小型的简单网络。同时,运行 RIP 的路由器需要定期地(一般 30s)将自己的路由表广播到网络中,达到对网络拓扑的聚合,这样不但聚合的速度慢,而且极容易引起广播风暴、累加到无穷、路由环致命等问题。为此,OSPF 应运而生。OSPF 是基于链路状态的路由协议,它克服了 RIP 的许多缺陷:

(1) OSPF 不再采用跳数的概念,而是根据接口的吞吐率、拥塞状况、往返时间、可靠性等实际链路的负载能力制定路由的代价,同时选择最短、最优路由并允许保持到达同一目标地址的多条路由,从而平衡网络负荷。

(2) OSPF 支持不同服务类型的不同代价,从而实现不同 QoS 的路由服务。

（3）OSPF 路由器不再交换路由表，而是同步各路由器对网络状态的认识，即链路状态数据库，然后通过 Dijkstra 最短路径算法计算出网络中各目的地址的最优路由。这样，OSPF 路由器间不需要定期地交换大量数据，而只是保持着一种连接，一旦有链路状态发生变化时，通过组播方式对这一变化做出反应，这样不但减轻了系统的负荷，而且达到了对网络拓扑的快速聚合。而这些正是 OSPF 强大生命力和应用潜力的根本所在。

2. OSPF 工作原理

OSPF 是一种分层次的路由协议，其层次中的最大实体是 AS（自治系统），即遵循共同路由策略管理下的一部分网络实体。在每个 AS 中，将网络划分为不同的区域。每个区域都有自己特定的标识号。对于主干（Backbone）区域，负责在区域之间分发链路状态信息。这种分层次的网络结构是根据 OSPF 的实际提出来的。当网络中的自治系统非常大时，网络拓扑数据库的内容会很多，所以如果不分层次，一方面容易造成数据库溢出，另一方面当网络中的某一链路状态发生变化时，会使整个网络中的节点重新计算一遍自己的路由表，既浪费资源与时间，又会影响路由协议的性能（如聚合速度、稳定性、灵活性等）。因此，需要把自治系统划分为多个域，每个域内部维持本域一张唯一的拓扑结构图，且各域根据自己的拓扑图各自计算路由，域边界路由器把各个域的内部路由总结后在域间扩散。这样，当网络中的某条链路状态发生变化时，此链路所在域中的每个路由器都会重新计算本域路由表，而其他域中的路由器只需修改其路由表中的相应条目而无须重新计算整个路由表，节省了计算路由表的时间。

每个路由器都维护一个用于跟踪网络链路状态的数据库，各路由器的路由选择就基于链路状态，通过 Dijkstra 算法建立最短路径树，用该树跟踪系统中每个目标的最短路径。该算法本身十分复杂，以下简单地、概括性地描述了链路状态算法工作的总体过程：

（1）初始化阶段，路由器将产生链路状态通告，该链路状态通告包含了该路由器全部链路状态。

（2）所有路由器通过组播的方式交换链路状态信息，当每台路由器接收到链路状态更新报文时，会复制一份到本地数据库，然后传播给其他路由器。

（3）当每台路由器都有一份完整的链路状态数据库时，路由器应用 Dijkstra 算法针对所有目标网络计算最短路径树，结果内容包括目标网络、下一跳地址、花费，这是 IP 路由表的关键部分。

（4）如果没有链路花费、网络增删变化，OSPF 将会十分安静；如果网络发生了任何变化，OSPF 会通过链路状态进行通告，但只通告变化的链路状态，变化涉及的路由器将重新运行 Dijkstra 算法，生成新的最短路径树。最后通过计算域间路由、自治系统外部路由确定完整的路由表。与此同时，OSPF 动态监视网络状态，一旦发生变化则迅速扩散，以达到对网络拓扑的快速聚合，从而确定出新的网络路由表。

3. OSPF 报文结构

OSPF 由两个互相关联的部分组成：呼叫协议和可靠泛洪机制。呼叫协议可以检测邻居并维护邻接关系。可靠泛洪机制可以确保统一域中的所有 OSPF 路由器始终具有一致的链路状态数据库，而该数据库构成了对域的网络拓扑和链路状态的映射。链路状态数据库中的每个条目称为 LSA(链路状态通告),路由器间交换信息时就是交换这些 LSA。OSPF 数据包类型如表 8-1 所示。

表 8-1　OSPF 数据包类型

类型代码	名　　称	描　　　述
0x01	Hello	Hello 数据包用于与其他 OSPF 路由器建立和维持相邻关系
0x02	DBD	DBD(数据库说明)数据包包含发送方路由器的链路状态数据库的简略列表,接收方路由器使用本数据包与其本地链路状态数据库进行对比
0x03	LSR	接收方路由器可以通过发送链路状态请求(LSR)数据包来请求 DBD 中任何条目的有关详细信息
0x04	LSU	链路状态更新(LSU)数据包用于回复 LSR 和通告新信息。LSU 包含 7 种类型的链路状态通告(LSA)
0x05	LSAck	路由器收到 LSU 后,会发送一个链路状态确认(LSAck)数据包来确认接收到了 LSU

每种数据包在 OSPF 路由过程中发挥着各自的作用,无论 OSPF 数据包的类型如何,都具有 OSPF 数据包报头。随后,OSPF 数据包报头和数据包类型特定的数据被封装到 IP 数据包中。在该 IP 数据包报头中,协议字段被设置为 89,以代表 OSPF;目的地址则被设置为以下两个组播地址之一:224.0.0.5 或 224.0.0.6。如果 OSPF 数据包被封装在以太网帧内,则目的 MAC 地址也是一个组播地址:01-00-5E-00-00-05 或 01-00-5E-00-00-06。具体格式如图 8-1 所示。

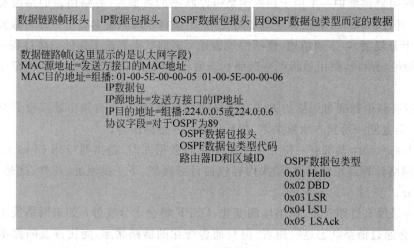

图 8-1　OSPF 消息格式

4. OSPF 的配置命令

OSPF 的配置需要在各路由器之间相互协作。在未进行任何配置的情况下,路由器的各参数使用默认值。此时,发送和接收报文都无须进行验证,接口也不属于任何一个自治系统的分区。在改变默认参数的过程中,必须保证各路由器之间的配置相互一致。

为了配置 OSPF,需要完成如下工作。其中,激活 OSPF 是必需的,其他选项可选,但也可能是特定应用所必需的。创建 OSPF 路由进程,并定义与该 OSPF 路由进程关联的 IP 地址范围,以及该范围 IP 地址所属的 OSPF 区域。OSPF 路由进程只在属于该 IP 地址范围的接口发送、接收 OSPF 报文,并且对外通告该接口的链路状态。要创建 OSPF 路由进程,在全局配置模式中执行的命令如表 8-2 所示。

表 8-2　OSPF 的配置

命　　令	功　　能
Router(config)♯ router ospf process-id	启用 OSPF 路由协议。process-id 是一个介于 1～65535 之间的数字,仅在本地有效
Router(config-router)♯ network	通告网络及网络所在的区域
network-address wildcard-mask area-id	network-address:要加入路由表的远程网络的目的网络地址 wildcard-mask:要加入路由表的远程网络的子网掩码的反码 area-id:指 OSPF 区域,是在 0～4294967295 内的十进制数

5．OSPF 的配置实例

OSPF 单区域网络拓扑图如图 8-2 所示。

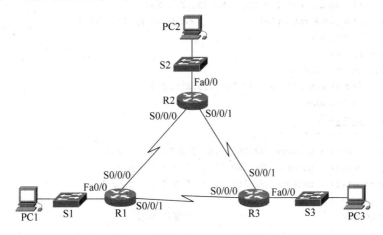

图 8-2　OSPF 单区域网络拓扑图

IP 地址表如表 8-3 所示。

表 8-3　IP 地址表

设备	接　　口	IP 地址	子 网 掩 码
R1	Fa0/0	172.16.1.17	255.255.255.240
	S0/0/0	192.168.10.1	255.255.255.252
	S0/0/1	192.168.10.5	255.255.255.252
R2	Fa0/0	10.10.10.1	255.255.255.0
	S0/0/0	192.168.10.2	255.255.255.252
	S0/0/1	192.168.10.9	255.255.255.252

续表

设　备	接　　口	IP 地址	子 网 掩 码
R3	Fa0/0	172.16.1.33	255.255.255.240
	S0/0/0	192.168.10.6	255.255.255.252
	S0/0/1	192.168.10.10	255.255.255.252
PC1	NIC	172.16.1.18	255.255.255.240
PC2	NIC	10.10.10.2	255.255.255.0
PC3	NIC	172.16.1.33	255.255.255.248

下面介绍配置步骤。

(1) 配置路由器 R1。

```
Router > en
Router # conf  t
Router(config) # hostname  R1
R1(config) # inter s0/0/0
R1(config - if) # ip add 192.168.10.1 255.255.255.252
R1(config - if) # clock rate 64000          //S0/0/0 接口为 DCE 端
R1(config - if) # no shut
R1(config - if) # inter s0/0/1
R1(config - if) # ip add 192.168.10.5 255.255.255.252
R1(config - if) # clock rate 64000          //S0/0/1 接口为 DCE 端
R1(config - if) # no shut
R1(config - if) # exit
R1(config) # inter Fa0/0
R1(config - if) # ip add 172.16.1.17 255.255.255.240
R1(config - if) # no shut
R1(config - if) # exit
R1(config) # router ospf 1
R1(config - router) # network 172.16.1.16   0.0.0.15    area 0
R1(config - router) # network 192.168.10.0   0.0.0.3    area 0
R1(config - router) # network 192.168.10.4   0.0.0.3    area 0
R1(config - router) # end
R1 # write memory                   //保存配置
```

(2) 配置路由器 R2。

```
Router > en
Router # conf  t
Router(config) # hostname  R2
R2(config) # inter s0/0/0
R2(config - if) # ip add 192.168.10.2 255.255.255.252
R2(config - if) # clock rate 64000
R2(config - if) # no shut
R2(config - if) # exit
R2(config) # inter s0/0/1
R2(config - if) # ip add 192.168.10.9 255.255.255.252
R2(config - if) # clock rate 64000          //S0/0/1 接口为 DCE 端
R2(config - if) # no shut
```

R2(config-if)#exit
R2(config)#inter Fa0/0
R2(config-if)#ip add 10.10.10.1 255.255.255.0
R2(config-if)#no shut
R2(config-if)#exit
R2(config)# router ospf 1
R2(config-router)# network 10.10.10.0 0.0.0.255 area 0
R2(config-router)# network 192.168.10.0 0.0.0.3 area 0
R2(config-router)# network 192.168.10.8 0.0.0.3 area 0
R2(config-router)#end
R2# write memory　　　　　　　　//保存配置

（3）配置路由器 R3。

R3(config)#inte s0/0/1
R3(config-if)#ipadd 192.168.10.10 255.255.255.252
R3(config-if)#no shut
R3(config-if)#exit
R3(config)#inter s0/0/0
R3(config-if)#ip add 192.168.10.6 255.255.255.252
R3(config-if)#no shut
R3(config-if)#exit
R3(config)#inter Fa0/0
R3(config-if)#ip add 172.16.1.33 255.255.255.248
R3(config-if)#no shut
R3(config)# router ospf 1
R3(config-router)# network 172.16.1.32 0.0.0.7 area 0
R3(config-router)# network 192.168.10.4 0.0.0.3 area 0
R3(config-router)# network 192.168.10.8 0.0.0.3 area 0
R3(config-router)#end
R3# write memory　　　　　　　　//保存配置

（4）查看路由器 R1、R2 和 R3 的路由表。
先看 R1 的路由表：

R1# show ip route
Codes: C - connected, S - static, I - IGRP, R - RIP, M - mobile, B - BGP
       D - EIGRP, EX - EIGRP external, O - OSPF, IA - OSPF inter area
       N1 - OSPF NSSA external type 1, N2 - OSPF NSSA external type 2
       E1 - OSPF external type 1, E2 - OSPF external type 2, E - EGP
       i - IS-IS, L1 - IS-IS level-1, L2 - IS-IS level-2, ia - IS-IS inter area
       * - candidate default, U - per-user static route, o - ODR
       P - periodic downloaded static route
Gateway of last resort is not set
     10.0.0.0/24 is subnetted, 1 subnets
O   10.10.10.0 [110/65] via 192.168.10.2, 00:11:06, Serial0/0/0
     172.16.0.0/16 is variably subnetted, 2 subnets, 2 masks
C   172.16.1.16/28 is directly connected, FastEthernet0/0
O   172.16.1.32/29 [110/65] via 192.168.10.6, 00:06:42, Serial0/0/1
     192.168.10.0/30 is subnetted, 3 subnets
C   192.168.10.0 is directly connected, Serial0/0/0

```
C      192.168.10.4 is directly connected, Serial0/0/1
O      192.168.10.8 [110/128] via 192.168.10.2, 00:07:18, Serial0/0/0
               [110/128] via 192.168.10.6, 00:07:18, Serial0/0/1
```

R2 和 R3 的路由表略。

说明：

① OSPF 开销值如表 8-4 所示。

表 8-4　OSPF 的开销值

接口类型	10^8/bps＝开销	接口类型	10^8/bps＝开销
快速以太网及以上速度	$10^8/100,000,000bps＝1$	128bps	$10^8/128,000bps＝781$
以太网	$10^8/10,000,000bps＝10$	64bps	$10^8/64,000bps＝1562$
E1	$10^8/2,048,000bps＝48$	56bps	$10^8/56,000bps＝1785$
T1	$10^8/1,544,000bps＝64$		

② 路由条目"172.16.1.32"的量度值为 65，下面介绍计算过程。cost 的计算方法为 10^8/带宽(bps)，然后取整，并且是所有链路入口的 cost 之和，环回接口的 cost 为 1，路由条目"172.16.1.32"有两条路径，一为 R1 的 S0/0/0→路由器 R2 的 S0/0/1→R3 的 Loopback0，路由器 R1 的 S0/0/0 口，路由器 R2 的 S0/0/1，路由器 R3 的 Loopback0 开销值计算如下：$10^8/1,544,000＋10^8/1,544,000＋1＝129$；二为 R1 的 S0/0/1→R3 的 Loopback0 口，路由器 R1 的 S0/0/0 口，路由器 R3 的 Loopback0 开销值计算如下：$10^8/1,544,000＋1＝65$；很明显，65 最小，所以路由表选择去"172.16.1.32"，走 S0/0/1 这条路径。

③ 路由条目"172.16.1.32"的两条路径(R1 的 S0/0/0→路由器 R2 的 S0/0/1 或 R1 的 S0/0/1→路由器 R3 的 S0/0/1)的开销值都是 128，所以路由器 R1 在这两条路径间采取负载均衡的方式。OSPF 路由协议默认支持 4 条路径的负载均衡，最多支持 6 条路径的负载均衡。

(5) 查看 OSPF 路由协议的相关信息。

```
R1#show ip protocols
Routing Protocol is "ospf 1"                                 //当前路由器运行的 OSPF 进程 ID
  Outgoing update filter list for all interfaces is not set
  Incoming update filter list for all interfaces is not set
  Router ID 192.168.10.5                                     //本路由器 ID
  Number of areas in this router is 1. 1 normal 0 stub 0 nssa  //本路由器参与的区域数量和类型
  Maximum path:4                                             //支持等价路径最大数目
  Routing for Networks;
    172.16.1.0 0.0.0.1 area 0
    192.168.10.0 0.0.0.3 area 0
    192.168.10.4 0.0.0.3 area 0
//以上 4 行表明 OSPF 通告的网络及这些网络所在的区域
Reference bandwidth unit is 100 mbps                         //参考带宽为 10^8
  Routing Information Sources;
    Gateway         Distance    Last Update
    192.168.10.5    110         00:7:16
    192.168.10.9    110         00:7:16
    192.168.10.10   110         00:7:16
```

//以上 5 行表明路由信息源

Distance; (default is 110)　　　　　　　　　　　　　　　//OSPF 路由协议默认的管理距离

说明：Cisco 路由器按下列顺序，根据下列 3 个条件确定路由器 ID。

- 使用通过 ospf router-id 命令配置的 IP。
- 如果未配置 router-id，则路由器会选择其所有环回接口的最高 IP。
- 如果未配置环回接口，则路由器会选择其所有物理接口的最高活动 IP。

本例中，由于没有配置 router-id 和环回接口的 IP 地址，路由器选择了 Fa0/0、S0/0/0、S0/0/1 这 3 个物理地址中 IP 最高的 S0/0/1 接口的 IP 地址（192.168.10.5）作为 router-id。

```
R1#show ip ospf
 Routing Process "ospf 1" with ID 192.168.10.5
  Start time: 00:01:53.652, Time elapsed: 00:00:28.264
  Supports only single TOS(TOS0) routes
  Supports opaque LSA
  Supports Link-local Signaling (LLS)
  Supports area transit capability
  Event-log enabled, Maximum number of events: 1000, Mode: cyclic
  Router is not originating router-LSAs with maximum metric
  Initial SPF schedule delay 5000 msecs
  Minimum hold time between two consecutive SPFs 10000 msecs
  Maximum wait time between two consecutive SPFs 10000 msecs
  Incremental-SPF disabled
  Minimum LSA interval 5 secs
  Minimum LSA arrival 1000 msecs
  LSA group pacing timer 240 secs
  Interface flood pacing timer 33 msecs
  Retransmission pacing timer 66 msecs
  Number of external LSA 0. Checksum Sum 0x000000
  Number of opaque AS LSA 0. Checksum Sum 0x000000
  Number of DCbitless external and opaque AS LSA 0
  Number of DoNotAge external and opaque AS LSA 0
  Number of areas in this router is 1. 1 normal 0 stub 0 nssa
  Number of areas transit capable is 0
  External flood list length 0
  IETF NSF helper support enabled
  Cisco NSF helper support enabled
  Reference bandwidth unit is 100 mbps
     Area BACKBONE(0)                                   //骨干区域 0
        Number of interfaces in this area is 3          //该区域有 3 个接口
        Area has no authentication                      //区域没有验证
        SPF algorithm last executed 00:00:24.608 ago
        SPF algorithm executed 1 times                  //SPF 算法执行了一次
        Area ranges are
        Number of LSA 3. Checksum Sum 0x016D73
```

```
                    Number of opaque link LSA 0. Checksum Sum 0x000000
                    Number of DCbitless LSA 0
                    Number of indication LSA 0
                    Number of DoNotAge LSA 0
                    Flood list length 0
```

R1 # show ip ospf interface s0/0/1
　Serial0/0/1 is up, line protocol is up
　　Internet Address 192.168.10.5/30, Area 0　　　　　　//该接口的地址和运行的 OSPF 区域
　　Process ID 1, Router ID 192.168.10.5, Network Type POINT_TO_POINT, Cost: 781
　//进程 ID、路由器 ID、网络类型、接口 Cost 值大小

Topology - MTID	Cost	Disabled	Shutdown	Topology Name
0	781	no	no	Base

　　Transmit Delay is 1 sec, State POINT_TO_POINT　　//接口的延迟为 1s,状态为点到点
　　Timer intervals configured, Hello 10, Dead 40, Wait 40, Retransmit 5
　　　　　　　　　　　　　　　　　　　　　　　　　//显示计时器的值
　　　oob - resync timeout 40　　　　　　　　　　　//显示计时器的值
　　　Hello due in 00:00:05　　　　　　　　　　　　//距离下次发送 Hello 包的时间
　Supports Link - local Signaling (LLS)　　　　　　//支持 LLS
　　Cisco NSF helper support enabled
　　IETF NSF helper support enabled
　//以上 2 行表明启用了 IETF 和 Cisco 的 NSF 功能
　　Index 2/2, flood queue length 0
　　Next 0x0(0)/0x0(0)
　　Last flood scan length is 1, maximum is 1
　　Last flood scan time is 0 msec, maximum is 0 msec
　　Neighbor Count is 1, Adjacent neighbor count is 1
　//邻居的个数为 1,已建立邻接关系的邻居的个数也为 1
　　Adjacent with neighbor 192.168.10.10　　　　//已经建立邻接关系的邻居路由器 ID
　Suppress hello for 0 neighbor(s)　　　　　　　　//没有进行 Hello 抑制

R1 # show ip ospf neighbor

Neighbor ID	Pri	State		Dead Time	Address	Interface
192.168.10.10	0	FULL/	−	00:00:31	192.168.10.6	Serial0/0/1
192.168.10.9	0	FULL/	−	00:00:32	192.168.10.2	Serial0/0/0

说明:

① 以上输出表明路由器 R2 有两个邻居,它们的路由器 ID 分别为 192.168.10.10 和 192.168.10.9,其他参数解释如下。

- Neighbor ID:相邻运行 OSPF 路由协议的路由器的 router-id。
- Pri:邻居路由器接口的优先级。
- State:当前邻居路由器接口的状态。在 OSPF 邻接关系建立的过程中,接口状态的变化包括 DOWN、2 Way、EXSTART、EXCHANGE、Loading 和 FULL。FULL 表示进入完全邻接状态。
- Dead Time:清除邻居关系前等待的最长时间。

- Address：邻居接口的地址。
- Interface：自己和邻居路由器相连的接口。
- -：表示点到点的链路上 OSPF 不进行 DR 选举。

② 为了确保两台路由器能够形成相邻关系，必须统一路由器的 3 个值：

- Hello 间隔；
- Dead 间隔；
- 网络类型。

```
R3#show ip ospf database
              OSPF Router with ID (192.168.10.5) (Process ID 1)
                 Router Link States (Area 0)

Link ID        ADV Router      Age      Seq#         Checksum   Link count
192.168.10.5   192.168.10.5    1067     0x80000002   0x0089AF   5
192.168.10.9   192.168.10.9    510      0x80000008   0x006070   5
192.168.10.10  192.168.10.10   496      0x80000007   0x00DB29   5
```

说明：以上输出是 R2 的区域 0 的拓扑结构数据库的信息，标题行的解释如下。

① Link ID：是指 Link State ID，代表整个路由器，而不是某个链路。

② ADV Router：是指链路状态信息的路由器 ID。

③ Age：老化时间。

④ Seq#：序列号。

⑤ Checksum：校验和。

⑥ Link count：通告路由器在本区域内的链路数目。

8.1.3　实验任务

OSPF 单区域配置实验任务拓扑图如图 8-3 所示。

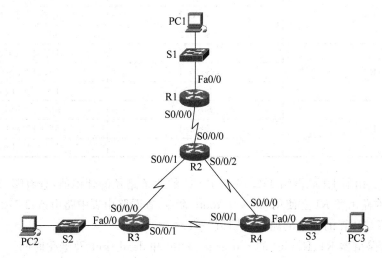

图 8-3　OSPF 单区域配置实验任务拓扑图

IP 地址表如表 8-5 所示。

表 8-5 IP 地址表

设备	接口	IP 地址	子网掩码
R1	Fa0/0	192.168.1.1	255.255.255.0
	S0/0/0	172.16.1.2	255.255.255.252
R2	S0/0/0	172.16.1.1	255.255.255.252
	S0/0/1	172.16.1.5	255.255.255.252
	S0/0/2	172.16.1.9	255.255.255.252
R3	S0/0/0	172.16.1.6	255.255.255.252
	S0/0/1	172.16.1.13	255.255.255.252
	Fa0/0	192.168.10.1	255.255.255.0
R4	S0/0/0	172.16.1.10	255.255.255.252
	S0/0/1	172.16.1.14	255.255.255.252
	Fa0/0	192.168.20.1	255.255.255.0
PC1	NIC	192.168.1.10	255.255.255.0
PC2	NIC	192.168.10.10	255.255.255.0
PC3	NIC	192.168.20.10	255.255.255.0

实验要求：

(1) 在路由器 R1～R4 上配置区域 0 的 OSPF 动态路由协议。各个路由器的接口带宽值如表 8-6 所示，以确保各个网段能够相互访问。

表 8-6 路由器接口带宽

设备	接口	带宽
R1	Fa0/0	100×10^6 bps
	S0/0/0	128×10^3 bps
R2	S0/0/0	128×10^3 bps
	S0/0/1	1.544×10^6 bps
	S0/0/2	56×10^3 bps
R3	S0/0/0	1.544×10^6 bps
	S0/0/1	56×10^3 bps
	Fa0/0	100×10^6 bps
R4	S0/0/0	56×10^3 bps
	S0/0/1	56×10^3 bps
	Fa0/0	100×10^6 bps

(2) 计算路由器 R1 到网络 172.16.1.12/30 的两条路径的开销值，查看哪条路径的开销值最小，同时在路由器 R1 上使用 show ip route 命令，查看路由表中路由条目 172.16.1.12/30 的开销值是否与计算的最小的路径开销值一致。

(3) 查看路由器 R1、R2、R3 的 router-id、hello 和 dead time 及老化时间。

8.2 配置 OSPF 在多路链路上的访问

8.2.1 实验目的

(1) 了解不同的物理网络类型。

(2) 在路由器上启动 OSPF 进程,并通告网络及所在的区域。

(3) DR/BDR 选举的控制。

8.2.2 实验原理

1. OSPF 的网络类型

在多路访问网络中,泛洪过程中的流量可能变得很大,网络通信将变得非常混乱。OSPF 中的 OR 负责与其他非 DR 的路由器直接交换路由信息,BDR 则作为 DR 的备份,成为 OSPF 区域网络的中心。DROther 仅与网络中的 DR 和 BDR 建立完全的相邻关系,这意味着 DROther 无须向网络中的所有路由器泛洪 LSA,只需使用组播地址 224.0.0.6 将其 LSA 发送给 DR 和 BDR 即可。最终结果是,多路访问网络中仅有一台路由器负责泛洪所有 LSA。根据不同的媒介的传输性质,OSPF 将网络分为 5 种类型。

(1) 点到点(Point-to-Point)网络:点到点网络连接一对路由器。在点到点网络上,有效的 OSPF 邻居路由器之间总会形成邻接关系,不需要 DR 和 BDR。在点到点网络上,OSPF 数据包的目的地址始终是 224.0.0.5,这是一个预留的 D 类 IP 地址。

(2) 广播型(Broadcast)网络:广播网络是一个多点访问的网络,在广播网络中可以连接两台以上的设备,并且在这个网络上可以传输广播数据包。一个广播数据包被发送到这个网络后,所有设备都可以接收到。连接到广播网络上的 OSPF 路由器会推选出一个路由器作为 DR,推选出另一个路由器作为 BDR。由 DR 和 BDR 以组播方式发送目的地址为 224.0.0.5 的 Hello 数据包到广播网络上,承载这个数据包的帧的目的 MAC 地址为 0100.5E00.0005。广播网络上的其他 OSPF 路由器会以组播方式发送链路状态更新(Link State Upd-ate,LSU)和链路状态回执(Link State Acknowledgment,LSA)数据包,组播数据包的目的 IP 地址是 224.0.0.6,承载这个组播数据包的帧的目的 MAC 地址是 0100.5E00.0006。

(3) 非广播多址(non-broadcast multiple access,NBMA)网络:非广播多点访问网络可以连接两个以上的路由器,但是不支持广播功能。一个数据包发送出去后,不能够被所有的路由器接收到。因此需要对非广播多点访问网络上的路由器进行额外的配置,以便能够发现邻居路由器。连接到 NBMA 网络上的 OSPF 路由器也会推举 DR 和 BDR,但是 OSPF 数据包是以单播数据包的形式发送的。

(4) 点到多点(Point-to-Multipoint)网络:点到多点网络是一种特殊配置的 NBMA 网络,可以看做是多个点到点链路组合在一起形成的网络类型。在点到多点网络上,路由器之间不会推举 DR 和 BDR。OSPF 数据包是以组播方式传输的。

(5) 虚拟链路(Virtual Links):虚拟链路是一种特殊配置,可以认为是一个未编号的点到点的网络。OSPF 数据包在虚拟链路上是以单播方式传输的,不需要 DR 和 BDR。

2. DR 和 BDR 的选择

在多路访问网络中,OSPF 会选举出一个指定路由器(DR)负责收集和分发 LSA。还会选举出一个备用指定路由器(BDR),以防指定路由器发生故障。其他所有路由器变为DROther(这就表示该路由器既不是 DR 也不是 BDR)。DR 和 BDR 是如何选出的呢? 选举过程遵循以下条件。

- DR:具有最高 OSPF 接口优先级的路由器。
- BDR:具有第二高 OSPF 接口优先级的路由器。
- 如果 OSPF 接口优先级相等,则取路由器 ID 最高者。

DR 一旦选出,将保持 DR 地位。如果在选出 DR 和 BDR 后有新路由器加入网络,即使新路由器的 OSPF 接口优先级或路由器 ID 比当前 DR 或 BDR 高,新路由器也不会成为 DR 或 BDR。如果当前 DR 发生故障,则 BDR 将成为 DR,新路由器可被选为新的 BDR。当新路由器成为 BDR 后,如果此时的 DR 发生故障,则该新路由器将成为 DR。当前 DR 和 BDR 必须都发生故障,该新路由器才能被选举为 DR 或 BDR。这样做主要是为了保持网络的持续稳定。DR 发生故障的情况主要有下列 3 种情况:

(1) DR 发生物理故障。

(2) DR 上的 OSPF 进程发生故障。

(3) DR 上的多路访问接口发生故障。

要配置网络类型,在接口配置模式中执行如表 8-7 所示的命令。

表 8-7　配置网络类型的命令及作用

命　　令	作　　用
Router(config-if)# **ip ospf network** {broadcast	non-broadcast| point-to-multipoint	point-to-point }	配置 OSPF 网络类型
Router (config-router)# **router-id** ip-address	配置路由器的 router-id
Router(config-if)# ip ospf priority {0-255}	配置路由器接口的优先级
Router #show ip ospf neighbor	命令输出显示了该多路访问网络中各台路由器之间的相邻关系
Router #show ip ospf interface	命令将显示此路由器的状态是 DR、BDR 还是DROther,还将显示 DR 和 BDR 的路由器 ID

3. 多路链路网络的 OSPF 的配置实例

DR/BDR 的选举拓扑图如图 8-4 所示。

IP 地址表如表 8-8 所示。

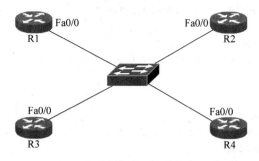

图 8-4　DR/BDR 的选举拓扑图

表 8-8　IP 地址表

设备	接　口	IP 地址	子网掩码
R1	Loopback0	1.1.1.1	255.255.255.255
	Fa0/0	192.168.1.1	255.255.255.0
R2	Loopback0	2.2.2.2	255.255.255.255
	Fa0/0	192.168.1.2	255.255.255.0
R3	Loopback0	3.3.3.3	255.255.255.255
	Fa0/0	192.168.1.3	255.255.255.0
R4	Loopback0	4.4.4.4	255.255.255.255
	Fa0/0	192.168.1.4	255.255.255.0

下面介绍操作步骤。

（1）配置路由器 R1。

```
R1(config)#inter loop 0
R1(config-if)# ip add 1.1.1.1 255.255.255.255
R1(config)#interinter Fa0/0
R1(config-if)# ip add 192.168.1.1 255.255.255.0
R1(config)#router ospf 1
R1(config-router)#router-id 1.1.1.1
R1(config-router)#network 1.1.1.0 0.0.0.255 area 0
R1(config-router)#network 192.168.1.0 0.0.0.255 area 0
```

（2）配置路由器 R2。

```
R2(config)#inter loop 0
R2(config-if)# ip add 2.2.2.2 255.255.255.255
R2(config)#interinter Fa0/0
R2(config-if)# ip add 192.168.1.2 255.255.255.0
R2(config)#router ospf 1
R2(config-router)#router-id 2.2.2.2
R2(config-router)#network 192.168.1.0 0.0.0.255 area 0
```

（3）配置路由器 R3。

```
R3(config)#inter loop 0
R3(config-if)# ip add 3.3.3.3 255.255.255.255
R3(config)#interinter Fa0/0
```

```
R3(config-if)# ip add 192.168.1.3 255.255.255.0
R3(config)#router ospf 1
R3(config-router)#router-id 3.3.3.3
R3(config-router)#network 192.168.1.0 0.0.0.255 area 0
```

（4）配置路由器 R4。

```
R4(config)# inter loop 0
R4(config-if)# ip add 4.4.4.4 255.255.255.255
R4(config)#interinter Fa0/0
R4(config-if)# ip add 192.168.1.4 255.255.255.0
R4(config)#router ospf 1
R4(config-router)#router-id 4.4.4.4
R4(config-router)#network 4.4.4.0 0.0.0.255 area 0
R4(config-router)#network 192.168.1.0 0.0.0.255 area 0
```

（5）查看各个路由器的角色。

R1# show ip ospf neighbor

Neighbor ID	Pri	State	Dead Time	Address	Interface
2.2.2.2	1	FULL/BDR	00:00:17	192.168.1.2	FastEthernet0/0
3.3.3.3	1	FULL/DROTHER	00:00:17	192.168.1.3	FastEthernet0/0
4.4.4.4	1	FULL/DROTHER	00:00:14	192.168.1.4	FastEthernet0/0

R2# show ip ospf neighbor

Neighbor ID	Pri	State	Dead Time	Address	Interface
1.1.1.1	1	FULL/DR	00:00:27	192.168.1.1	FastEthernet0/0
3.3.3.3	1	FULL/DROTHER	00:00:27	192.168.1.3	FastEthernet0/0
4.4.4.4	1	FULL/DROTHER	00:00:24	192.168.1.4	FastEthernet0/0

R3、R4 的路由器角色省略。

以上输出表明：在该广播多路访问网络中，R1 是 DR，R2 是 BDR，R3 和 R4 为 DROTHER。

说明：

① 为了避免路由器之间建立完全邻接关系而引起的大量开销，OSPF 要求在多路访问的网络中选举一个 DR，每个路由器都与之建立邻接关系。选举 DR 的同时选举出一个 BDR，在 DR 失效的时候，BDR 担负起 DR 的职责，所有其他路由器只与 DR 和 BDR 建立邻接关系。

② DR 和 BDR 有它们自己的组播地址 224.0.0.6。

③ DR 选举的原则：

- 最先考虑的因素是时间，最先启动的路由器会被选举成 DR；
- 如果同时启动，或者重新选举，则看接口优先级（范围为 0~255），优先级最高的被选举成 DR。在默认情况下，多路访问网络的接口优先级为 1，点到点网络接口优先级为 0，修改接口优先级的命令是 ip ospf priority，如果接口的优先级被设置为 0，那么该接口将不参与 DR 选举；
- 如果前两者相同，则查看路由器 ID，路由器 ID 最高的被选举成 DR。

④ 那么,怎样确保所需的路由器在 DR 和 BDR 选举中获胜呢?此时有两种解决方案:

- 首先启动 DR,再启动 BDR,然后启动其他所有路由器;
- 关闭所有路由器上的接口,然后在 DR 上执行 no shutdown 命令,再在 BDR 上执行该命令,随后在其他所有路由器上执行该命令。

(6) 更改 R3 为 DR。

```
R3(config)#inter Fa0/0
R3(config-if)# ip ospf priority 2 //设置路由器 R3 的优先级为 2,R1、R2、R4 默认都是 1
R3(config-if)#exit
R1(config)# clear ip ospf process
Reset ALL OSPF processes? [no]:YES   //DR 选举是非抢占的,除非人为地重新选举.重新
//选举 DR 的方法有两种:一种是路由器重新启动;另一种是执行 clear ip ospf process 命令
R1# show ip ospf neighbor        //命令输出显示了该多路访问网络中各路由器之间的相邻关系
Neighbor ID     Pri   State         Dead Time   Address       Interface
2.2.2.2          1    FULL/DR       00:00:34    192.168.1.2   FastEthernet0/0
3.3.3.3          2    FULL/BDR      00:00:36    192.168.1.3   FastEthernet0/0
4.4.4.4          1    2WAY/DROTHER  00:00:36    192.168.1.4   FastEthernet0/0
```

说明:

① R1 的输出虽然说明 R3 的优先级最高,但 R3 并没有顺理成章地成为 DR,而是由以前的 BDR 路由器 R2 变成 DR,R3 只能选为 BDR。

② R3 要想成为 BDR,必须在 R2 上也要重启 OSPF 进程。

```
R2(config)# clear ip ospf process
Reset ALL OSPF processes? [no]:YES
R1# show ip ospf neighbor
Neighbor ID     Pri   State         Dead Time   Address       Interface
2.2.2.2          1    2WAY/DROTHER  00:00:31    192.168.1.2   FastEthernet0/0
3.3.3.3          2    FULL/DR       00:00:39    192.168.1.3   FastEthernet0/0
4.4.4.4          1    FULL/BDR      00:00:39    192.168.1.4   FastEthernet0/0
```

说明:这样就可以使 R3 成为 DR,使 R4 成为 BDR 了。

(7) 查看路由器 R1 和 R3 的接口相关 OSPF 信息。

```
R1# show ip ospf interface
FastEthernet0/0 is up, line protocol is up
  Internet Address 192.168.1.1/24, Area 0
  Process ID 1, Router ID 1.1.1.1, Network Type BROADCAST, Cost: 1
//网络类型为 BROADCAST
  Transmit Delay is 1 sec, State DROTHER, Priority 1
//State 是 DROther
Designated Router(ID)3.3.3.3,Interface address 192.168.1.3
//DR 的路由器 ID 及接口地址
Backup Designated Router(ID)4.4.4.4,Interface address 192.168.1.4
//BDR 的路由器 ID 及接口地址
  Timer intervals configured, Hello 10, Dead 40, Wait 40, Retransmit 5
    oob-resync timeout 40
    Hello due in 00;00;06
  Supports Link-local Signaling (LLS)
```

```
    Cisco NSF helper support enabled
    IETF NSF helper support enabled
    Index 2/2, flood queue length 0
    Next 0x0(0)/0x0(0)
    Last flood scan length is 1, maximum is 1
    Last flood scan time is 0 msec, maximum is 0 msec
    Neighbor Count is 3, Adjacent neighbor count is 2
```

//有 3 个邻居,只与 R3 和 R4 形成邻接关系,与 R2 只是邻居关系,因为 DROther 之间不会建立邻接关系,DROther 只会和 DR 和 BDR 建立邻接关系

```
        Adjacent with neighbor 3.3.3.3    (Designated Router)
        Adjacent with neighbor 4.4.4.4    (Backup Designated Router)
```

//上面两行表示与 DR 和 BDR 形成邻接关系

```
suppress hello for 0 neighbor(s)
```

从上面的路由器 R1 和 R4 的输出得知,邻居关系和邻接关系是不能混为一谈的。邻居关系是指达到 2WAY 状态的两台路由器,而邻接关系是指达到 FULL 状态的两台路由器。

```
R3 # show ip ospf interface
FastEthernet0/0 is up, line protocol is up
    Internet Address 192.168.1.3/24, Area 0
    Process ID 1, Router ID 3.3.3.3, Network Type BROADCAST, Cost: 1
    Transmit Delay is 1 sec, State DR, Priority 1
```

//自己的 State 是 DR

```
Designated Router(ID)3.3.3.3,Interface address 192.168.1.3
```

//DR 的路由器 ID 及接口地址

```
Backup Designated Router(ID)4.4.4.4,Interface address 192.168.1.4
```

//BDR 的路由器 ID 及接口地址

```
    Timer intervals configured, Hello 10, Dead 40, Wait 40, Retransmit 5
      oob - resync timeout 40
      Hello due in 00;00;09
    Supports Link - local Signaling (LLS)
    Cisco NSF helper support enabled
    IETF NSF helper support enabled
    Index 2/2, flood queue length 0
    Next 0x0(0)/0x0(0)
    Last flood scan length is 1, maximum is 1
    Last flood scan time is 0 msec, maximum is 4 msec
    Neighbor Count is 3, Adjacent neighbor count is 3
```

//R1 是 DR,有 3 个邻居,并且全部形成邻接关系

```
        Adjacent with neighbor 1.1.1.1     //R1 是 DROther
        Adjacent with neighbor 2.2.2.2     //R2 是 DROther
        Adjacent with neighbor 4.4.4.4     //R4 是 BDR
```

(8) 测试邻接关系的建立过程。

```
R4 # debug ip ospf adj              //该命令显示 OSPF 邻接关系创建或中断的过程
OSPF adjacency events debugging is on


R4 # clear ip ospf process
```

```
Reset ALL OSPF processes?[no]:y
...
```
//在按下 Y 键之后,就会看到整个邻接关系建立过程

8.2.3 实验任务

多路访问网络 DR/BDR 的选举拓扑图如图 8-5 所示。

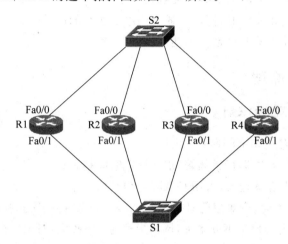

图 8-5 多路访问网络 DR/BDR 的选举拓扑图

IP 地址表如表 8-9 所示。

表 8-9 IP 地址表

设备	接 口	IP 地址	子 网 掩 码
R1	Loopback0	1.1.1.1	255.255.255.255
	Fa0/0	172.16.2.1	255.255.255.0
	Fa0/1	172.16.1.1	255.255.255.0
R2	Loopback0	2.2.2.2	255.255.255.255
	Fa0/0	172.16.2.2	255.255.255.0
	Fa0/1	172.16.1.2	255.255.255.0
R3	Loopback0	3.3.3.3	255.255.255.255
	Fa0/0	172.16.2.3	255.255.255.0
	Fa0/1	172.16.1.3	255.255.255.0
R4	Loopback0	4.4.4.4	255.255.255.255
	Fa0/0	172.16.2.4	255.255.255.0
	Fa0/1	172.16.1.4	255.255.255.0

实验要求:

(1) 在路由器 R1~R4 上配置区域 0 的 OSPF 动态路由协议。

(2) 在以交换机 S1 为核心的多路访问网络上配置路由器,要求 R2 为 DR,R3 为 BDR;在以交换机 S2 为核心的多路访问网络上配置路由器,要求 R4 为 DR,R1 为 BDR。

8.3 OSPF 多区域配置

8.3.1 实验目的

(1) 掌握路由器上多区域 OSPF 的配置技术。
(2) 在路由器上启动 OSPF 进程,并通告网络及所在的区域。
(3) 掌握 OSPF 路由器测试命令的使用。

8.3.2 实验原理

1. 多区域 OSPF 网络的设计

单个区域 OSPF 存在如下问题:

- 网络越大,SPF 算法运行越频繁,重新计算时间越长;
- 区域越大,路由表就越大,占用 CPU 内存越多;
- 拓扑数据库变大时,会难以管理,邻居至少每 30s 交换一次拓扑数据库。

随着组织中的路由器数量不断增加,网络规模的不断扩大,对该组织的维护越来越难,为适应扩展性,于是使用多区域来创建一个有层次的结构体系。这种设计将 OSPF 区域划分成较小的分组,分别为区域 1、区域 2、区域 3 等,这些区域与区域 0 连接在一起。区域 0 为主干区域,所有区域都必须与主干区域相连接,如图 8-6 所示。当一个 AS 划分成几个 OSPF 区域时,根据一个路由器在相应的区域之间内的作用,可以将 OSPF 路由器进行如下分类。

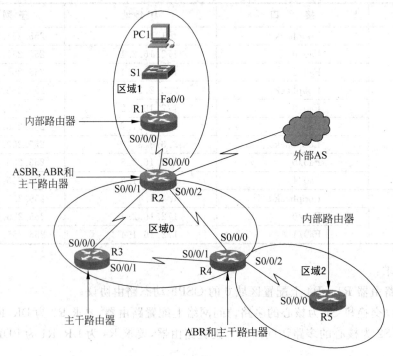

图 8-6　OSPF 路由器分类

（1）内部路由器：所有接口属于一个区域，位于区域内部，负责维护一个最新的、准确的数据库。在单区域中，除 ASBR 外都是内部路由。

（2）区域边界路由器（ABR）：此类路由连接多个区域，它存储与其连接的多个区域的数据库并在区域间发 LSA 更新，在区域边界配置汇总（area range 命令）降低开销。

（3）主干路由器：至少有一个接口处于主干区域；ABR 具有主干路由器的资格，但并不是所有的主干路由器都具有 ABR 资格。当路由器的所有接口都处于主干区域中时，它仅仅是一个主干路由器和内部路由器，不是 ABR。

（4）自治系统边界路由器（ASBR）：此类路由要连接到外部 AS 或其他路由协议，ASBR 应放在主干区域内，放在离开 OSPF 区域的数据流必经的中央位置（summary 命令汇总）。

2. OSPF 的区域类型

OSPF 路由器使用其所在的不同区域进行身份标识，而 OSPF 区域类型通常有以下几种。

（1）标准区域：默认情况下，连接到主干区域的任何区域都可称为标准区域。在标准区域内，任何 LSA 都是允许的，而且传播可以正常进行。一个区域不可能既是标准区域，又是主干区域。

（2）主干区域：通常把主干区域指派为区域 0 或 0.0.0.0。所有的区域都必须直接连接主干区域，或者用一个虚链路连接到主干区域。区域 0 通常包含形成分层网络核心的高速路由器和冗余链路。最好将所有主机排除在该主干区域之外。

（3）末节区域（Stub Area）：主干区域位于自治系统的中心位置，而末节区域则位于自治系统的外围。末节区域通常只有一个 ABR，该 ABR 与主干区域相连。末节区域中也可有多个 ABR，但这些 ABR 之间没有建立虚连接。末节区域是一种属性，可以为标准区域中的所有路由器配置存根属性，使得标志区域变为末节区域。

（4）完全末节区域（totally）：是末节区域概念的扩展，完全末节区域中的路由器阻止 3 类 LSA 进入本区域，其他方面与末节区域相同。在完全末节区域的 ABR 中插入一条以该 ABR 为下一跳的默认路由，所有该区域内的节点在找不到到达目的地的路由时可使用该默认路由，把到区域外部或自治系统外部的包交给 ABR。完全末节区域是一种属性，可以为标准区域中的所有路由器配置这种属性，使得标准区域变为完全末节区域。

（5）次末节区域（NSSA）：是末节区域概念的扩展，在保留末节区域其他特性的基础上允许传播 7 类 LSA。次末节区域的 ABR 不能把其他区域内的 5 类 LSA 传入次末节区域内部，也不能把它转为 7 类 LSA 再传入次末节区域内部。在次末节区域内可以存在 ASBR，ASBR 把 AS 外部的路由（如通过 rip 引进的外部路由）在区域内以类型 7 的 LSA 的形式泛洪传播给次末节区域内的路由器。次末节区域内的类型 7 的 LSA 在经过 ABR 发送到区域外时，ABR 会把它转换成类型 5 的 LSA，并把 LSA 的发布者更改为 ABR 自己。次末节区域中不转发，因而不存在类型 5 的 LSA，且区域中的所有路由器也必须配置成次末节区域。次末节区域是一种属性，可以给标准区域中的所有路由器配置这种属性，使得标准区域变为次末节区域。

3. 多区域 OSPF 的配置命令

要配置多区域 OSPF，在路由进程配置模式下可执行如表 8-10 所示的命令。

表 8-10　配置多区域 OSPF 的命令及作用

命　　令	作　　用
Router(config)# router ospf process-id	启用 OSPF 路由协议。process-id 是一个介于 1～65535 之间的数字，仅在本地有效
Router(config-router)# network network-address wildcard-mask area-id	通告网络及网络所在的区域
Router# show ip ospf database	查看 OSPF 链路状态数据库

4. OSPF 多区域配置实例

多区域 OSPF 路由协议的配置拓扑图如图 8-7 所示。

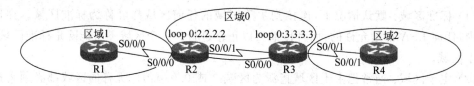

图 8-7　多区域 OSPF 路由协议的配置拓扑图

IP 地址表如表 8-11 所示。

表 8-11　IP 地址表

设备	接　　口	IP 地址	子 网 掩 码
R1	Loopback0	1.1.1.1	255.255.255.255
	S0/0/0	192.168.12.1	255.255.255.0
R2	Loopback0	2.2.2.2	255.255.255.255
	S0/0/0	192.168.12.2	255.255.255.0
	S0/0/1	192.168.23.2	255.255.255.0
R3	Loopback0	3.3.3.3	255.255.255.255
	S0/0/0	192.168.23.3	255.255.255.0
	S0/0/1	192.168.34.3	255.255.255.0
R4	Loopback0	4.4.4.4	255.255.255.255
	S0/0/1	192.168.34.4	255.255.255.0

下面介绍操作步骤。

（1）配置路由器 R1。

```
R1(config)# inter loop 0
R1(config-if)# ip add 1.1.1.1 255.255.255.255
R1(config)# inter s0/0/0
R1(config-if)# ip add 192.168.12.1 255.255.255.0
R1(config-if)# clock rate 64000
```

```
R1(config - if) # no shut
R1(config) # router ospf 1
R1(config - router) # router - id 1.1.1.1
R1(config - router) # network 1.1.1.0 0.0.0.255 area 1
R1(config - router) # network 192.168.12.0 0.0.0.255 area 1
```

（2）配置路由器 R2。

```
R2(config) # inter loop 0
R2(config - if) # ip add 2.2.2.2 255.255.255.255
R2(config) # inter s0/0/0
R2(config - if) # ip add 192.168.12.2 255.255.255.0
R2(config - if) # clock rate 64000
R2(config - if) # no shut
R2(config) # inter s0/0/1
R2(config - if) # ip add 192.168.23.2 255.255.255.0
R2(config - if) # clock rate 64000
R2(config - if) # no shut
R2(config) # router ospf 1
R2(config - router) # router - id 2.2.2.2
R2(config - router) # network 2.2.2.0 0.0.0.255 area 0
R2(config - router) # network 192.168.12.0 0.0.0.255 area 1
R2(config - router) # network 192.168.23.0 0.0.0.255 area 0
```

（3）配置路由器 R3。

```
R3(config) # inter loop 0
R3(config - if) # ip add 3.3.3.3 255.255.255.255
R3(config) # inter s0/0/0
R3(config - if) # ip add 192.168.23.3 255.255.255.0
R3(config - if) # clock rate 64000
R3(config - if) # no shut
R3(config) # inter s0/0/1
R3(config - if) # ip add 192.168.34.3 255.255.255.0
R3(config - if) # clock rate 64000
R3(config - if) # no shut
R3(config) # router ospf 1
R3(config - router) # router - id 3.3.3.3
R2(config - router) # network 3.3.3.0 0.0.0.255 area 0
R3(config - router) # network 192.168.23.0 0.0.0.255 area 0
R3(config - router) # network 192.168.34.0 0.0.0.255 area 2
```

（4）配置路由器 R4。

```
R4(config) # inter loop 0
R4(config - if) # ip add 4.4.4.4 255.255.255.255
R4(config) # inter s0/0/1
R4(config - if) # ip add 192.168.12.1 255.255.255.0
R4(config - if) # clock rate 64000
R4(config - if) # no shut
R4(config) # router ospf 1
R4(config - router) # router - id 4.4.4.4
```

```
R4(config - router) # network 4.4.4.0 0.0.0.255 area 2
R4(config - router) # network 192.168.34.0 0.0.0.255 area 2
```

（5）实验调试。

```
R3 # show ip route
    Codes: C - connected, S - static, R - RIP, M - mobile, B - BGP
        D - EIGRP, EX - EIGRP external, O - OSPF, IA - OSPF inter area
        N1 - OSPF NSSA external type 1, N2 - OSPF NSSA external type 2
        E1 - OSPF external type 1, E2 - OSPF external type 2
        i - IS - IS, su - IS - IS summary, L1 - IS - IS level - 1, L2 - IS - IS level - 2
        ia - IS - IS inter area, * - candidate default, U - per - user static route
        o - ODR, P - periodic downloaded static route

Gateway of last resort is not set
O IA 192.168.12.0/24 [110/1171] via 192.168.23.2, 00:03:02, Serial0/0/0
        1.0.0.0/32 is subnetted, 1 subnets
O IA     1.1.1.1 [110/1172] via 192.168.23.2, 00:03:02, Serial0/0/0
        2.0.0.0/32 is subnetted, 1 subnets
O        2.2.2.2 [110/782] via 192.168.23.2, 00:04:25, Serial0/0/0
        3.0.0.0/32 is subnetted, 1 subnets
C        3.3.3.3 is directly connected, Loopback0
        4.0.0.0/32 is subnetted, 1 subnets
O        4.4.4.4 [110/782] via 192.168.34.4, 00:03:02, Serial0/0/1
C   192.168.23.0/24 is directly connected, Serial0/0/0
C   192.168.34.0/24 is directly connected, Serial0/0/1
```

说明：OSPF 的路由分为两类：O IA 为区域间路由，O 为域内路由。

```
R3 # show ip ospf database
OSPF Router with ID (3.3.3.3) (Process ID 1)
```

Router Link States (Area 0)

Link ID	ADV Router	Age	Seq#	Checksum Link count
2.2.2.2	2.2.2.2	1904	0x80000003	0x000AD0 3
3.3.3.3	3.3.3.3	1761	0x80000003	0x00C1FE 3

Summary Net Link States (Area 0)

Link ID	ADV Router	Age	Seq#	Checksum
1.1.1.1	2.2.2.2	1914	0x80000001	0x007335
4.4.4.4	3.3.3.3	1674	0x80000001	0x001EF1
192.168.12.0	2.2.2.2	1914	0x80000001	0x0061D6
192.168.34.0	3.3.3.3	1757	0x80000001	0x00A3F1

Router Link States (Area 2)

Link ID	ADV Router	Age	Seq#	Checksum Link count
3.3.3.3	3.3.3.3	1678	0x80000003	0x003887 2
4.4.4.4	4.4.4.4	1679	0x80000002	0x009EFC 3

Summary Net Link States (Area 2)

Link ID	ADV Router	Age	Seq#	Checksum
1.1.1.1	3.3.3.3	1762	0x80000001	0x00F2A1
2.2.2.2	3.3.3.3	1764	0x80000001	0x007A9D
3.3.3.3	3.3.3.3	1764	0x80000001	0x00AE75
192.168.12.0	3.3.3.3	1764	0x80000001	0x00E043
192.168.23.0	3.3.3.3	1764	0x80000001	0x001D83

R2#show ip ospf database

OSPF Router with ID (2.2.2.2) (Process ID 1)

Router Link States (Area 0)

Link ID	ADV Router	Age	Seq#	Checksum Link count
2.2.2.2	2.2.2.2	310	0x80000004	0x0008D1 3
3.3.3.3	3.3.3.3	272	0x80000004	0x00BFFF 3

Summary Net Link States (Area 0)

Link ID	ADV Router	Age	Seq#	Checksum
1.1.1.1	2.2.2.2	310	0x80000002	0x007136
4.4.4.4	3.3.3.3	10	0x80000002	0x001CF2
192.168.12.0	2.2.2.2	310	0x80000002	0x005FD7
192.168.34.0	3.3.3.3	272	0x80000002	0x00A1F2

Router Link States (Area 1)

Link ID	ADV Router	Age	Seq#	Checksum Link count
1.1.1.1	1.1.1.1	342	0x80000005	0x00BA35 3
2.2.2.2	2.2.2.2	310	0x80000003	0x008B86 2

Summary Net Link States (Area 1)

Link ID	ADV Router	Age	Seq#	Checksum
2.2.2.2	2.2.2.2	310	0x80000002	0x00F832
3.3.3.3	2.2.2.2	311	0x80000002	0x00158A
4.4.4.4	2.2.2.2	53	0x80000002	0x008407
192.168.23.0	2.2.2.2	311	0x80000002	0x00E546
192.168.34.0	2.2.2.2	311	0x80000002	0x000A07

说明：相同区域内的路由器具有相同的链路状态数据库，只是在虚链路时略有不同。从以上 R2 和 R3 的链路状态数据库可以看出，区域 0 的链路状态数据库是一样的。

8.3.3 实验任务

多区域 OSPF 路由协议的配置拓扑图如图 8-8 所示。

IP 地址表如表 8-12 所示。

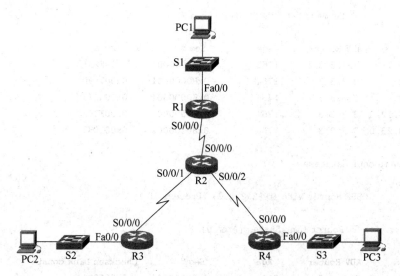

图 8-8 多区域 OSPF 路由协议的配置拓扑图

表 8-12 IP 地址表

设备	接口	IP 地址	子网掩码
R1	Fa0/0	192.168.1.1	255.255.255.0
	Loopback0	1.1.1.1	255.255.255.255
	S0/0/0	172.16.1.2	255.255.255.252
R2	S0/0/0	172.16.1.1	255.255.255.252
	S0/0/1	172.16.1.5	255.255.255.252
	S0/0/2	172.16.1.9	255.255.255.252
R3	S0/0/0	172.16.1.6	255.255.255.252
	Loopback0	3.3.3.3	255.255.255.255
	Fa0/0	192.168.10.1	255.255.255.0
R4	S0/0/0	172.16.1.10	255.255.255.252
	Loopback0	4.4.4.4	255.255.255.255
	Fa0/0	192.168.20.1	255.255.255.0
PC1	NIC	192.168.1.10	255.255.255.0
PC2	NIC	192.168.10.10	255.255.255.0
PC3	NIC	192.168.20.10	255.255.255.0

实验要求：

（1）将路由器 R1、R2、R3 和 R4 的串行链路配置为动态 OSPF 路由协议的主区域 0，将 R1、R3、R4 的本地接口和环回接口分别配置为 OSPF 动态路由协议的 Area1、Area3、Area4。

（2）查看路由器 R1、R2、R3 和 R4 哪些是主干路由器？哪些是内部路由器？哪些是区域边界路由器？

（3）比较 R1 和 R3 的链路状态数据库的内容有什么异同，并说明原因。

8.4 OSPF 的安全认证

8.4.1 实验目的

（1）了解 OSPF 认证的类型和意义。

（2）掌握 OSPF 邻居认证加密和邻居明文认证加密配置。

8.4.2 实验原理

1. OSPF 的区域认证

OSPF 的认证有两种类型，其中，type0 表示无认证，type1 表示明文认证，type2 表示 MD5 认证。明文认证通过发送密码进行认证，而 MD5 认证发送的是报文摘要。有关 MD5 的详细信息可以参阅 RFC 1321。OSPF 的认证可以在链路上进行，也可以在整个区域内进行。另外，虚链路同样也可以进行认证。

基于区域的 OSPF 安全认证的命令及作用如表 8-13 所示，拓扑图如图 8-9 所示。

表 8-13 基于区域的 OSPF 安全认证的命令及作用

命 令	作 用
Router(config-router)# area area-id authentication	将区域认证方式设置为明文认证
Router(config-router-if)# ip ospf authentication-key pa ssword	配置认证密码
Router(config-router)# area area-id authentication message-digest	将区域认证方式设置为 MD5 认证
Router(config-router-if)# ip ospf message-digest-key Key-id **md5** password	配置 MD5 认证密码

区域 0

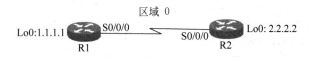

图 8-9 基于区域的 OSPF 安全认证拓扑图

IP 地址表如表 8-14 所示。

表 8-14 IP 地址表

设备	接 口	IP 地址	子网掩码
R1	Loopback0	1.1.1.1	255.255.255.255
	S0/0/0	192.168.1.1	255.255.255.0
R2	Loopback0	2.2.2.2	255.255.255.255
	S0/0/0	192.168.1.2	255.255.255.0

下面介绍操作步骤。

（1）配置路由器 R1。

```
R1(config)#router ospf 1
R1(config-router)#router-id 1.1.1.1
R1(config-router)#network 192.168.1.0 0.0.0.255 area 0
R1(config-router)#network 1.1.1.1 0.0.0.255 area 0
R1(config-router)#area 0 authentication        //区域 0 启用明文认证,如果希望采用 MD5
//加密认证,命令为 R1(config-router)#area 0 authentication message-digest
R1(config)#interface s0/0/0
R1(config-if)#ip ospf authentication-key cisco  //配置认证密码为 cisco,如果希望采用 MD5
//加密认证,命令为 R1(config-if)#ip ospf message-digest-key 1 md5 cisco
```

（2）配置路由器 R2。

```
R2(config)#router ospf 1
R2(config-router)#router-id 2.2.2.2
R2(config-router)#network 2.2.2.2 0.0.0.255 area 0
R2(config-router)#network 192.168.1.0 0.0.0.255 area 0
R2(config-router)#area 0 authentication        //区域 0 启用明文认证,如果希望采用 MD5
//加密认证,命令为 R1(config-router)#area 0 authentication message-digest
R2(config)#interface s0/0/0
R2(config-if)#ip ospf authentication-key cisco  //配置认证密码为 cisco,如果希望采用 MD5
//加密认证,命令为 R1(config-if)#ip ospf message-digest-key 1 md5 cisco
```

（3）实验调试。

```
R1#show ip ospf interface
Serial0/0/0 is up, line protocol is up
  Internet Address 192.168.12.1/24, Area 0
  Process ID 1, Router ID 1.1.1.1, Network Type POINT_TO_POINT, Cost; 781
  …
  Neighbor Count is 0, Adjacent neighbor count is 0
    Adjacent with neighbor 2.2.2.2
  Suppress hello for 0 neighbor(s)
  Simple password authentication enabled
//以上输出的最后一行信息表明,该接口启用了明文认证
R1#show ip ospf
 Routing Process "ospf 1" with ID 1.1.1.1
 Supports only single TOS(TOS0) routes
…
    Area BACKBONE(0)
        Number of interfaces in this area is 2 (1 loopback)
        Area has simple password authentication
SPF algorithm last executed 00;04;09.020 ago
        SPF algorithm executed 5 times
        Area ranges are
        Number of LSA 2. Checksum Sum 0x010117
        Number of opaque link LSA 0. Checksum Sum 0x000000
```

Number of DCbitless LSA 0

Number of indication LSA 0

Number of DoNotAge LSA 0

Flood list length 0

//以上输出表明,区域 0 采用明文认证

2．OSPF 的链路认证

基于链路的 OSPF 安全认证的命令及作用如表 8-15 所示,拓扑图如图 8-10 所示。

表 8-15　基于链路的 OSPF 安全认证的命令及作用

命 令	作 用
Router(config-if)♯ip ospf authentication	将链路认证方式设置为明文认证
Router(config-if)♯ip ospf authentication-key password	配置认证密码
Router(config-if)♯ ip ospf authentication message-digest	将区域认证方式设置为 MD5 认证
Router (config-if) ♯ ip ospf message-digest-key Key-id md5 password	配置 MD5 认证密码

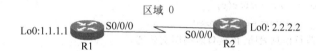

区域 0

Lo0:1.1.1.1　S0/0/0　　　S0/0/0　Lo0: 2.2.2.2
　　　　　R1　　　　　　　　　R2

图 8-10　基于链路的 OSPF 安全认证拓扑图

IP 地址表如表 8-16 所示。

表 8-16　IP 地址表

设备	接　口	IP 地址	子网掩码
R1	Loopback0	1.1.1.1	255.255.255.255
	S0/0/0	192.168.1.1	255.255.255.0
R2	Loopback0	2.2.2.2	255.255.255.255
	S0/0/0	192.168.1.2	255.255.255.0

下面介绍操作步骤。

（1）配置路由器 R1。

R1(config)♯router ospf 1

R1(config-router)♯router-id 1.1.1.1

R1(config-router)♯network 192.168.1.0 0.0.0.255 area 0

R1(config-router)♯network 1.1.1.1 0.0.0.255 area 0

R1(config)♯interface s0/0/0

R1(config-if)♯ip ospf authentication　　　　　//链路启用明文认证, 如果希望采用 MD5 加

//密认证, 命令为 R1(config-if)♯ip ospf authentication message-digest

R1(config-if)♯ip ospf authentication-key cisco　//配置认证密码为 cisco, 如果希望采用 MD5

//加密认证, 命令为 R1(config-if)♯ip ospf message-digest-key 1 md5 cisco

（2）配置路由器 R2。

R2(config)♯router ospf 1
R2(config-router)♯router-id 2.2.2.2
R2(config-router)♯network 2.2.2.2 0.0.0.255area 0
R2(config-router)♯network 192.168.1.0 0.0.0.255 area 0
R2(config)♯interface s0/0/0
R2(config-if)♯ip ospf authentication　　　　　//链路启用明文认证,如果希望采用 MD5 加
//密认证,命令为 R1(config-if)♯ip ospf authentication message-digest
R2(config-if)♯ ip ospf authentication-key cisco //配置认证密码为 cisco,如果希望采用 MD5
//加密认证,命令为 R1(config-if)♯ip ospf message-digest-key 1 md5 cisco

（3）实验调试。

R1♯show ip ospf interface
Serial0/0/0 is up, line protocol is up
　Internet Address 192.168.12.1/24, Area 0
　…
　Neighbor Count is 1, Adjacent neighbor count is 1
　　Adjacent with neighbor 2.2.2.2
　Suppress hello for 0 neighbor(s)
Simple password authentication enabled
//以上输出最后两行信息表明,该接口启用明文认证。

8.4.3　实验任务

OSPF 安全认证配置实验拓扑图如图 8-11 所示。

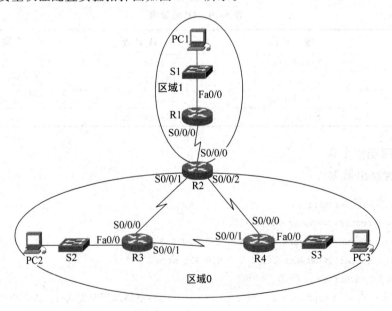

图 8-11　OSPF 安全认证配置实验拓扑图

IP 地址表如表 8-17 所示。

表 8-17 IP 地址表

设 备	接 口	IP 地址	子 网 掩 码	所属区域
R1	Fa0/0	192.168.1.1	255.255.255.0	区域 1
	S0/0/0	172.16.1.2	255.255.255.252	区域 1
R2	S0/0/0	172.16.1.1	255.255.255.252	区域 1
	S0/0/1	172.16.1.5	255.255.255.252	区域 0
	S0/0/2	172.16.1.9	255.255.255.252	区域 0
R3	S0/0/0	172.16.1.6	255.255.255.252	区域 0
	S0/0/1	172.16.1.13	255.255.255.252	区域 0
	Fa0/0	192.168.10.1	255.255.255.0	区域 0
R4	S0/0/0	172.16.1.10	255.255.255.252	区域 0
	S0/0/1	172.16.1.14	255.255.255.252	区域 0
	Fa0/0	192.168.20.1	255.255.255.0	区域 0
PC1	NIC	192.168.1.10	255.255.255.0	N/A
PC2	NIC	192.168.10.10	255.255.255.0	N/A
PC3	NIC	192.168.20.10	255.255.255.0	N/A

实验要求：

(1) 在路由器 R1～R4 上配置区域 0 和区域 1 的 OSPF 动态路由协议。

(2) 在区域 0 内配置基于区域的 OSPF 安全认证,采用 MD5 加密认证,密码为每个人的学号。

(3) 在区域 1 内的 R1 的 S0/0/0 接口到 R2 的 S0/0/0 接口这条链路上配置为链路的 OSPF 安全认证,采用简单的明文认证,密码为每个人的生日,格式为 yyyymmdd。

8.5 OSPF 默认路由重分布

8.5.1 实验目的

(1) 了解 OSPF 默认路由重分布的应用环境。

(2) 掌握 OSPF 默认路由重分布的配置。

8.5.2 实验原理

要在 OSPF 路由域中为所有其他网络提供 Internet 连接,需要将默认静态路由通告给使用该动态路由协议的其他所有路由器。如图 8-12 所示,用户可以在路由器 R2 上配置指向路由器 ISP 的静态默认路由,但这种方法没有扩展性。每次向 OSPF 路由域添加一台路由器,都必须另外配置一条静态默认路由,可以考虑让路由协议帮助做这些工作。

IP 地址表如表 8-18 所示。

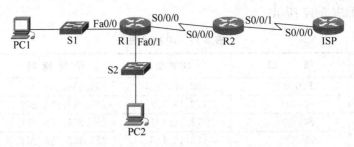

图 8-12 OSPF 默认路由重分布实验拓扑图

表 8-18 IP 地址表

设备	接　　口	IP 地址	子 网 掩 码	所属区域
R1	Fa0/0	172.16.2.1	255.255.255.0	区域 0
	Fa0/1	172.16.3.1	255.255.255.0	区域 0
	S0/0/0	172.16.1.1	255.255.255.252	区域 0
R2	S0/0/0	172.16.1.2	255.255.255.252	区域 0
	S0/0/1	172.16.1.5	255.255.255.252	N/A
ISP	S0/0/0	172.16.1.6	255.255.255.252	N/A

下面介绍操作步骤。

(1) 首先在 R1 和 R2 上配置 OSPF 路由协议,将 ISP 的接口地址配置好。

```
R1(config)#inter Fa0/0
R1(config-if)#ip add 172.16.2.1 255.255.255.0
R1(config-if)#no shut
R1(config)#inter Fa0/1
R1(config-if)#ip add 172.16.3.1 255.255.255.0
R1(config-if)#no shut
R1(config)#inter S0/0/0
R1(config-if)#ip add 172.16.1.1 255.255.255.252
R1(config-if)#Clock rate 64000
R1(config-if)#no shut
R1(config)#router ospf 1
R1(config-router)#network 172.16.1.0 0.0.0.3 area 0
R1(config-router)#network 172.16.2.0 0.0.0.255 area 0
R1(config-router)#network 172.16.3.0 0.0.0.255 area 0
R2(config)#inter S0/0/0
R2(config-if)#ip add 172.16.1.2 255.255.255.252
R2(config-if)#Clock rate 64000
R2(config-if)#no shut
R2(config)#inter S0/0/1
R2(config-if)#ip add 172.16.1.5 255.255.255.0
R2(config-if)#Clock rate 64000
R2(config-if)#no shut
R2(config)#router ospf 1
R2(config-router)#network 172.16.1.0 0.0.0.3 area 0
```

```
R2(config - router)♯network 172.16.1.4 0.0.0.255 area 0
ISP(config)♯inter S0/0/0
ISP(config - if)♯ip add 172.16.1.6 255.255.255.252
ISP(config - if)♯Clock rate 64000
ISP(config - if)♯no shut
```

（2）在路由器 R2 上配置默认路由指向路由器 ISP，在 ISP 上配置静态路由指向 OSPF 路由协议的 areo 0。

```
R2(config)♯ ip route 0.0.0.0 0.0.0.0  S0/0/1
ISP(config)♯ ip route 172.16.0.0 255.255.252.0 S0/0/0
```

（3）查看 R1 和 R2 的路由表，并比较异同。

```
R1♯show ip route
*** 省略部分输出 ***
Gateway of last resort is not set

     172.16.0.0/16 is variably subnetted, 4 subnets, 2 masks
C        172.16.1.0/30 is directly connected, Serial0/0/0
O        172.16.1.4/30 [110/128] via 172.16.1.2, 00:01:09, Serial0/0/0
C        172.16.2.0/24 is directly connected, FastEthernet0/0
C        172.16.3.0/24 is directly connected, FastEthernet0/1
R2♯show ip route
*** 省略部分输出 ***
Gateway of last resort is 0.0.0.0 to network 0.0.0.0

     172.16.0.0/16 is variably subnetted, 4 subnets, 2 masks
C        172.16.1.0/30 is directly connected, Serial0/0/0
C        172.16.1.4/30 is directly connected, Serial0/0/1
O        172.16.2.0/24 [110/65] via 172.16.1.1, 00:02:28, Serial0/0/0
O        172.16.3.0/24 [110/65] via 172.16.1.1, 00:02:28, Serial0/0/0
S *   0.0.0.0/0 is directly connected, Serial0/0/1
```

说明：从比较中可以看出，路由器 R2 有默认路由，而路由器 R1 没有默认路由，所以当路由器 R1 希望去到路由器 ISP 所知道的网络时，有以下两种方法：

① 为路由器 R1 添加一条默认路由指向 R2，但一旦网络拓扑图发生改变，就需要在所有路由器上重新写默认路由。

② 在路由器 R2 上使用 OSPF 默认路由重分布，将默认路由以 OSPF 的格式发给所有运行 OSPF 路由协议的路由器。其好处是，无论拓扑图如何改变，只要加入的路由器运行的是 OSPF 路由协议，就不必做任何事情。路由器 R2 会自动把默认路由发给新加入的路由器。

（4）在路由器 R2 上配置默认路由重分布。

```
R2(config - router)♯default - information originate
```

（5）在路由器 R1 上查看路由表。

R1♯show ip route
*** 省略部分输出 ***

Gateway of last resort is 172.16.1.2 to network 0.0.0.0

　　　172.16.0.0/16 is variably subnetted, 4 subnets, 2 masks
C　　　172.16.1.0/30 is directly connected, Serial0/0/0
O　　　172.16.1.4/30 [110/128] via 172.16.1.2, 00:15:47, Serial0/0/0
C　　　172.16.2.0/24 is directly connected, FastEthernet0/0
C　　　172.16.3.0/24 is directly connected, FastEthernet0/1
O＊E2　0.0.0.0/0 [110/1] via 172.16.1.2, 00:00:05, Serial0/0/0

　　说明：最后一个路由的生成方式为 O＊E2，其中 E2 表示外部路由重分配到 OSPF 中时使用的是 E2 类型。外部路由注入到 OSPF 一共有 E1、E2 两种类型。它们计算到注入的外部路由量度值的方式不同。

　　① 类型 1(E1)：使用该类型时，路由成本＝外部路径成本＋OSPF 内部路径成本；使用 metric-type 1，可以表示使用 E1 类型注入外部路由。

　　② 类型 2(E2)：使用该类型时，路由成本＝外部路径成本，不计算 OSPF 内部路径成本。默认情况下使用 E2 类型。

8.5.3　实验任务

　　默认路由重分布拓扑图如图 8-13 所示。

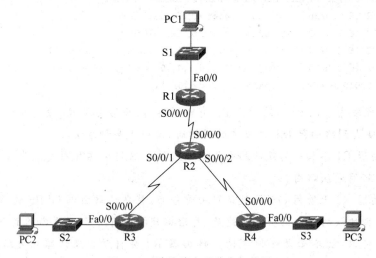

图 8-13　默认路由重分布拓扑图

　　IP 地址表如表 8-19 所示。

表 8-19　IP 地址表

设　备	接　　口	IP 地址	子 网 掩 码
R1	Fa0/0	172.16.1.1	255.255.255.0
	S0/0/0	172.16.2.1	255.255.255.252
R2	S0/0/0	172.16.2.2	255.255.255.252
	S0/0/1	172.16.2.5	255.255.255.252
	S0/0/2	192.168.1.1	255.255.255.252
R3	S0/0/0	172.16.2.6	255.255.255.252
	Fa0/0	172.16.3.1	255.255.255.0
R4	S0/0/0	192.16.1.2	255.255.255.252
	Fa0/0	192.168.2.1	255.255.255.0
PC1	NIC	172.16.1.2	255.255.255.0
PC2	NIC	172.16.3.2	255.255.255.0
PC3	NIC	192.168.2.2	255.255.255.0

实验要求：

（1）在路由器 R1～R3 上配置 OSPF 动态路由协议，其中，R2 的 S0/0/2 接口不用宣告为 OSPF 链路。

（2）在路由器 R2 上通过默认路由指向 R4 的网络，同时在 R4 上配置静态路由指向 R1、R2、R3 的所属网络。此时 R1、R2、R3 哪个可以访问 R4？为什么？请说明原因。

（3）在路由器 R2 上配置默认路由重分布，此时 R1、R2、R3 哪个可以访问 R4？为什么？请说明原因。

（4）通过 show ip route 命令产 R1 和 R2 的路由表，比较两个路由表的异同。

8.6　小结与思考

OSPF（开放最短路径优先）协议是一种无类链路状态路由协议。用于 IPv4 的 OSPF 的现行版本为 OSPFv2，该版本由 John Moy 在 RFC 1247 中引入，并在 RFC 2328 中更新。1999 年，用于 IPv6 的 OSPFv3 在 RFC 2740 中发布。OSPF 的默认管理距离为 110，在路由表中采用路由来源代码 O 表示。OSPF 通过 router ospf process-id 全局配置命令来启用。process-id 仅在本地有效，这意味着路由器之间建立相邻关系时无须匹配该值。OSPF 中的 network 命令与 其他 IGP 路由协议中的 network 命令具有相同的功能，但语法稍有不同。

```
Router(config-router)#network network-address wildcard-mask area area-id
```

wildcard-mask 为子网掩码的反码，且 area-id 应该设置为 0。

OSPF 不使用传输层协议，原因在于，OSPF 数据包直接通过 IP 发送。OSPF 使用 OSPF Hello 数据包来建立相邻关系。默认情况下，在多路访问网段和点对点网段中每 10s 发送一次 OSPF Hello 数据包，而在非广播多路访问（NBMA）网段（帧中继、X.25 或 ATM）中则每 30s 发送一次 OSPF Hello 数据包。Dead 间隔是 OSPF 路由器在与邻居结束相邻关系前等待的时长。默认情况下，Dead 间隔是 Hello 间隔的 4 倍。对于多路访问网段和点对点网段，此时长为 40s，对于 NBMA 网络则为 120s。

两台路由器的 Hello 间隔、Dead 间隔、网络类型和子网掩码必须匹配，才能建立相邻关系。RFC 2328 并未指定使用哪些值来确定开销。Cisco IOS 使用从路由器到目的网络沿途的传出接口的累积带宽作为开销值。

多路访问网络对 OSPF 的 LSA 泛洪过程提出了两项挑战：创建多边相邻关系（每对路由器都存在一项相邻关系）和大量泛洪 LSA（链路状态通告）。在多路访问网络中，OSPF 选举出一个 DR（指定路由器）充当 LSA 的集散点，还选举出一个 BDR（备用指定路由器），以在 DR 故障时接替其角色。其他所有路由器都称为 DROther。所有路由器将各自的 LSA 发送给 DR，然后由 DR 将该 LSA 泛洪给该多路访问网络中的其他所有路由器。具有最高路由器 ID 的路由器是 DR，具有第二高路由器 ID 的路由器则是 BDR。用户可通过在该接口上执行 ip ospf priority 命令使此规则失效。默认情况下，所有多路访问接口上的 ip ospf priority 均为"1"。如果一个路由器配置了新的优先权值，则具有最高优先权值的路由器是 DR，第二高的则是 BDR。若优先权值为 0，则该路由器不具备成为 DR 或 BDR 的资格。

默认路由在 OSPF 中的传播方式与在 RIP 中时的相似。OSPF 路由器模式命令 default-information originate 用于传播静态默认路由。show ip protocols 命令用于检验重要的 OSPF 配置信息，其中包括 OSPF 进程 ID、路由器 ID 和路由器正在通告的网络。

【思考】

（1）除了 Hello 间隔、Dead 间隔、网络类型这 3 个因素之外，还有哪些因素能够影响路由器形成相邻关系？

（2）什么命令可以在不修改接口带宽值的情况下修改该接口的 OSPF 开销？

（3）请上网查找相关资料后回答：以太网和串行点对点链路的默认 Hello 间隔时间是多少？NBMA 网络上默认 Hello 间隔时间是多少？

第9章

网络地址转换

网络地址转换(Network Address Translation,NAT)技术作为延缓 IPv4 地址枯竭的方法之一,目前已经普遍流行于各企业网络之中。NAT 技术的出现使原来简单的网络结构变得复杂,在节省 IP 地址和保护网络的同时,也给网络追踪和网络安全带来了困难。本章主要学习 NAT 的基本配置,掌握 NAT 的工作原理及在企业网络部署中的应用。

9.1 静态 NAT 配置

9.1.1 实验目的

(1) 理解 NAT 的工作原理与用途。
(2) 理解 NAT 的分类。
(3) 理解 ip nat inside 和 ip nat outside 的使用。
(4) 掌握静态 NAT 的配置。

9.1.2 实验原理

1. NAT 简介

NAT 最初定义在 RFC 1631,用于接入广域网中,通过修改 IP 报文的地址信息,实现将内部网络的私有地址到外部网络的公有地址的转换。NAT 的产生原因和无分类域间路由(CIDR)一样,都是为了减缓 IPv4 地址枯竭的问题。NAT 实现了私有地址到公有地址的转换,使得企业内部网络可以使用相同的私有地址,但在对外通信时却可以使用公有地址,从而降低了企业对公有地址的需求。

RFC 1918 定义了 Internet 中的私有地址,主要包含以下几类。

- A 类:10.0.0.0～10.255.255.255。
- B 类:172.16.0.0～172.31.255.255。
- C 类:192.168.0.0～192.168.255.255。

私有地址只能用于企业网络的内部通信,不用于 Internet 的通信,Internet 上的路由器会丢弃目的 IP。私有地址的出现使得每台主机的通信不必都申请公有地址,从而节省了 IP 地址,有助于缓解 IPv4 地址的枯竭。

NAT 的相关术语如下。

- 内部本地地址(Inside Local,IL):是指分配给内部网络主机的 IP 地址,该地址可能是非法的未向相关机构注册的 IP 地址,也可能是合法的私有网络地址。
- 内部全局地址(Inside Global,IG):合法的全局可路由地址,在外部网络代表着一个或多个内部本地地址。
- 外部本地地址(Outside Local,OL):外部网络的主机在内部网络中表现的 IP 地址,该地址是内部可路由地址,一般不是注册的全局唯一地址。
- 外部全局地址(Outside Global,OG):外部网络分配给外部主机的 IP 地址,该地址为全局可路由地址。

NAT 除了应用在地址转换外,在网络的迁移和合并、服务器负载均衡、创建虚拟主机等方面也有很好的应用。

2. NAT 分类

NAT 根据其应用主要分成以下几类:静态 NAT、动态 NAT、端口映射 NAPT 和 NAT 负载均衡。部分 NAT 类型及特点如表 9-1 所示。

表 9-1　部分 NAT 类型及特点

NAT 类型	特　　点
静态 NAT	一个私有 IP 固定映射一个公有 IP,提供内网服务器的对外访问服务
动态 NAT	私有 IP 映射地址池中的公有 IP,映射关系是动态的、临时的
NAPT	私有 IP 和端口号与同一个公有 IP 和端口进行映射

静态 NAT 是最简单的方式,它在 NAT 表中为每个需要转换的内部地址创建了固定的转换条目,映射了唯一的全局地址。内部地址与全局地址一一对应,如 192.168.12.2 对应 200.268.12.2。静态 NAT 的工作原理如图 9-1 所示。

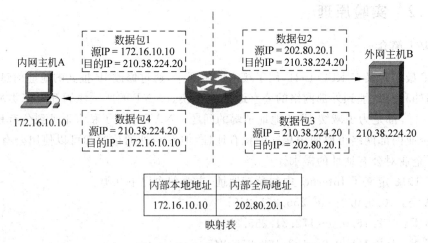

图 9-1　静态 NAT 的工作原理

如图 9-1 所示,内网主机 A(172.16.10.10)发送数据到外网主机 B(210.38.224.20)。在数据到达网络边缘 NAT 路由器之前,报文的源 IP 为 A 的 IP 地址(172.16.10.10),目的 IP 为 B 的 IP 地址(210.38.224.20)。报文到达路由器后,路由器会查找 NAT 映射表,取得

172.16.10.10 映射的内部全局地址 202.80.20.1,继而将报文的源 IP 地址替换为 202.80.20.1,如数据包 2 所示。在外网主机 B 和内网主机 A 的通信过程中,会将报文的目的 IP 地址进行替换。

静态 NAT 对外隐藏了内部主机的真实 IP 地址,起到保护内部主机的作用。静态 NAT 还可以让外部主机通过内部全局地址访问内部的服务器,在内网需要向外提供网络服务而又不愿意暴露真实 IP 地址时,通常使用该类 NAT 技术。

其他类型的 NAT 工作原理在本章的其他小节另有讲解。

3. NAT 带来的问题

NAT 技术的出现在一定程度上缓解了 IPv4 地址枯竭问题,但是 NAT 也让主机之间的通信变得复杂,导致通信效率降低。NAT 的应用带来了以下问题:

(1)影响网络速度,NAT 的应用会使 NAT 设备变成网络的瓶颈。

(2)与某些应用不兼容,如果一些应用在有效载荷中协商下次会话的 IP 地址和端口号,则 NAT 将无法对内嵌 IP 地址进行地址转换,从而造成这些程序不能正常运行。

(3)地址转换不能处理 IP 报头加密的报文。

(4)无法实现对 IP 端到端的路径跟踪,经过 NAT 地址转换后,会对数据包的路径跟踪变得非常困难。

4. 静态 NAT 配置步骤

静态 NAT 的配置步骤如表 9-2 所示。

表 9-2 静态 NAT 的配置步骤

步骤	配 置 说 明	命 令

1	配置内部接口和外部接口	//进入外部接口接口模式
		Router(config-if)#**interface** interface-id
		Router(config-if)#ip nat outside
		//进入内部接口接口模式
		Router (config-if)#**interface** interface-id
		Router (config-if)#ip nat inside

2	配置本地地址和全局地址的静态映射	Router(config)#**ip nat inside source static** x. x. x. x(本地地址) x. x. x. x(全局地址)
3	检查 NAT 的运行结果	Router #**show ip nat translations**

下面为命令详解。

例 1:配置内网主机 192.168.20.100 能够被外网主机访问,外部访问地址为 200.30.2.100,则 NAT 映射命令如下:

```
Router(config)# ip nat inside source static  192.168.20.100  200.30.2.100
```

例 2:配置内网主机 192.168.20.100 的 Web 服务 80 端口能够被外网访问,外部访问地址为 200.30.2.100,则 NAT 映射命令如下:

```
Router(config)# ip nat tcp inside source static  192.168.20.100  80  200.30.2.100  80
```

下面介绍 ip nat inside source 与 ip nat outside source 的区别。

- ip nat inside source 当数据包从内部发往外部时,转换 IP 包的源地址;当数据包从外部传输到内部时,转换 IP 包的目的地址。
- ip nat outside source 当数据包从外部传输到内部时,转换 IP 包的源地址;当数据包从内部发往外部时,转换 IP 包的目的地址。

5. 静态 NAT 配置实例

网络拓扑图如图 9-2 所示。

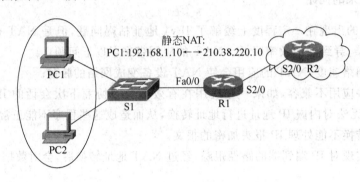

图 9-2 静态 NAT 网络拓扑图

IP 地址表如表 9-3 所示。

表 9-3 静态 NAT 网络 IP 地址表

设 备	接 口	IP 地 址	子 网 掩 码
R1	Fa0/0	192.168.1.1	/24
	S2/0(DCE)	210.38.220.1	/24
R2	S2/0	210.38.220.2	/24
PC1	NIC	192.168.1.10	/24
PC2	NIC	192.168.1.20	/24

背景说明:某公司需要访问外部网络,但是需要向外隐藏内部的具体 IP 地址,同时,本公司的 PC1 主机 192.168.1.10 要能够被外部主机访问,映射的本地全局地址为 210.38.220.10。要求根据上述要求配置 R1 和 R2 路由器,使得 PC1 能够访问外部网络,PC2 不能够访问外部网络,外部网络可以访问 PC1。

实验步骤:

(1) 配置 R1。

```
R1(config)#int Fa0/0
R1(config-if)#ip add 192.168.1.1 255.255.255.0
R1(config-if)#ip nat inside                    //配置 Fa0/0 接口为内部接口
R1(config-if)#no shutdown

R1(config-if)#int S2/0
R1(config-if)#clock rate 64000                 //DCE,配置时钟频率
```

```
R1(config-if)♯ip address 210.38.220.1 255.255.255.0
R1(config-if)♯ip nat outside                              //配置 Fa0/0 接口为外部接口
R1(config-if)♯no shutdown                                 //激活接口

R1(config)♯ip nat inside source static 192.168.1.10 210.38.220.10 //配置内网地址 192.168.1.10
                                                          //到外网地址 210.38.220.10 的静态映射
```

（2）配置 R2。

```
R2(config)♯int S2/0
R2(config-if)♯ip address 210.38.220.2 255.255.255.0       //配置接口 IP
R2(config-if)♯no shutdown
```

（3）检查配置结果并测试。

① 测试内网主机到外网的通信，在 PC1 上 ping 路由器的接口。

```
C:\> ping 210.38.220.2
Pinging 210.38.220.2 with 32 bytes of data:
Reply from 210.38.220.2: bytes = 32 time = 94ms TTL = 254
Reply from 210.38.220.2: bytes = 32 time = 93ms TTL = 254
Reply from 210.38.220.2: bytes = 32 time = 78ms TTL = 254
Reply from 210.38.220.2: bytes = 32 time = 78ms TTL = 254
Ping statistics for 210.38.220.2:
    Packets: Sent = 4, Received = 4, Lost = 0 (0% loss),
Approximate round trip times in milli-seconds:
    Minimum = 78ms, Maximum = 94ms, Average = 85ms
```

② 测试外网主机到内网的通信。

③ 使用 debug 命名查看 IP 变化。

```
R2♯debug ip icmp
ICMP: echo reply sent, src 210.38.220.2, dst 210.38.220.10
ICMP: echo reply sent, src 210.38.220.2, dst 210.38.220.10
ICMP: echo reply sent, src 210.38.220.2, dst 210.38.220.10
ICMP: echo reply sent, src 210.38.220.2, dst 210.38.220.10
```

在 R2 上使用 debug 命令查看来自 PC1 的 ICMP 报文，可以看到报文的源地址已经变成了 210.38.220.2，说明完成了静态映射。

④ 查看路由器的 NAT 地址转换表。

```
R1♯sh ip nat translations
Pro    Inside global    Inside local    Outside local    Outside global
---    210.38.220.10    192.168.1.10        ---              ---
```

在 R1 上使用 show ip nat translations 查看路由器中的静态映射表，可以看到 Inside local（本地局部地址）和 Inside global（本地全局地址）的映射关系已经建立。

9.2 动态 NAT 配置

9.2.1 实验目的

（1）理解动态 NAT 和静态 NAT 的区别。

（2）掌握 NAT 地址池的配置。

（3）掌握 NAT 转换中访问控制列表的应用。

（4）掌握动态 NAT 的配置。

9.2.2 实验原理

1. 动态 NAT

动态 NAT 是指不建立内部地址和全局地址的一对一的固定对应关系，而通过共享 NAT 地址池的 IP 地址动态建立 NAT 的映射关系。当内网主机需要进行 NAT 地址转换时，路由器会在 NAT 地址池中选择空闲的全局地址进行映射，每条映射记录是动态建立的，在连接终止时会被收回。动态 NAT 的工作原理如图 9-3 所示。

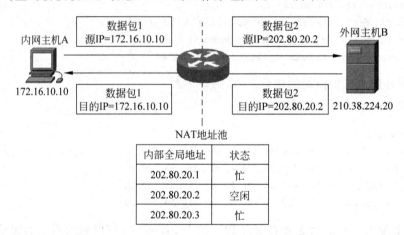

图 9-3　动态 NAT 的工作原理

如图 9-3 所示，内网主机 A 的报文经过边缘路由器时，路由器会在预先配置好的 NAT 地址池中选出空闲的内部全局地址进行映射。图 9-3 中，NAT 地址池中只有 202.80.20.2 是空闲的，所以路由器选取该地址和 172.16.10.10 建立映射关系，因此数据包 1 的源 IP 将会替换为 202.80.20.2。数据包从外网返回则会替换目的 IP 地址。

2. 动态 NAT 配置命令

动态 NAT 的配置步骤如表 9-4 所示。

表 9-4 动态 NAT 的配置步骤

步骤	配置说明	命令

1	配置内部接口和外部接口	//配置外部接口
		Router(config-if)#interface **interface-id**
		Router(config-if)#ip nat outside
		//配置内部接口
		Router (config-if)#interface **interface-id**
		Router (config-if)#ip nat inside

2	配置转换地址池	Router (config)#ip nat pool **name start-ip end-ip** {netmask **x. x. x. x**| prefix-length x }
3	配置需要进行地址转换的源 IP 访问控制列表	Router(config) # access-list **number** permit **x. x. x. x**（网络号）**x. x. x. x**（子网掩码）
4	配置 NAT 转换	Router(config) # ip nat inside source list **number** pool **pool-name**
5	检查 NAT 的运行结果	Router # show ip nat translations

例如,允许内部地址为 192.168.20.0/24 的网络进行转换,转换的地址池为 210.20.20.10～210.20.20.15,子网掩码为 255.255.255.0。配置命令如下:

```
R1(config)# ip nat pool  NAT-POOL  210.20.20.10  210.20.20.15  netmask 255.255.25.0
//主要配置以下参数
//地址池名称: TEST_POOL
//地址池开始地址: 210.20.20.10
//地址池结束地址: 210.20.20.15
//地址池的子网掩码: 255.255.255.0
R1(config)# access  list 1 permit 192.168.20.0
R1(config)# ip nat inside  source  list 1  pool NAT-POOL
```

3. 动态 NAT 配置实例

网络拓扑图如图 9-4 所示。

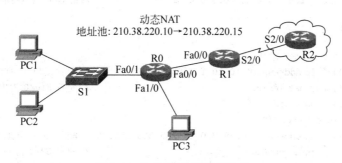

图 9-4 动态 NAT 网络拓扑图

IP 地址表如表 9-5 所示。

表 9-5 动态 NAT 网络 IP 地址表

设备	接　　口	IP 地址	子网掩码
R0	Fa0/0	10.10.10.2	/24
	Fa0/1	192.168.1.1	/24
	Fa1/0	192.168.2.1	/24
R1	S2/0	210.38.220.1	/24
	Fa0/0	10.10.10.1	/24
R2	S2/0(DCE)	210.38.220.2	/24
PC1	NIC	192.168.1.10	/24
PC2	NIC	192.168.1.20	/24
PC3	NIC	192.168.2.10	/24

背景说明：一些公司可能会一次性地申请很多个公网 IP 来为公司各个部门提供上网服务。假设某公司申请了 6 个公网 IP，所属网段为 210.38.220.10～210.38.220.15，子网掩码为 255.255.255.0。合法的公网 IP 地址不够每人分配一个，但该公司一般情况下有 1/2 的人员在外跑业务或做技术支持，在公司的员工也不会一直需要上网，因此可以通过动态分配全局地址的地址转换技术来解决该公司的需要。

配置要求：配置动态 NAT，允许转换 IP 地址属于 192.168.1.0/24 的网段，其他网段不允许进行 NAT 转换。

实验步骤：

（1）配置 R0。

```
R0(config)# interface Fa0/0
R0(config-if)# ip address 10.10.10.2  255.255.255.0    //配置接口 IP 地址
R0(config-if)# no shutdown
R0(config)# interface Fa0/1
R0(config-if)# ip address 192.168.1.1  255.255.255.0    //配置接口 IP 地址
R0(config-if)# no shutdown
R0(config)# interface  Fa1/0
R0(config-if)# ip address 192.168.2.1  255.255.255.0    //配置接口 IP 地址
R0(config-if)# no shutdown
R0(config-if)# ip route 0.0.0.0 0.0.0.0 Fa0/0           //配置 R0 默认路由
```

（2）配置 R1。

```
R1(config)# interface Fa0/0
R1(config-if)# ip address 10.10.10.1  255.255.255.0     //配置接口 IP 地址
R1(config-if)# ip nat inside                            //配置 Fa0/0 为内部接口
R1(config-if)# no shutdown
R1(config)# interface S2/0
R1(config-if)# ip address 210.38.220.1  255.255.255.255 //配置接口 IP 地址
R1(config-if)# ip nat outside                           //配置 S2/0 为外部接口
R1(config-if)# no shutdown
R0(config-if)# ip route 0.0.0.0 0.0.0.0  S2/0           //配置默认路由
R1(config)# access-list 1 permit 192.168.1.0 0.0.0.255 //配置匹配内网 IP 地址访问控制列表
                                                        //配置 NAT 地址池
R1(config)# ip nat pool TEST_POOL 210.38.220.10 210.38.220.15 netmask 255.255.255.0
```

R1(config)♯ip nat inside source list 1 pool TEST_POOL   //配置动态 NAT 转换

（3）配置 R2。

R2(config)♯int S2/0
R2(config-if)♯ip address 210.38.220.2 255.255.255.255
R2(config-if)♯clock rate 64000
R2(config-if)♯no shutdown

（4）检查配置结果并测试。

① 动态 NAT 的映射关系不是静态建立的，而是通过数据流触发建立的，因此每次建立的映射关系可能是不一样的，在没有触发流量时查看 NAT 映射表。

R2♯sh ip nat translations
R2♯

从以上命令可以看到映射表是空的，说明映射关系并没有建立。

下面分别从 PC1、PC2 触发流量，再观察 NAT 映射表的情况。

```
R1♯sh ip nat translations
Pro   Inside global        Inside local         Outside local        Outside global
icmp 210.38.220.10:21   192.168.1.10:21     210.38.220.2:21     210.38.220.2:21
icmp 210.38.220.10:22   192.168.1.10:22     210.38.220.2:22     210.38.220.2:22
icmp 210.38.220.11:15   192.168.1.20:15     210.38.220.2:15     210.38.220.2:15
icmp 210.38.220.11:16   192.168.1.20:16     210.38.220.2:16     210.38.220.2:16
```

可以看到 192.168.1.10→210.38.220.10、192.168.1.20→210.38.220.11，说明地址转换起到作用。

② 使用 debug 命令查看到的转换过程。

```
R1♯debug ip nat
IP NAT debugging is on
R1♯
NAT: s = 192.168.1.10 -> 210.38.220.11, d = 210.38.220.2 [21]      //s 表示源地址转换
NAT*: s = 210.38.220.2, d = 210.38.220.11 -> 192.168.1.10 [32]    //d 表示目的地址转
NAT: s = 192.168.1.10 -> 210.38.220.11, d = 210.38.220.2 [22]
NAT*: s = 210.38.220.2, d = 210.38.220.11 -> 192.168.1.10 [33]
```

③ 动态 NAT 映射表条目存在一定生存时间，时间超过时，转换条目将会被自动删除。一对一的动态 NAT 超时时间为 10min(600s)；基于端口的动态 NAT 超时时间为 1min(60s)。

注意事项：

（1）不要把 Inside 和 Outside 应用的接口弄错；

（2）如果有条件，尽量不要用 Outside 接口的全局地址作为内部全局地址，该接口地址的所有者是互联网服务提供商(ISP)。当线路变更时，地址会改变，就需要更改 DNS 记录了，如果是直接通过 IP 提供服务，那就更麻烦，而线路的变更是经常的。另外，路由器的 Outside 接口有可能不是可用的地址，而是私有地址等。

9.2.3 实验任务

静态和动态 NAT 配置拓扑图如图 9-5 所示。

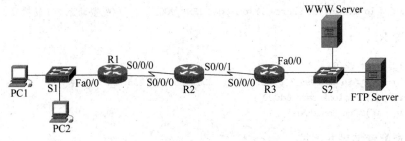

图 9-5   静态和动态 NAT 配置拓扑图

IP 地址表如表 9-6 所示。

表 9-6   IP 地址表

设　备	接　口	IP 地址	子网掩码
R1	Fa0/0	172.16.1.1	255.255.255.0
	S0/0/0	210.38.235.1	255.255.255.252
R2	S0/0/0	210.38.235.2	255.255.255.252
	S0/0/1	210.38.235.5	255.255.255.252
R3	S0/0/0	210.38.235.6	255.255.255.252
	Fa0/0	172.16.3.1	255.255.255.0
PC1	NIC	172.16.1.2	255.255.255.0
PC2	NIC	172.16.1.3	255.255.255.0
FTP Server	NIC	172.16.3.254	255.255.255.0
WWW Server	NIC	172.16.3.253	255.255.255.0

实验要求：

(1) 在路由器 R1~R3 上配置 RIPv2 动态路由协议,其中所有的以太网接口宣告为被动接口。

(2) 在路由器 R1 上配置动态 NAT,使用 210.38.235.101~210.38.235.110 地址段提供网络服务,允许 172.16.3.0/24 网段的主机访问外网。

(3) 把 FTP 和 WWW 在服务器上配置好,在路由器 R3 上配置静态 NAT,以 210.38.235.121 映射 WWW 服务器,以 210.38.235.122 映射 FTP 服务器,提供对外网络服务。

(4) 通过 show ip nat translations 命令查看路由器 R1 和 R3 上面的 NAT 映射内容并截图。

9.3   端口 NAT 配置

9.3.1   实验目的

(1) 理解内网共享单个 IP 上网的工作原理。

(2) 掌握 overload 的使用。

(3) 掌握 PAT 的配置。

(4) 掌握静态端口映射的配置与应用。

9.3.2 实验原理

1. 端口映射 NPAT 工作原理

端口映射 NPAT 指除了使用 IP 之外,还使用端口号来建立映射。NPAT 是实现多个内网主机共享一个公网 IP 接入的关键技术。NPAT 建立映射需要用到传输层的 TCP 和 UDP 的端口号。在网络数据传输中,大部分是通过端到端的连接来进行数据传输的,因此,表示一个数据的流向除了需要 IP 地址外,还需要使用传输层的端口号。所以在 NPAT 的映射建立中,使用 IP 和端口号就可以区分出每一条数据连接。

NPAT 的具体工作原理如图 9-6 所示。

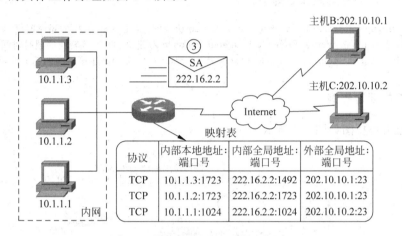

图 9-6　端口映射 NPAT 的工作原理

例如内网主机 10.1.1.3、10.1.1.2 都用源端口 1723 向外发送数据包,NPAT 路由器将两个内网地址都转换为唯一的全局地址 222.16.2.1,为了区分不同的数据通信,使用不同的源端口 1492、1723 来替换原来的端口 1723。因此会建立以下映射条目:

$$10.1.1.3 : 1723 \quad <----> \quad 222.16.2.2 : 1492$$
$$10.1.1.2 : 1723 \quad <----> \quad 222.16.2.2 : 1723$$

因此,通过不同的端口号就可以区分通信。当数据发到外网时,除了替换源 IP 地址外,还将会替换报文的源端口。

而当路由器收到发往 222.16.2.2 : 1723 时,则会查找映射表,同时修改目的 IP 地址和目的端口号,转换为 10.1.1.2 : 1723,因而会被转发到主机 10.1.1.2。

2. PAT 的配置命令

(1) PAT 的配置与其他 NAT 的配置类似,只需要在 nat 命令的后面添加上 overload 即可,表示 IP 地址可以重载使用。

命令:`Router(config)#ip nat inside source list 1 pool TEST_POOL  ?`
　　　`overload  Overload an address translation`

(2) PAT 也可以利用外网端口 IP 作为全局地址,不必指定地址池,起到节省全局 IP 地址的作用。

命令：`Router(config)♯ ip nat inside source list 1 pool interface S0/0 overload`

（3）如果要让外网的主机访问内网的服务器，如 Web、FTP 等，需要将内网服务器 IP、端口号和全局 IP 地址、端口号建立静态映射。如下：

命令：`Router(config)♯ ip nat inside source static tcp 192.168.1.100 80 210.38.220.10 80`
可以将内网的 192.168.1.100 的 Web 服务器映射到 210.38.220.10，当外网访问 210.38.220.10 地址时，即可访问到内网的 Web 服务器。

配置注意事项：

（1）不要将边缘路由器的内部接口、外部接口弄错；

（2）要加上能使数据包向外转发的路由，比如默认路由。

NAT 转换时间的修改命令如下：

```
R1(config)♯ ip nat translation icmp-timeout seconds   //定义 ICMP 转换的超时时间,默认为 60s
R1(config)♯ ip nat translation tcp-timeout seconds  //定义 TCP 连接转换的超时时间,默认为 1 天
R1(config)♯ ip nat translation udp-timeout seconds  //定义 UDP 连接转换的超时时间,默认 300s
```

3. PAT 的配置实例

PAT 网络拓扑图如图 9-7 所示。

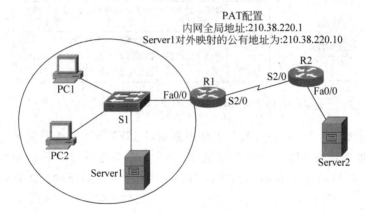

图 9-7　PAT 网络拓扑图

IP 地址表如表 9-7 所示。

表 9-7　PAT 网络 IP 地址表

设　　备	接　　口	IP 地址	子 网 掩 码
R1	S2/0	210.38.220.1	/24
	Fa0/0	192.168.1.1	/24
R2	S2/0(DCE)	210.38.220.2	/24
	Fa0/0	202.20.20.1	/24
PC1	NIC	192.168.1.10	/24
PC2	NIC	192.168.1.20	/24
Server1	NIC	192.168.1.100	/24
Server2	NIC	202.20.20.10	/24

背景说明：PAT 是在 IP 地址日益短缺的情况下提出的，如果一个公司内部有很多台主机，但该公司只申请了一个合法的公网 IP 地址，为了使所有内部主机都可以连接 Internet 网络，可以使用 PAT。PAT 可使公司的所有主机共享单一公有地址，从而访问外网。

另外，公司内网的服务器 192.168.1.100 需要向外提供 Web 服务，但是该服务器 IP 地址为私有地址，无法被外网主机访问，所以考虑使用静态端口映射解决。

配置要求：使 PC1、PC2 通过 PAT 能够访问 Server2 的 FTP 服务，将 Server1 的私有地址映射为 210.38.220.10，使 Server2 能够访问 Server1 的 Web 服务。

实验步骤：

（1）配置 R1。

```
R1(config)# int Fa0/0                                    //进入接口模式
R1(config-if)# ip  address  192.168.1.1 255.255.255.0
R1(config-if)# ip nat inside                             //配置 Fa0/0 为内部接口
R1(config-if)# no shutdown
R1(config-if)# int S2/0                                  //进入接口模式
R1(config-if)# ip  address  210.38.220.1  255.255.255.0
R1(config-if)# ip nat outside                           //配置 S2/0 为外部接口
R1(config-if)# no shutdown
R1(config-if)# ip route 0.0.0.0 0.0.0.0  S2/0           //配置默认路由
R0(config)# access-list 1 permit 192.168.1.0  0.0.0.255  //配置匹配内网地址的 ACL
//配置地址池，起始地址和结束地址相同  [或者使用接口方式配置]
R1(config)# ip nat pool TEST_POOL 210.38.220.10 210.38.220.10 netmask 255.255.255.0
//overload 表示实现地址的重载
R1(config)# ip nat inside source list 1 pool TEST_POOL overload
//配置内网 FTP 服务器的静态端口映射，  192.168.1.100 :80 <----> 210.38.220.10: 80
R1(config)# ip nat inside source static tcp 192.168.1.100  80  210.38.220.10  80
```

（2）配置 R2。

```
R2(config-if)# int s2/0
R2(config-if)# ip add 210.38.220.2 255.255.255.0
R2(config-if)# clock rate 64000
R2(config-if)# no shutdown
R2(config)# int Fa0/0
R2(config-if)# ip add 202.20.20.1 255.255.255.0
R2(config-if)# no shutdown
```

（3）配置服务器。

① 外网 FTP 服务器配置，如图 9-8 所示。

选择 FTP 服务，使用绑定 IP 地址并确定 FTP 的主目录。

② 内网 Web 服务器配置，如图 9-9 所示。

选择 Web 服务，使用绑定 IP 并确定 Web 的主目录。

（4）结果测试。

① 在 PC1 和 PC2 上使用访问外网的 FTP 服务器。

登录成功界面如图 9-10 所示。

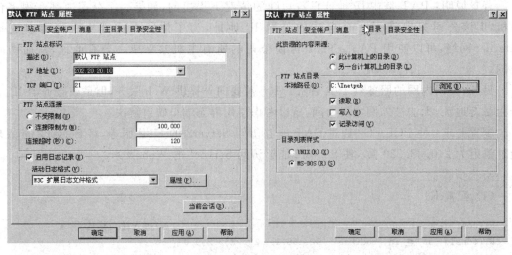

图 9-8　FTP 服务器配置

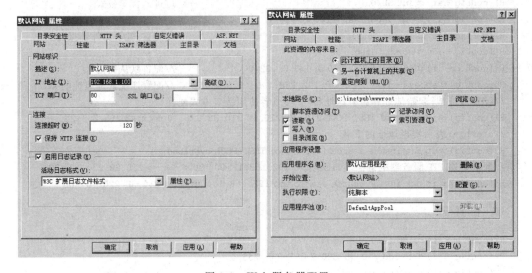

图 9-9　Web 服务器配置

```
C:\WINDOWS\system32\cmd.exe - ftp 202.20.20.10

C:\>ftp 202.20.20.10
Connected to 202.20.20.10.
220 Microsoft FTP Service
User (202.20.20.10:(none)): ftp
331 Anonymous access allowed, send identity (e-mail name) as password.
Password:
230 Anonymous user logged in.
ftp>
```

图 9-10　登录外网 FTP 服务器成功的界面

② 外网访问内网的 Web 服务,访问成功的界面如图 9-11 所示。

③ 在路由器 R1 上查看 FTP 访问产生的映射表。

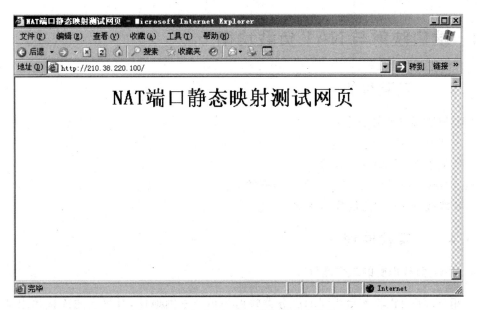

图 9-11　访问内网 Web 服务器成功的界面

```
R1#sh ip nat translations
Pro   Inside global        Inside local       Outside local        Outside global
tcp 210.38.220.10:80      192.168.1.100:80    ---                  ---
tcp 210.38.220.10:80      192.168.1.100:80    202.20.20.10:1025    202.20.20.10:1025
tcp 210.38.220.10:1026    192.168.1.10:1026   202.20.20.1:21       202.20.20.1:21
tcp 210.38.220.10:1027    192.168.1.10:1027   202.20.20.1:21       202.20.20.1:21
tcp 210.38.220.10:1028    192.168.1.10:1028   202.20.20.10:21      202.20.20.10:21
tcp 210.38.220.10:1025    192.168.1.20:1025   202.20.20.10:21      202.20.20.10:21
```

从映射表可以看到，内网地址 192.168.1.10 和 192.168.1.20 都映射为一个相同的全局地址 210.38.220.10，区别是后面的端口号不同，说明 PAT 通过端口来区分不同的数据流。

④ 查看 NAT 的转换数据统计结果。

```
R1#sh ip nat statistics
Total translations: 4 (0 static, 4 dynamic, 4 extended)        //转换的数目
Outside Interfaces: Serial2/0
Inside Interfaces: FastEthernet0/0
Hits: 25  Misses: 4
Expired translations: 0
Dynamic mappings:
-- Inside Source
access-list 1 pool TEST_POOL refCount 4
 pool TEST_POOL: netmask 255.255.255.0                          //地址池信息
      start 210.38.220.10 end 210.38.220.10
      type generic, total addresses 1 , allocated 1 (100% ), misses 0
```

9.4　端口映射与 NAT 负载均衡

9.4.1　实验目的

（1）理解端口映射的作用。

（2）理解负载均衡的用途。

（3）掌握 NAT 端口映射的配置。

（4）掌握基于 TCP 的 NAT 负载均衡的配置。

（5）掌握 NAT 均衡负载的测试。

9.4.2　实验原理

1. NAT 负载均衡的工作原理

利用 NAT 可以将多台相同的服务器映射为单个外网地址，对每次的连接请求动态转换为一个内部服务器的地址，将外网的访问流量分发到每台服务器，实现负载均衡，工作原理图 9-12 所示。

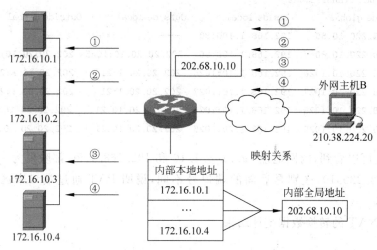

图 9-12　NAT 均衡负载的工作原理

当外网主机访问服务器的内部全局地址 202.68.10.10 时，路由器会采用轮询（Round Robin）方式在 4 台服务器之间分发会话，即 1～4 个报文的目的地址会被替换为服务器 1～4 的内网地址。地址替换对于外网主机是透明的，外网主机只知道在与 202.68.10.10 通信，但无法知道内网的网络拓扑结构。基于 NAT 的负载均衡可以减轻单台服务器提供服务器的压力，但是由于 NAT 路由器无法感知服务器的故障，如果其中某一台服务器出现故障，路由器仍然会将数据转发到该服务器，从而造成去往服务器集群的流量出现路由黑洞。

2. NAT 负载均衡的配置步骤

配置步骤：

（1）配置路由的接口 IP，并定义内部接口和外部接口。

（2）定义访问控制列表，匹配进行转换的外网合法 IP。

```
R1(config)#access-list 1 permit host 210.38.220.10
//如果外网访问210.38.220.10地址,则进行转换,否则不进行
```

（3）定义 NAT 地址池来表示内部服务器群的地址，使用关键词 rotary，表示使用轮询方式从地址池中取出相应的服务器 IP 来进行转换。

例如：

```
R1(config)# ip nat pool WEB_SERVER 192.168.1.2 192.168.1.4 prefix-length 24 type rotary
//定义地址池名称为 WEB_SERVER,地址池的 IP 地址范围为 192.168.1.2～192.168.1.4,地址网络前
//缀为 24,转换的方法文轮询
```

（4）把目标地址为访问控制列表中 IP 的报文转换成地址中定义的服务器 IP 地址。

```
R1(config)# ip nat inside destination list 1 pool WEB_SERVER
//将目标地址符合 list 1 中的报文转换为 WEB_SERVER 地址池中的地址
```

3. 负载均衡配置实例

NAT 负载均衡实验网络拓扑图如图 9-13 所示。

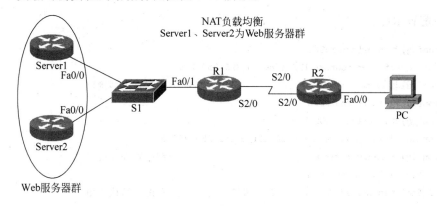

图 9-13　NAT 负载均衡网络拓扑图

IP 地址表如表 9-8 所示。

表 9-8　PAT 网络 IP 地址表

设　　备	接　　口	IP 地　址	子 网 掩 码
R1	S2/0	210.38.220.1	/24
	Fa0/1	192.168.1.1	/24
R2	S2/0(DCE)	210.38.220.2	/24
	F0/0	202.20.20.1	/24
PC	NIC	202.20.20.10	/24
Server1	Fa0/0	192.168.1.10	/24
Server2	Fa0/0	192.168.1.11	/24

背景说明：内网有两台对外提供 Web 服务的服务器，配置较低，为了处理来自 Internet 的大量 Web 请求，需要将来自外网的 Web 访问流量通过轮询的方式分别发送到每台服务器，因此，可以在路由器 R1 上进行 NAT 负载均衡的配置。

配置要求：使用路由器 Server1、Server2 来模拟两台 Web 服务器，它们对外映射相同的公有地址为 210.38.220.10。

实验步骤：

（1）配置 Server1、Server2。

```
//路由器充当 Web 服务器的配置
Server1(config)# interface FastEthernet0/0
Server1(config-if)# ip address 192.168.1.10 255.255.255.0
Server1(config-if)# no shutdown
Server1(config)# ip default-gateway 192.168.1.1    //配置默认网关
Server1(config)# ip http server                     //启动 Web 服务
Server2(config)# interface FastEthernet0/0
Server2(config-if)# ip address 192.168.1.11 255.255.255.0
Server2(config-if)# no shutdown
Server2(config)# ip default-gateway 192.168.1.1    //配置默认网关
Server2(config)# ip http server                     //启动 Web 服务
```

（2）配置 R1。

```
R1(config)# interface Fa0/1
R1(config-if)# ip address 192.168.1.1 255.255.255.0
R1(config)# ip nat inside                            //配置内部接口
R1(config-if)# no shutdown
R1(config)# interface  S2/0
R1(config-if)# ip address 210.38.220.1 255.255.255.0
R1(config)# ip nat outside                           //配置外部接口
R1(config-if)# no shutdown
R1(config)# ip route 0.0.0.0 0.0.0.0 s0/0            //配置默认路由

R1(config)# access-list 1 permit 210.38.220.10      //ACL 匹配需要进行流量分发的外部地址
//配置 Web 服务器的地址池
R1(config)# ip nat pool WEB_SERVERS 192.168.1.10 192.168.1.11 prefix-length 24 type rotary
//将目标地址为 210.38.220.10 的报文分发给 WEB_SERVERS 地址池中的各个服务器
R1(config)# ip nat inside destination list 1 pool WEB_SERVERS
```

（3）配置 R2。

```
R2(config)# interface Fa0/0
R2(config-if)# ip address 202.20.20.1 255.255.255.0
R2(config-if)# no shutdown
R2(config)# interface S2/0
R2(config)# clock rate 64000
R2(config-if)# ip address 210.38.220.2 255.255.255.0
R2(config-if)# no shutdown
```

（4）结果测试。

① 外网访问内网服务器第 1 次和第 2 次的访问结果如图 9-14 和图 9-15 所示。

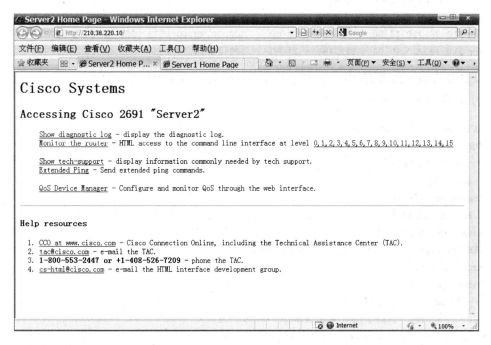

图 9-14　第 1 次访问的结果

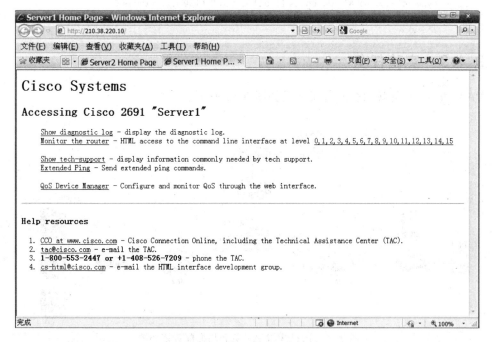

图 9-15　第 2 次访问的结果

从以上两图可以看出，两次访问相同的 IP 地址，得到的页面是不同的，说明 NAT 的确将请求分发给了不同的路由器。

② 查看 NAT 转换表。

```
R1♯show ip nat translations
Pro Inside global        Inside local        Outside local        Outside global
tcp 210.38.220.10:80     192.168.1.10:80     202.20.20.10:1733     202.20.20.10:1733
tcp 210.38.220.10:80     192.168.1.11:80     202.20.20.10:1734     202.20.20.10:1734
```

从转换表也可以看到,同一个内部全局地址映射了不同的内部本地地址。

③ 查看 NAT 转换统计数据。

```
R1♯show ip nat statistics
Total active translations: 2 (0 static, 2 dynamic; 2 extended)
Outside interfaces:
  Serial0/0
Inside interfaces:
  FastEthernet0/0
Hits: 109  Misses: 11
CEF Translated packets: 120, CEF Punted packets: 0
Expired translations: 8
Dynamic mappings:
-- Inside Destination
[Id: 1] access-list 1 pool WEB_SERVERS refcount 2
 pool WEB_SERVERS: netmask 255.255.255.0
        start 192.168.1.10 end 192.168.1.11
        type rotary, total addresses 2, allocated 2 (100%), misses 0
Queued Packets: 0
```

9.4.3 实验任务

PAT 和 NAT 负载均衡配置拓扑图如图 9-16 所示。

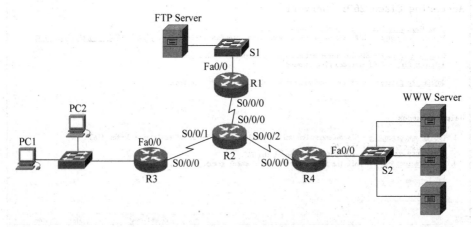

图 9-16　PAT 和 NAT 负载均衡配置拓扑图

IP 地址表如表 9-9 所示。

表 9-9 IP 地址表

设　　备	接　　口	IP 地址	子 网 掩 码
R1	Fa0/0	172.16.1.1	255.255.255.0
	S0/0/0	210.38.235.1	255.255.255.252
R2	S0/0/0	210.38.235.2	255.255.255.252
	S0/0/1	210.38.235.5	255.255.255.252
	S0/0/1	210.38.235.9	255.255.255.252
R3	S0/0/0	210.38.235.6	255.255.255.252
	Fa0/0	172.16.2.1	255.255.255.0
R4	S0/0/0	210.38.235.10	255.255.255.252
	Fa0/0	172.16.3.1	255.255.255.0
PC1	NIC	172.16.2.2	255.255.255.0
PC2	NIC	172.16.2.3	255.255.255.0
FTP Server	NIC	172.16.1.254	255.255.255.0
WWW Server1	NIC	172.16.3.254	255.255.255.0
WWW Server2	NIC	172.16.3.253	255.255.255.0
WWW Server3	NIC	172.16.3.252	255.255.255.0

实验要求：

（1）在路由器 R1～R4 上配置动态路由协议，其中所有的以太网接口宣告为被动接口。

（2）在路由器 R3 上配置 PAT，使用 210.38.235.100 这个地址提供 PAT 服务，允许 172.16.2.0/24 网段的主机访问外网。

（3）把 FTP 服务在服务器 FTP Server 上配置好，在路由器 R1 上配置端口映射，将 FTP Server 的私有地址映射为 210.38.235.101，使 Server2 能够访问 Server1 的 FTP 服务，将其他服务的映射关闭。

（4）把 3 台 WWW 服务器配置好，在路由器 R4 上配置 NAT 负载均衡，将来自外网的 Web 访问流量通过轮询的方式分别发送到每台 WWW 服务器；3 台 WWW 服务器对应的外部地址为 210.38.234.102。

9.5　小结与思考

　　NAT 技术作为目前广泛应用于边缘网络的接入技术，节省了大量的 IP 地址，同时也增加了网络的复杂性。本章通过学习静态 NAT、动态 NAT、端口映射 NPAT 和 NAT 负载均衡的工作原理和配置技术，了解 NAT 在企业网络的部署和应用。

【思考】

（1）简述静态 NAT、动态 NAT 和端口映射 NPAT 的区别。

（2）动态 NAT 的地址池如何配置？

（3）静态 NAT 的映射关系有没有生存时间？动态 NAT 呢？

（4）使用 NAT 技术之后，屏蔽了外网对内网的访问，这时如果外网要访问内网的主机，应该怎么做到？

（5）如何让两台位于 NAT 后面的主机相互通信，思考目前的流行 IM 软件是怎么实现的？

（6）NAT 映射关系的生存时间对报文的转发有什么影响？

第10章

访问控制列表

访问控制列表(Access Control List,ACL)是根据报文字段对报文进行过滤的一种安全技术。访问控制列表通过过滤报文达到流量控制、攻击防范及用户接入控制等功能,在现实中应用广泛。ACL 根据功能的不同分为标准 ACL 和扩展 ACL。标准 ACL 只能过滤报文的源 IP;扩展 ACL 可以过滤源 IP、目的 IP、协议类型、端口号等。ACL 的配置主要分为两个步骤:第一,根据需求编写 ACL;第二,将 ACL 应用到路由器接口的某个方向。本章主要介绍各种常用 ACL 的编写与应用。

10.1 标准 ACL

10.1.1 实验目的

(1) 了解访问控制列表的工作过程。
(2) 掌握标准访问控制列表的配置和应用。
(3) 熟悉标准 ACL 的调试。

10.1.2 实验原理

1. 什么是访问控制列表

访问控制列表是一种路由器配置脚本,它根据从数据包报头中发现的条件来控制路由器应该允许还是拒绝数据包通过。通常访问控制列表可以在路由器、三层交换机上进行网络安全属性配置,实现对进入路由器、三层交换机的输入输出数据流进行过滤,但它对路由器自身产生的数据包不起作用。

当每个数据包经过关联有 ACL 的接口时,都会与 ACL 中的语句从上到下一行一行地进行比对,以便发现符合该传入数据包的模式。ACL 使用允许或拒绝规则来决定数据包的命运,通过此方式来执行一条或多条公司安全策略,还可以配置 ACL 来控制对网络或子网的访问。另外,也可以在 VTY 线路接口上使用访问控制列表,来保证 Telnet 的连接安全性。

默认情况下,路由器上没有配置任何 ACL,不会过滤流量。进入路由器的流量根据路由表进行路由。如果路由器上没有使用 ACL,则所有可以被路由器路由的数据包都会经过路由器到达下一跳。ACL 主要执行以下任务：

（1）限制网络流量以提高网络性能。例如，如果公司政策不允许在网络中传输视频流量，那么就应该配置和应用 ACL 以阻止视频流量，这可以显著降低网络负载并提高网络性能。

（2）提供流量控制。ACL 可以限制路由更新的传输。如果网络状况不需要更新，便可从中节约带宽。

（3）提供基本的网络访问安全性。ACL 可以允许一台主机访问部分网络，同时阻止其他主机访问同一区域。例如，"人力资源"网络仅限选定的用户进行访问。

（4）决定在路由器接口上转发或阻止哪些类型的流量。例如，ACL 可以允许电子邮件流量，但阻止所有 Telnet 流量。

（5）控制客户端访问网络中的部分区域。

（6）屏蔽主机以允许或拒绝对网络服务的访问。ACL 可以允许或拒绝用户访问特定网络协议类型，例如 FTP 或 HTTP。

2．ACL 工作原理

ACL 要么用于入站流量，要么用于出站流量。入站 ACL 传入数据包并经过处理之后才会被路由到出站接口。入站 ACL 非常高效，如果数据包被丢弃，则节省了执行路由查找的开销。当测试表明应允许该数据包后，路由器才会处理路由工作。图 10-1 所示就是入站 ACL 的工作原理图。

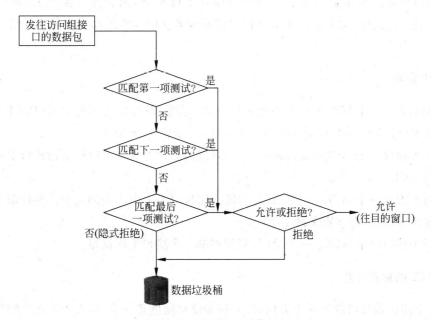

图 10-1　入站 ACL 工作原理

图 10-1 显示了入站 ACL 的逻辑。如果数据包报头与某条 ACL 语句匹配，则会跳过列表中的其他语句，由匹配的语句决定是允许还是拒绝该数据包。如果数据包报头与 ACL 语句不匹配，那么将使用列表中的下一条语句测试数据包。此匹配过程会一直继续，直到抵

达列表末尾。最后一条隐含的语句适用于不满足之前任何条件的所有数据包。这条最后的
测试条件与这些数据包匹配,并会发出"拒绝"指令。此时路由器不会让这些数据进入或送
出接口,而是直接丢弃。最后这条语句通常称为"隐式 deny any 语句"或"拒绝所有流量"语
句。由于该语句的存在,所以 ACL 中应该至少包含一条 permit 语句,否则 ACL 将阻止所
有流量。出站 ACL 传入数据包路由到出站接口后,由出站 ACL 进行处理。出站 ACL 工
作原理如图 10-2 所示。

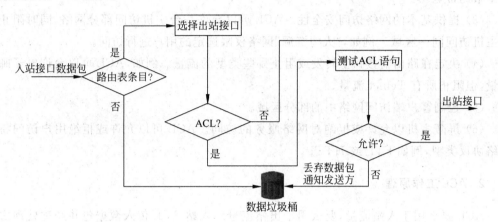

图 10-2　出站 ACL 工作原理

图 10-2 显示了出站 ACL 的逻辑。在数据包转发到出站接口之前,路由器检查路由表
以查看是否可以路由该数据包。如果该数据包不可路由,则丢弃。接下来,路由器检查
出站接口是否配置了 ACL。如果出站接口没有配置 ACL,那么数据包可以发送到输出缓
冲区。

3. 3P 原则

在路由器上应用 ACL 的一般规则简称为 3P 原则,即可以为每种协议(Per Protocol)、
每个方向(Per Direction)、每个接口(Per Interface)配置一个 ACL。

- 每种协议一个 ACL:要控制接口上的流量,必须为接口上启用的每种协议定义相应
  的 ACL。
- 每个方向一个 ACL:一个 ACL 只能控制接口上一个方向的流量。要控制入站流量
  和出站流量,必须定义两个 ACL。
- 每个接口一个 ACL:一个 ACL 只能控制一个接口上的流量。

4. ACL 的放置位置

每一个路由器接口的每一个方向,每一种协议只能创建一个 ACL。在适当的位置放置
ACL 可以过滤掉不必要的流量,使网络更加高效。ACL 可以充当防火墙来过滤数据包,并
去除不必要的流量。ACL 的放置位置决定了是否能有效减少不必要的流量。例如,会被远
程目的地拒绝的流量不应该消耗通往该目的地的路径上的网络资源。每个 ACL 都应该放
置在最能发挥作用的位置。基本的规则如下:

- 将扩展 ACL 尽可能靠近要拒绝流量的源,这样才能在不需要的流量流经网络之前将其过滤掉。
- 因为标准 ACL 不会指定目的地址,所以其位置应该尽可能靠近目的地。

5. 标准 ACL 的配置命令

标准 ACL 是通过使用 IP 包中的源 IP 进行过滤的,使用访问控制列表号 1～99 来创建相应的 ACL。标准 ACL 占用的路由器资源很少,是一种最基本、最简单的访问控制列表。其应用比较广泛,经常在要求控制级别较低的情况下使用。

要配置标准 ACL,首先在全局配置模式中执行以下命令:

Router(config)♯ **access - list** access - list - number {**remark** | **permit** | **deny**} protocol **source** source - wildcard [**log**]

参数说明如表 10-1 所示。

表 10-1 在全局配置模式中执行的命令参数及其含义

参　　数	参 数 含 义
access-list-number	标准 ACL 号码,范围从 0～99 或 1300～1999
remark	添加备注,增强 ACL 的易读性
permit	条件匹配时允许访问
deny	条件匹配时拒绝访问
protocol	指定协议类型,例如 IP、TCP、UDP、ICMP 等
source	发送数据包的网络地址或者主机地址
source-wildcard	通配符掩码,应与源地址对应
log	对符合条件的数据包生成日志消息,该消息将发送到控制台

其次,配置标准 ACL 之后,可以在接口模式下使用 ip access-group 命令将其关联到具体接口:

Router(config - if)♯ **ip access - group** access - list - number　{**in** | **out**}

参数说明如表 10-2 所示。

表 10-2 关联到具体接口命令的参数及其含义

参　　数	参 数 含 义
ip access-group	标准 ACL 号码,范围从 0～99 或 1300～1999
access-list-number	标准 ACL 号码,范围从 0～99 或 1300～1999
in	限制特定设备与访问列表中地址之间的传入连接
out	限制特定设备与访问列表中地址之间的传出连接

6. 标准 ACL 的配置实例

标准 ACL 的配置拓扑图如图 10-3 所示。

IP 地址表如表 10-3 所示。

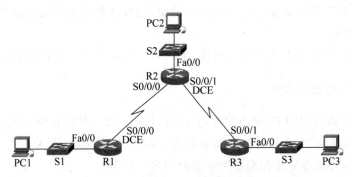

图 10-3 标准 ACL 配置拓扑图

表 10-3 IP 地址表

设 备	接 口	IP 地 址	子 网 掩 码
R1	Fa0/0	192.168.1.1	255.255.255.0
	S0/0/0	172.16.1.2	255.255.255.252
R2	S0/0/0	172.16.1.1	255.255.255.252
	S0/0/1	172.16.1.5	255.255.255.252
	Fa0/0	192.168.10.1	255.255.255.0
R3	S0/0/1	172.16.1.6	255.255.255.252
	Fa0/0	192.168.20.1	255.255.255.0
PC1	NIC	192.168.1.10	255.255.255.0
PC2	NIC	192.168.10.10	255.255.255.0
PC3	NIC	192.168.20.10	255.255.255.0

本实验案例要求只允许 PC1 通过 Telnet 方式登录路由器 R1、R2 和 R3；只允许 PC1 所在网段访问 PC3 所在网段；整个网络可以配置 RIP 或者 OSPF 路由协议，以保证整个网络的畅通。

配置步骤如下：

（1）配置路由器 R1。

```
R1(config-if)# inter Fa0/0
R1(config-if)# ip add 192.168.1.1 255.255.255.0
R1(config-if)# no shut
R1(config-if)# inter S0/0/0
R1(config-if)# ip add 172.16.1.2 255.255.255.252
R1(config-if)# clock rate 64000
R1(config-if)# no shut
R1(config-if)# exit
R1(config)# enable secret cisco          //配置 enable 密码
R1(config)# router ospf 1
R1(config-router)# network 172.16.1.0 0.0.0.3 area 0
R1(config-router)# network 192.168.1.0 0.0.0.255 area 0   //以上 3 条为配置 OSPF 路由协
                                                          //议,保证网络正常连通
R1(config)# access-list 2 permit 192.168.1.10   //定义 ACL2,允许源 IP 地址为 192.168.1.10
                                                //的数据包通过
```

R1(config-if)♯line vty 0 4
R1(config-line)♯access-class 2 in　//在接口下应用定义的 ACL2,允许 IP 地址为 192.168.1.10
　　　　　　　　　　　　　　　　　　//的主机通过 Telnet 连接到路由器 R1
R1(config-line)♯password cisco　　　//配置 Telnet 远程登录密码为 cisco
R1(config-line)♯login

（2）配置路由器 R2。

R2(config)♯inter S0/0/0
R2(config-if)♯ip add 172.16.1.1 255.255.255.252
R2(config-if)♯clock rate 64000
R2(config-if)♯no shut
R2(config-if)♯exit
R2(config)♯inter S0/0/1
R2(config-if)♯ip add 172.16.1.5 255.255.255.252
R2(config-if)♯clock rate 64000
R2(config-if)♯no shut
R2(config-if)♯exit
R2(config)♯inter Fa0/0
R2(config-if)♯ip add 192.168.10.1 255.255.255.0
R2(config-if)♯no shut
R2(config-if)♯exit
R2(config)♯enable secret cisco　//配置 enable 密码
R2(config)♯ router ospf 1
R2(config-router)♯network 172.16.1.0 0.0.0.3 area 0
R2(config-router)♯network 172.16.1.4 0.0.0.3 area 0
R2(config-router)♯network 192.168.20.0 0.0.0.255 area 0　//以上 4 条为配置 OSPF 路由协
　　　　　　　　　　　　　　　　　　　　　　　　　　　　//议,保证网络正常连通
R2(config)♯access-list 2 permit 192.168.1.10　//定义 ACL2,允许源 IP 地址为 192.168.1.10
　　　　　　　　　　　　　　　　　　　　　　　　//的数据包通过
R2(config-if)♯line vty 0 4
R2(config-line)♯access-class 2 in　//在接口下应用定义的 ACL2,允许 IP 地址为 192.168.1.10
　　　　　　　　　　　　　　　　　　//的主机通过 Telnet 连接到路由器 R2
R2(config-line)♯password cisco　　　//配置 Telnet 远程登录密码为 cisco
R2(config-line)♯login

（3）配置路由器 R3。

R3(config)♯inter S0/0/1
R3(config-if)♯ip add 172.16.1.6 255.255.255.252
R3(config-if)♯clock rate 64000
R3(config-if)♯no shut
R3(config-if)♯exit
R3(config)♯inter Fa0/0
R3(config-if)♯ip add 192.168.20.1 255.255.255.0
R3(config-if)♯no shut
R3(config-if)♯exit
R3(config)♯enable secret cisco　　　//配置 enable 密码
R3(config)♯ router ospf 1
R3(config-router)♯network 172.16.1.4 0.0.0.3 area 0
R3(config-router)♯network 192.168.20.0 0.0.0.255 area 0　//以上 3 条为配置 OSPF 路由协
　　　　　　　　　　　　　　　　　　　　　　　　　　　　//议,保证网络正常连通

```
R3(config)#access-list 1 permit 192.168.1.0    0.0.0.255    //定义 ACL1,允许源 IP 地址为
                                                             //192.168.1.0/24 的数据包通过
R3(config)#access-list 1 deny any
R3(config)#interface Fa0/0
R3(config-if)#ip access-group 1 out    //在接口下应用 ACL1,允许 IP 地址为 192.168.1.0/24
                                       //的 IP 包从 Fa0/0 接口离开路由器 R3
R3(config)#access-list 2 permit 192.168.1.10    //定义 ACL2,允许源 IP 地址为 192.168.1.10
                                                //的数据包通过
R3(config-if)#line vty 0 4
R3(config-line)#access-class 2 in    //在接口下应用定义的 ACL2,允许 IP 地址为 192.168.1.10
                                     //的主机通过 Telnet 连接到路由器 R3
R3(config-line)#password cisco        //配置 Telnet 远程登录密码为 cisco
R3(config-line)#login
```

说明:

① ACL 定义好后可以在很多地方应用,接口上的应用只是其中之一,其他应用包括在 vty 下用 access-class 命令调用,用来控制 Telnet 的访问。access-class 命令只对标准 ACL 有效。

② 访问控制列表表项的检查按自上而下的顺序进行,并且从第一个表项开始,所以必须考虑在访问控制列表中定义语句的次序。访问控制列表最后一条是隐含的拒绝所有 deny any。

③ 路由器不对自身产生的 IP 数据包进行过滤。

④ 应尽量使标准的访问控制列表靠近目的,由于标准访问控制列表只使用源地址,如果将其靠近源,会阻止数据包流向其他端口。

⑤ 对于编号标准 ACL,新添加的 ACL 条目只能加到最后,不能插到原来 ACL 条目中间,所以如果要在原来的编号标准 ACL 中插入某条条目,只能删掉原来的 ACL 内容,重新编写。

(4) 实验调试。

```
R3#show ip access-lists    //用来查看所定义的 IP 访问控制列表
Standard IP access list 1
10 permit    192.160.1.0,wildcard bits 0.0.0.3(11 matches)
20 deny any (405 matches)
Standard IP access list 2
10 permit 192.168.1.10(2 matches)
//以上输出表明,路由器 R2 上定义的标准访问控制列表为"1"和"2",括号中的数字表示匹配条件的
//数据包的个数,可以用"clear access-list counters"命令将访问控制列表计数器清零
R3#show ip interface Fa0/0
FastEthernet0/0 is up, line protocol is up (connected)
   Internet address is 192.168.20.1/24
   Broadcast address is 255.255.255.255
   Address determined by setup command
   MTU is 1500
   Helper address is not set
   Directed broadcast forwarding is disabled
   Outgoing access list is 1
```

```
    Inbound    access list is not set   ...
*** 省略后面输出 ***
//以上输出表明在接口 Fa0/0 的出方向应用了访问控制列表 1
```

10.1.3 实验任务

标准 ACL 的配置拓扑图如图 10-4 所示。

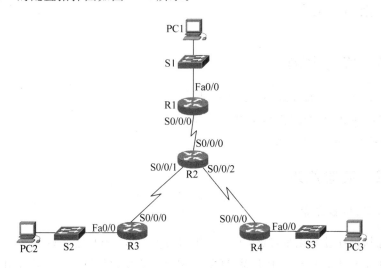

图 10-4 标准 ACL 的配置拓扑图

IP 地址表如表 10-4 所示。

表 10-4 IP 地址表

设　　备	接　　口	IP 地址	子 网 掩 码
R1	Fa0/0	172.16.1.1	255.255.255.0
	S0/0/0	172.16.2.1	255.255.255.252
R2	S0/0/0	172.16.2.2	255.255.255.252
	S0/0/1	172.16.2.5	255.255.255.252
	S0/0/2	192.168.1.1	255.255.255.252
R3	S0/0/0	172.16.2.6	255.255.255.252
	Fa0/0	172.16.3.1	255.255.255.0
R4	S0/0/0	192.16.1.2	255.255.255.252
	Fa0/0	192.168.2.1	255.255.255.0
PC1	NIC	172.16.1.2	255.255.255.0
PC2	NIC	172.16.3.2	255.255.255.0
PC3	NIC	192.168.2.2	255.255.255.0

实验要求:

(1) 在路由器 R1～R4 上配置 OSPF、EIGRP 或者 RIP 动态路由协议,保证整个网络联通。

(2) 在路由器 R1、R2、R3、R4 上配置标准 ACL1,要求只允许 IP 地址为 192.168.2.2 的主机可以 Telnet 访问这 4 台路由器。

(3) 配置标准 ACL10,要求只允许 IP 地址为 172.16.1.0/24 的机器访问 IP 地址为 192.168.2.2/32 的地址;配置标准 ACL20,要求只允许 IP 地址为 172.16.3.0/24 的机器访问 IP 地址为 192.168.2.0/24 (192.168.2.2/32 除外)的地址。

10.2 扩展 ACL

10.2.1 实验目的

(1) 理解扩展 ACL 和标准 ACL 的区别。
(2) 掌握扩展 ACL 的配置和应用。
(3) 熟悉扩展 ACL 的调试。

10.2.2 实验原理

1. 扩展 ACL 配置命令

为了更加精确地控制流量过滤,可以使用编号在 100~199 之间以及 2000~2699 之间的扩展 ACL(最多可使用 800 个扩展 ACL)。扩展 ACL 比标准 ACL 更常用,其控制范围更广,可以提升安全性。与标准 ACL 类似,扩展 ACL 可以检查数据包源地址,除此之外,它们还可以检查目的地址、协议和端口号(或服务)。这样便可基于更多的因素来构建 ACL。例如,扩展 ACL 可以允许从某网络到指定目的地的电子邮件流量,同时拒绝文件传输和网页浏览流量。

由于扩展 ACL 具备根据协议和端口号进行过滤的功能,因此可以构建针对性极强的 ACL,可以通过配置端口号或公认端口名称来指定应用程序。

本实验案例要求配置 OSPF 动态路由协议,使得网络联通,同时定义扩展 ACL 以实现如下访问控制:

- 该网段只允许 IP 地址为 172.16.1.0/28 范围的主机访问服务器(192.168.1.254)的 Web 服务;
- 该网段只允许 IP 地址为 172.16.1.0/28 范围的主机访问服务器(192.168.1.254)的 FTP 服务;
- 拒绝 PC2 所在网段访问服务器 Server 的 Telnet 服务;
- 拒绝 PC2 所在网段 ping server(192.168.1.254)。

要配置扩展 ACL,在全局配置模式中执行以下命令:

```
Router(config)#access-list access-list-number {remark | permit | deny} protocol source
[source-wildcard] [operator port]  destination  [destination-wildcard] [operator port]
[established] [log]
```

参数说明如表 10-5 所示。

表 10-5　配置扩展 ACL 的命令参数及其含义

参　　数	参 数 含 义
access-list-number	扩展 ACL 号码,范围从 100～199 或 2000～2699
remark	添加备注,增强 ACL 的易读性
permit	条件匹配时允许访问
deny	条件匹配时拒绝访问
protocol	指定协议类型,例如 IP、TCP、UDP、ICMP 等
source 和 destination	分别识别源地址和目的地址
source-wildcard	通配符掩码,和源地址对应
destination-wildcard	通配符掩码,和目的地址对应
operator	lt、gt、eg、neg（小于、大于、等于、不等于）
port	端口号
established	只用于 TCP 协议,只是已建立的连接
log	对符合条件的数据包生成日志消息,该消息将发送到控制台

2. 扩展 ACL 的配置实例

扩展 ACL 的配置拓扑图如图 10-5 所示。

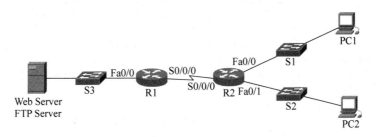

图 10-5　扩展 ACL 的配置拓扑图

IP 地址表如表 10-6 所示。

表 10-6　IP 地址表

设　　备	接　　口	IP 地址	子 网 掩 码
R1	S0/0/0	192.168.2.1	255.255.255.252
	Fa0/0	172.16.1.1	255.255.255.0
R2	Fa0/1	172.16.2.1	255.255.255.0
	S0/0/0	192.168.2.2	255.255.255.252
	Fa0/0	192.168.1.1	255.255.255.0
Server	NIC	192.168.1.254	255.255.255.0
PC1	NIC	172.16.1.10	255.255.255.0
PC2	NIC	172.16.2.20	255.255.255.0

配置步骤如下:

(1) 配置路由器 R1。

```
R1(config)# inter Fa0/0
```

```
R1(config-if)♯ip add 172.16.1.1 255.255.255.0
R1(config-if)♯no shut
R1(config)♯inter Fa0/1
R1(config-if)♯ip add 172.16.2.1 255.255.255.0
R1(config-if)♯no shut
R1(config-if)♯exit
R1(config)♯router ospf 1
R1(config-router)♯net 192.168.2.0 0.0.0.3 area 0
R1(config-router)♯net 172.16.1.0 0.0.0.255 area 0
R1(config-router)♯net 172.16.2.0 0.0.0.255 area 0
R1(config-router)♯exit
R1(config)♯access-list 101 remark This is an example for extended ACL   //为 ACL101 添加标注
R1(config)♯access-list 101 permit tcp 172.16.1.0 0.0.0.15 host 192.168.1.254 eq 80 log
//允许 IP 为 172.16.1.10 的主机访问 Server(192.168.1.254)的 Web 服务
R1(config)♯access-list 101 permit tcp 172.16.1.0 0.0.0.15 host 192.168.1.254 eq 20 log
R1(config)♯access-list 101 permit tcp 172.16.1.0 0.0.0.15 host 192.168.1.254 eq 21 log
//以上两条为 ACL 拒绝 IP 为 172.16.1.20 的主机访问 Server(192.168.1.254)的 FTP 服务
R1(config)♯access-list 101 deny ip any any
//可不添加,因为 ACL 末尾默认隐含"deny any any"
R1(config)♯access-list 102 remark This is an example for extended ACL   //为 ACL102 添加标注
R1(config)♯access-list 102 deny tcp 172.16.2.0  0.0.0.255  host 192.168.1.254 eq 23 log
//拒绝 IP 地址为 172.16.1.0/24 的主机访问 Server(192.168.1.254)的 Telnet 服务
R1(config)♯access-list 102 deny icmp 172.16.2.0  0.0.0.255  host 192.168.1.254 log
//拒绝 IP 地址为 172.16.1.0/24 的主机访问 Server(192.168.1.254)的 icmp 服务
R1(config)♯access-list 102 permit ip any any
//将其余流量放行,否则 ACL 会将所有流量拒绝,因为 ACL 末尾隐含了"deny any any"
R1(config)♯interface Fa0/0
R1(config-if)♯ip access-group 101 in   //应用 ACL101 到接口 Fa0/0 的出方向
R1(config-if)♯exit
R1(config)♯interface Fa0/1
R1(config-if)♯ip access-group 102 in   //应用 ACL102 到接口 Fa0/1 的出方向
R1(config-if)♯exit
R1(config)♯
```

（2）配置路由器 R2。

```
R2(config)♯inter S0/0/0
R2(config-if)♯ip add 192.168.2.2 255.255.255.252
R2(config-if)♯clock rate 64000
R2(config-if)♯no shut
R2(config-if)♯exit
R2(config)♯inter Fa0/0
R2(config-if)♯ip add 192.168.1.1 255.255.255.0
R2(config-if)♯no shut
R2(config-if)♯exit
R2(config)♯router ospf 1
R2(config-router)♯net 192.168.2.0 0.0.0.3 area 0
R2(config-router)♯ net 192.168.1.0 0.0.0.255 area 0
R2(config-router)♯end
```

说明：

① 参数"log"会生成相应的日志信息,用来记录经过 ACL 入口的数据包的情况。

② 访问控制列表表项的检查按自上而下的顺序进行,并且从第一个表项开始,所以必

须考虑在访问控制列表中定义语句的次序。访问控制列表最后一条是隐含的拒绝所有
deny any。

③ 路由器不对自身产生的 IP 数据包进行过滤。

④ 尽量考虑将扩展的访问控制列表放在靠近过滤源的位置上,这样创建的过滤器不会
反过来影响其他接口上的数据流。

⑤ 对于编号扩展 ACL,新添加的 ACL 条目只能添加到最后,不能插到原来 ACL 条目中
间,所以如果要在原来的编号扩展 ACL 中插入某条目,只能删掉原来的 ACL 内容,重新编写。

(3) 实验调试。

① 首先分别在 PC1 上访问服务器的 FTP 和 WWW 服务,然后改变 PC1 的地址为
172.16.1.20,在 PC1 上访问服务器的 FTP 和 WWW 服务,再查看访问控制列表:

```
R1♯show ip access-list
Extended IP access list 101
    10    permit tcp 172.16.1.0 0.0.0.15 host 192.168.1.254 eq www (10 match(es))
    20    permit tcp 172.16.1.0 0.0.0.15 host 192.168.1.254 eq 20
    30    permit tcp 172.16.1.0 0.0.0.15 host 192.168.1.254 eq ftp (14 match(es))
    40    deny ip any any (80 match(es))
Extended IP access list 102
    10    deny tcp 172.16.2.0 0.0.0.255 host 192.168.1.254 eq telnet
    20    deny icmp 172.16.2.0 0.0.0.255 host 192.168.1.254
    30    permit ip any any
```

② 然后在 PC2 所在网段的主机 ping 服务器,路由器 R1 会出现下面的日志信息。

```
*Mar  25  17:35:46.383: %SEC-6-IPACCESSLOGDP:list 102 denied icmp 172.16.2.10
->192.168.1.254(0/0),4 packet
//以上输出说明,访问控制列表 101 在有匹配数据包的时候,系统做了日志
```

10.2.3 实验任务

扩展 ACL 的配置拓扑图如图 10-6 所示。

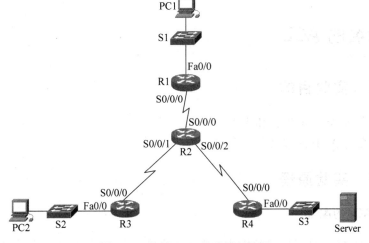

图 10-6 扩展 ACL 的配置拓扑图

IP 地址表如表 10-7 所示。

表 10-7　IP 地址表

设　　备	接　　口	IP 地址	子 网 掩 码
R1	Fa0/0	172.16.1.1	255.255.255.0
	S0/0/0	172.16.2.1	255.255.255.252
R2	S0/0/0	172.16.2.2	255.255.255.252
	S0/0/1	172.16.2.5	255.255.255.252
	S0/0/2	192.168.1.1	255.255.255.252
R3	S0/0/0	172.16.2.6	255.255.255.252
	Fa0/0	172.16.3.1	255.255.255.0
R4	S0/0/0	192.16.1.2	255.255.255.252
	Fa0/0	192.168.2.1	255.255.255.0
PC1	NIC	172.16.1.2	255.255.255.0
PC2	NIC	172.16.3.2	255.255.255.0
Server	NIC	192.168.2.254	255.255.255.0

实验要求：

（1）在路由器 R1～R4 上配置 OSPF、EIGRP 或者 RIP 动态路由协议，保证整个网络联通。

（2）配置扩展 ACL，要求如下。

- 只允许 172.16.1.0/24 网段的地址访问 Server 的 FTP 服务和 HTTP/HTTPS 服务。
- 只允许 172.16.3.0/24 网段的地址访问 Server 的 SMTP 和 POP3 服务。
- 只允许 IP 地址为 172.16.1.2 的主机可以 Telnet 和远程桌面连接 IP 地址为 192.168.2.254 的服务器（服务器的操作系统为 Windows 2003 Server）。
- 只允许 IP 地址为 172.16.3.2 的主机可以 ping IP 地址为 192.168.2.254 的服务器。

（3）要求记录以上扩展 ACL 并保存相应的日志信息。

10.3　命名的 ACL

10.3.1　实验目的

（1）掌握命名 ACL 的配置和应用。
（2）熟悉命名 ACL 的调试。

10.3.2　实验原理

1. 命名 ACL 的配置

所谓命名的 ACL 是以列表名代替列表编号来定义 IP 访问控制列表的，因为对于一般的访问控制列表,只要删除其中一个条目,则所有的条目都会被删除,所以增加了修改的难度,而名称列表可以达到任意添加、修改和删除某一特定的 ACL 中个别控制条目的效果。

router(config)# **ip access - list** {**extended or standard**} name

参数说明如表 10-8 所示。

表 10-8　命令 ACL 的配置命令(1)参数及其含义

参　　数	参 数 含 义
standard	标准命名 ACL 选 standard
Extended	扩展命名 ACL 选 extended
name	ACL 的名称

router(config - ext - nacl)# {**permit or deny** } protocols soure soure - wildcard {operator port} destination destination - wildcard {operator port} {**established**}

参数说明如表 10-9 所示。

表 10-9　命令 ACL 的配置命令(2)参数及其含义

参　　数	参 数 含 义
permit	条件匹配时允许访问
deny	条件匹配时拒绝访问
protocol	指定协议类型,例如 IP、TCP、UDP、ICMP 等
source 和 destination	分别识别源地址和目的地址
source-wildcard	通配符掩码,和源地址对应
destination-wildcard	通配符掩码,和目的地址对应
operator	lt、gt、eg、neg(小于、大于、等于、不等于)
port	端口号
established	只用于 TCP 协议,只是已建立的连接
log	对符合条件的数据包生成日志消息,该消息将发送到控制台

2. 命名 ACL 的配置实例

命名 ACL 配置拓扑图如图 10-7 所示。

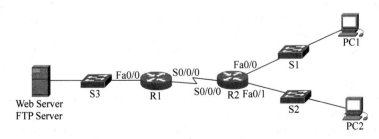

图 10-7　命名 ACL 配置拓扑图

IP 地址表如表 10-10 所示。

表 10-10　IP 地址表

设　　备	接　　口	IP 地址	子 网 掩 码
R1	S0/0/0	192.168.2.1	255.255.255.252
	Fa0/0	172.16.1.1	255.255.255.0
R2	Fa0/1	172.16.2.1	255.255.255.0
	S0/0/0	192.168.2.2	255.255.255.252
	Fa0/0	192.168.1.1	255.255.255.0
Server	NIC	192.168.1.254	255.255.255.0
PC1	NIC	172.16.1.10	255.255.255.0
PC2	NIC	172.16.2.20	255.255.255.0

本实验案例要求配置 OSPF 动态路由协议,以使得网络联通,同时定义扩展 ACL 实现如下访问控制:

- 该网段只允许 IP 地址为 172.16.1.0/28 范围的主机访问 Server(192.168.1.254) 的 Web 服务;
- 该网段只允许 IP 地址为 172.16.1.0/28 范围的主机访问 Server(192.168.1.254) 的 FTP 服务;
- 只允许 PC2 通过 Telnet 连接到路由器 R1 和 R2。

配置步骤如下:

(1) 配置路由器 R1。

```
R1(config)♯inter S0/0/0
R1(config-if)♯ip add 192.168.1.1 255.255.255.252
R1(config-if)♯clock rate 64000
R1(config-if)♯no shut
R1(config-if)♯exit
R1(config)♯inter Fa0/0
R1(config-if)♯ip add 172.16.1.1 255.255.255.0
R1(config-if)♯no shut
R1(config)♯inter Fa0/1
R1(config-if)♯ip add 172.16.2.1 255.255.255.0
R1(config-if)♯no shut
R1(config-if)♯exit
R1(config)♯router ospf 1
R1(config-router)♯net 192.168.2.0 0.0.0.3 area 0
R1(config-router)♯net 172.16.1.0 0.0.0.255 area 0
R1(config-router)♯net 172.16.2.0 0.0.0.255 area 0
R1(config-router)♯exit
R1(config)♯ip access-list extend NO_WWW_FTP
R1(config-ext-nacl)♯remark This is an example for extended_ ACL for NO_WWW_FTP
//为命名 ACL　WWW_FTP 添加标注
R1(config-ext-nacl)♯permit tcp 172.16.1.0 0.0.0.15 host 192.168.1.254 eq 80 log
//允许 IP 地址为 172.16.1.10 的主机访问 Server(192.168.1.254)的 Web 服务
R1(config-ext-nacl)♯permit tcp 172.16.1.0 0.0.0.15 host 192.168.1.254 eq 20 log
R1(config-ext-nacl)♯permit tcp 172.16.1.0 0.0.0.15 host 192.168.1.254 eq 21 log
```

//以上两条 ACL 拒绝 IP 地址为 172.16.1.20 的主机访问 Server(192.168.1.254)的 FTP 服务

R1(config - ext - nacl)# deny ip any any   //可不添加,因为 ACL 末尾默认隐含"deny ip any any"

R1(config - ext - nacl)# exit

R1(config)# ip access - list standard VTY_TELNET

R1(config - ext - nacl)# remark This is an example for standard ACL for VTY_TELNET   //添加标注

R1(config - ext - nacl)# permit host 172.16.2.20

//允许 IP 地址为 172.16.2.20 的主机数据包通过

R1(config - ext - nacl)# deny ip any any   //可不添加,因为 ACL 末尾默认隐含"deny ip any any"

R1(config - ext - nacl)# exit

R1(config)# interface Fa0/0

R1(config - if)# ip access - group WWW_FTP in   //应用 ACL: WWW_FTP 到接口 Fa0/0 的入方向

R1(config - if)# exit

R1(config)# line vty 0 4

R1(config - line)# access - class VTY_TELNET in

//在接口下应用定义 ACL: VTY_TELNET,允许 IP 地址为 192.168.1.10 的主机通过 Telnet

//连接到路由器 R1

R1(config - line)# password cisco   //配置 Telnet 远程登录密码为 cisco

R1(config - line)# login

R1(config - line)# exit

(2) 配置路由器 R2。

R2(config)# inter S0/0/0

R2(config - if)# ip add 192.168.2.2 255.255.255.252

R2(config - if)# clock rate 64000

R2(config - if)# no shut

R2(config - if)# exit

R2(config)# inter Fa0/0

R2(config - if)# ip add 192.168.1.1 255.255.255.0

R2(config - if)# no shut

R2(config - if)# exit

R2(config)# router ospf 1

R2(config - router)# net 192.168.2.0 0.0.0.3 area 0

R2(config - router)# net 192.168.1.0 0.0.0.255 area 0

R2(config - router)# exit

R2(config)# ip access - list standard VTY_TELNET

R2(config - ext - nacl)# remark This is an example for standard ACL for VTY_TELNET   //添加标注

R2(config - ext - nacl)# permit host 172.16.2.20 //允许 IP 地址为 172.16.2.20 的主机数据包通过

R2(config - ext - nacl)# deny ip any any   //可不添加,因为 ACL 末尾默认隐含"deny ip any any"

R2(config - ext - nacl)# exit

R2(config)# line vty 0 4

R1(config - line)# access - class VTY_TELNET in

//在接口下应用定义 ACL: VTY_TELNET,允许 IP 地址为 192.168.1.10 的主机通过 Telnet

//连接到路由器 R2

R2(config - line)# password cisco   //配置 Telnet 远程登录密码为 cisco

R2(config - line)# login

R2(config - line)# exit

(3) 实验调试。

① 在 PC1 上访问服务器 Server 的 FTP 服务,可以看到服务访问正常,WWW 服务亦同。

```
PC > ftp 192.168.1.254
Trying to connect...192.168.1.254
Connected to 192.168.1.254
220 – Welcome to Ftp server
Username:cisco
331 – Username ok, need password
Password: cisco
230 – Logged in
(passive mode On)
ftp >
```

② 将 PC1 的地址改为 172.16.1.20(地址不在 172.16.1.0/28 网段内),此时在 PC1 上访问服务器的 FTP 服务,已不能访问,WWW 服务亦同。

```
PC > ftp 192.168.1.254
Trying to connect...192.168.1.254
% Error opening ftp://192.168.1.254/ (Timed out)
PC >(Disconnecting from ftp server)
```

③ 在 PC1 上 Telnet 路由器 R1,由于 PC1 的 IP 地址为 172.16.1.10,被 ACL 禁止访问。

```
PC > telnet 172.16.1.1
Trying 172.16.1.1 ...
% Connection timed out; remote host not responding   //说明 ACL 起作用了
```

④ 在 PC2 上 Telnet 路由器 R1。

```
PC > telnet 172.16.2.1
Trying 172.16.2.1 ...Open   //Telnet 路由器 R1 成功,因为 PC2 的地址是 172.16.2.20,符合命名
                            //ACL VTY_TELNET 的定义
User Access Verification
Password:
R1 > en
Password:
R1 #
```

⑤ 查看访问控制列表。

```
R1 #  sh ip access – lists
Extended IP access list WWW_FTP
    permit tcp 172.16.1.0 0.0.0.15 host 192.168.1.254 eq www (3 match(es))
    permit tcp 172.16.1.0 0.0.0.15 host 192.168.1.254 eq ftp_data(3 match(es))
    permit tcp 172.16.1.0 0.0.0.15 host 192.168.1.254 eq ftp (3 match(es))
    deny ip any any (12 match(es))
Standard IP access list VTY_TELNET
    permit host 172.16.2.20 (2 match(es))
```

10.3.3 实验任务

命名 ACL 的配置拓扑图如图 10-8 所示。

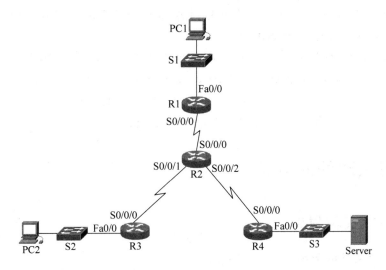

图 10-8 命名 ACL 的配置拓扑图

IP 地址表如表 10-11 所示。

表 10-11 IP 地址表

设 备	接 口	IP 地址	子网掩码
R1	Fa0/0	172.16.1.1	255.255.255.0
	S0/0/0	172.16.2.1	255.255.255.252
R2	S0/0/0	172.16.2.2	255.255.255.252
	S0/0/1	172.16.2.5	255.255.255.252
	S0/0/2	192.168.1.1	255.255.255.252
R3	S0/0/0	172.16.2.6	255.255.255.252
	Fa0/0	172.16.3.1	255.255.255.0
R4	S0/0/0	192.16.1.2	255.255.255.252
	Fa0/0	192.168.2.1	255.255.255.0
PC1	NIC	172.16.1.2	255.255.255.0
PC2	NIC	172.16.3.2	255.255.255.0
Server	NIC	192.168.2.254	255.255.255.0

实验要求：

(1) 在路由器 R1～R4 上配置 OSPF、EIGRP 或者 RIP 动态路由协议,保证整个网络连通。

(2) 配置扩展命名 ACL,要求如下。

- 只允许 172.16.1.0/24 网段的地址访问 Server 的 FTP 服务和 HTTP/HTTPS 服务。
- 只允许 172.16.3.0/24 网段的地址访问 Server 的 SMTP 和 POP3 服务。
- 只允许 IP 地址为 172.16.1.2 的主机可以 Telnet 和远程桌面连接 IP 地址为 192.168.2.254 的服务器(服务器的操作系统为 Windows 2003 Server)。
- 只允许 IP 地址为 172.16.3.2 的主机可以 ping IP 地址为 192.168.2.254 的服务器。

（3）在路由器 R1、R2、R3、R4 上配置标准命名 ACL，要求只允许 IP 地址为 192.168.2.2 的主机可以 Telnet 访问这 4 台路由器。

（4）配置标准命名 ACL，要求只允许 IP 地址为 172.16.1.0/24 的机器访问 IP 地址为 192.168.2.2/24 的地址；配置标准命名 ACL，要求只允许 IP 地址为 172.16.3.0/24 的机器访问 IP 地址为 192.168.2.0/24（192.168.2.2/24 除外）的地址。

（5）要求记录以上命名 ACL 并保存相应的日志信息。

10.4　基于时间的 ACL

10.4.1　实验目的

（1）掌握定义 time-range。
（2）掌握配置基于时间的 ACL。
（3）掌握基于时间的 ACL 的测试。

10.4.2　实验原理

1. 基于时间 ACL 的配置

基于时间的 ACL 功能类似于扩展 ACL，但它允许根据时间执行访问控制。要使用基于时间的 ACL，用户需要创建一个时间范围，用于指定一周和一天内的时段。用户可以为时间范围命名，然后对相应功能应用此范围。时间限制会应用到该功能本身。基于时间的 ACL 具有如下优点：

（1）在允许或拒绝资源访问方面为网络管理员提供了更多的控制权。

（2）允许网络管理员控制日志消息。ACL 条目可在每天定时记录流量，而不是一直记录流量。因此，管理员无须分析高峰时段产生的大量日志就可轻松地拒绝访问。

在基于时间访问列表的设计中，用 time-range 命令来指定时间范围的名称，然后用 absolute 命令或者一个或多个 periodic 命令来具体定义时间范围，命令格式如下：

Router(config)♯time‑range time‑range‑name

参数说明如表 10-12 所示。

表 10-12　命令参数及其含义

参　　数	参 数 含 义
time-range	用来定义时间范围的命令
time-range-name	时间范围名称，用来标识时间范围，以便于在后面的访问列表中引用

Router(config‑time‑range)♯absolute[start time date] [end time date]

参数说明如表 10-13 所示。

表 10-13 命令参数及其含义

参　　数	参 数 含 义
absolute	指定绝对时间范围
start time date	**start 为关键字**,关键字后面的时间要以 24 小时制 hh:mm 表示,日期要按照日/月/年来表示。如果省略 start 及其后面的时间,则表示与之相联系的 permit 或 deny 语句立即生效,并一直作用到 end 处的时间为止
end time date	后面的时间要以 24 小时制 hh:mm 表示,日期要按照日/月/年来表示。如果省略 end 及其后面的时间,则表示与之相联系的 permit 或 deny 语句在 start 处表示的时间开始生效,并且一直进行下去

Router(config - time - range)♯**periodic** days - of - the week hh:mm **to** [days - of - the week] hh:mm

参数说明如表 10-14 所示。

表 10-14 命令参数及其含义

参　　数	参 数 含 义
periodic	主要是以星期为参数来定义时间范围的一个命令
days-of-the week	它的参数主要是 Monday、Tuesday、Wednesday、Thursday、Friday、Saturday、Sunday 中的一个或者几个的组合,也可以是 daily(每天)、weekday(周一至周五)或者 weekend(周末)
hh:mm	24 小时制

2. 基于时间 ACL 的配置实例

基于时间的 ACL 的配置拓扑图如图 10-9 所示。

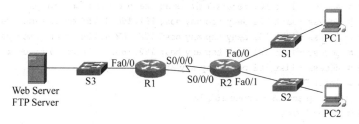

图 10-9 基于时间的 ACL 配置拓扑图

IP 地址表如表 10-15 所示。

表 10-15 IP 地址表

设　　备	接　　口	IP 地 址	子 网 掩 码
R1	S0/0/0	192.168.2.1	255.255.255.252
	Fa0/0	172.16.1.1	255.255.255.0
R2	Fa0/1	172.16.2.1	255.255.255.0
	S0/0/0	192.168.2.2	255.255.255.252
	Fa0/0	192.168.1.1	255.255.255.0
Server	NIC	192.168.1.254	255.255.255.0
PC1	NIC	172.16.1.10	255.255.255.0
PC2	NIC	172.16.2.20	255.255.255.0

　　本实验案例要求定义一个基于时间的 ACL,要求在每天 0:00－8:00 禁止访问 Server 的 Web 服务,同时在 2011 年 10 月 1 日 0 点起至 2011 年 10 月 7 日 24 点止,禁止访问 Server 的 FTP 服务。

　　配置步骤如下:

　　(1) 配置路由器 R1。

```
R1(config)＃inter S0/0/0
R1(config－if)＃ip add 192.168.1.1 255.255.255.252
R1(config－if)＃clock rate 64000
R1(config－if)＃no shut
R1(config－if)＃exit
R1(config)＃inter Fa0/0
R1(config－if)＃ip add 172.16.1.1 255.255.255.0
R1(config－if)＃no shut
R1(config)＃inter Fa0/1
R1(config－if)＃ip add 172.16.2.1 255.255.255.0
R1(config－if)＃no shut
R1(config－if)＃exit
R1(config)＃router ospf 1
R1(config－router)＃net 192.168.2.0 0.0.0.3 area 0
R1(config－router)＃net 172.16.1.0 0.0.0.255 area 0
R1(config－router)＃net 172.16.2.0 0.0.0.255 area 0
R1(config－router)＃exit
R1(config)＃ time－range noWEB
R1(config－time－range)＃ periodic daily 0:00 to 8:00
R1(config)＃ time－range noFTP
R1(config－time－range)＃ absolute start 0:00 1 oct 2011 end 0:00 8 oct 2011
R1(config)＃ access－list 101 remark This is an example for time－range
R1(config)＃ access－list 101 deny tcp any host 192.168.1.254 eq 20 time－range noFTP
R1(config)＃ access－list 101 deny tcp any host 192.168.1.254 eq 21 time－range noFTP
R1(config)＃ access－list 101 deny tcp any host 192.168.1.254 eq 80 time－range noWEB
R1(config)＃ access－list 101 permit ip any any
R1(config)＃ inter Fa0/0
R1(config－if)＃ ip access－group 101 in
R1(config)＃ inter Fa0/1
R1(config－if)＃ ip access－group 101 in
```

　　(2) 配置路由器 R2。

```
R2(config)＃inter S0/0/0
R2(config－if)＃ip add 192.168.2.2 255.255.255.252
R2(config－if)＃clock rate 64000
R2(config－if)＃no shut
R2(config－if)＃exit
R2(config)＃inter Fa0/0
R2(config－if)＃ip add 192.168.1.1 255.255.255.0
R2(config－if)＃no shut
R2(config－if)＃exit
R2(config)＃router ospf 1
R2(config－router)＃net 192.168.2.0 0.0.0.3 area 0
R2(config－router)＃ net 192.168.1.0 0.0.0.255 area 0
R2(config－router)＃exit
```

（3）实验调试。

① 将 PC1 系统时间调整到周一至周五的 0:00—8:00 范围内，然后在 PC1 上访问 FTP Server，此时可以成功，然后查看访问控制列表。

```
R1 # show ip access - lists
Extended IP access list 101
    10 deny tcp any host 192.168.1.254 eq ftp - data time - range noFTP (active) (3 match(es))
    20 deny tcp any host 192.168.1.254 eq ftp time - range noFTP (active) (3 match(es))
    30 deny tcp any host 192.168.1.254 eq www time - range noWEB (active)
    40 permit ip any any
```

② 将 PC2 系统时间调整到 0:00—8:00 范围之外，然后在 PC2 上访问 WWW Server，此时不成功，然后查看访问控制列表。

```
R1 # show ip access - lists
Extended IP access list 101
    10 deny tcp any host 192.168.1.254 eq ftp - data time - range noFTP (inactive)
    20 deny tcp any host 192.168.1.254 eq ftp time - range noFTP (inactive)
    30 deny tcp any host 192.168.1.254 eq www time - range noWEB (inactive) (8 match(es))
    40 permit ip any any
```

③ 如果要查看定义的时间范围，可以使用 show time-range 命令。

```
R1 # show time - range
time - range entry: noFTP (inactive)
    absolute start 00:00 01 October 2011 end 00:00 08 October 2011
    used in: IP ACL entry
    used in: IP ACL entry
time - range entry: noWEB (active)
    periodic daily 0:00 to 8:00
    used in: IP ACL entry
```

10.4.3 实验任务

基于时间的 ACL 的配置拓扑图如图 10-10 所示。

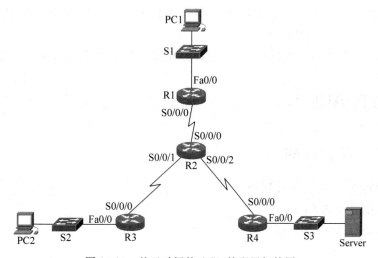

图 10-10 基于时间的 ACL 的配置拓扑图

IP 地址表如表 10-16 所示。

表 10-16　IP 地址表

设　　备	接　　口	IP 地址	子 网 掩 码
R1	Fa0/0	172.16.1.1	255.255.255.0
	S0/0/0	172.16.2.1	255.255.255.252
R2	S0/0/0	172.16.2.2	255.255.255.252
	S0/0/1	172.16.2.5	255.255.255.252
	S0/0/2	192.168.1.1	255.255.255.252
R3	S0/0/0	172.16.2.6	255.255.255.252
	Fa0/0	172.16.3.1	255.255.255.0
R4	S0/0/0	192.16.1.2	255.255.255.252
	Fa0/0	192.168.2.1	255.255.255.0
PC1	NIC	172.16.1.2	255.255.255.0
PC2	NIC	172.16.3.2	255.255.255.0
Server	NIC	192.168.2.254	255.255.255.0

实验要求：

（1）在路由器 R1～R4 上配置 OSPF、EIGRP 或者 RIP 动态路由协议，保证整个网络连通。

（2）配置以下基于时间的 ACL，要求如下。

- 在周一至周五的 8:00—12:00、14:30—18:00 这两个时间段不允许 172.16.1.0/24 网段的地址访问 Server 的 FTP 服务和 HTTP/HTTPS 服务，但允许访问 Server 的 SMTP 和 POP3 服务；172.16.3.0/24 网段不受此限制。
- 在周六至周日的全天除了 172.16.3.240/28 地址段允许访问 Server 的 FTP 服务和 HTTP/HTTPS 服务外，其他所有 IP 只能允许访问 Server 的 SMTP 和 POP3 服务。
- 在 2012 年 3 月 1 日 0 点起至 2012 年 3 月 1 日 24 点止，服务器重装，禁止访问 Server 的所有服务。
- 在 2012 年 3 月 8 日 0 点起至 2012 年 3 月 8 日 8 点止，服务器 FTP 软件更新，禁止访问 Server 的 FTP 服务。

（3）要求记录以上基于时间的 ACL 并保存相应的日志信息。

10.5　动态 ACL

10.5.1　实验目的

（1）了解动态 ACL 的工作原理。

（2）掌握配置动态 ACL。

（3）掌握动态 ACL 的测试。

10.5.2 实验原理

1. 动态 ACL 的配置

"锁和钥匙"是使用动态 ACL(有时也称为锁和钥匙 ACL)的一种流量过滤安全功能。锁和钥匙仅可用于 IP 流量。动态 ACL 依赖于 Telnet 连接、身份验证(本地或远程)和扩展 ACL。

进行动态 ACL 配置时,首先需要应用扩展 ACL 来阻止通过路由器的流量。要穿越路由器的用户必须使用 Telnet 连接到路由器并通过身份验证,否则会被扩展 ACL 拦截。Telnet 连接随后会断开,而一个单条目的动态 ACL 将添加到现有的扩展 ACL 中。该条目允许流量在特定时间段内通行。另外还可设置空闲超时值和绝对超时值。与标准 ACL 和静态扩展 ACL 相比,动态 ACL 在安全方面具有以下优点:

(1) 使用询问机制对每个用户进行身份验证;

(2) 简化大型国际网络的管理;

(3) 在很多情况下,可以减少与 ACL 有关的路由器处理工作;

(4) 降低黑客闯入网络的机会;

(5) 通过防火墙动态创建用户访问,而不会影响其他所配置的安全限制。

Router(config)# **username** username **password** password

参数说明如表 10-17 所示。

表 10-17 命令参数及其含义

参　　数	参数含义	参　　数	参数含义
username	用户名	password	用户密码

Router(config)# **access-list** access-list-number **dynamic** dynamic_ACL_name **timeout** time
{**remark** | **permit** | **deny**} protocol **source** [source-wildcard] [operator port]　**destination**
[destination-wildcard] [operator port] [**log**]

参数说明如表 10-18 所示。

表 10-18 命令参数及其含义

参　　数	参　数　含　义
access-list-number	扩展 ACL 号码,范围从 100~199 或 2000~2699
dynamic	表示定义的是动态 ACL
dynamic_ACL_name	动态 ACL 名称
time	动态 ACL 绝对的超时时间
remark	添加备注,增强 ACL 的易读性
permit	条件匹配时允许访问
deny	条件匹配时拒绝访问
protocol	指定协议类型,例如 IP、TCP、UDP、ICMP 等
source 和 destination	分别识别源地址和目的地址

续表

参　数	参　数　含　义
source-wildcard	通配符掩码,和源地址对应
destination-wildcard	通配符掩码,和目的地址对应
operator	lt、gt、eg、neg(小于、大于、等于、不等于)
port	端口号
log	对符合条件的数据包生成日志消息,该消息将发送到控制台

Router(config-line)# autocommand access-enable timeout time

参数说明如表 10-19 所示。

表 10-19　命令参数及其含义

参　数	参　数　含　义
autocommand	在一个动态 ACL 中创建一个临时性的访问控制列表条目
timeout	定义空闲超时值
time	空闲超时值的大小,该值必须小于上面的动态 ACL 绝对的超时时间

2. 动态 ACL 的配置实例

动态 ACL 配置拓扑图如图 10-11 所示。

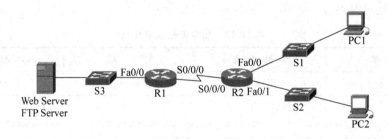

图 10-11　动态 ACL 配置拓扑图

IP 地址表如表 10-20 所示。

表 10-20　IP 地址表

设　备	接　口	IP 地址	子网掩码
R1	S0/0/0	192.168.2.1	255.255.255.252
	Fa0/0	172.16.1.1	255.255.255.0
R2	Fa0/1	172.16.2.1	255.255.255.0
	S0/0/0	192.168.2.2	255.255.255.252
	Fa0/0	192.168.1.1	255.255.255.0
Server	NIC	192.168.1.254	255.255.255.0
PC1	NIC	172.16.1.10	255.255.255.0
PC2	NIC	172.16.2.20	255.255.255.0

如果 172.16.1.0 网段的主机要访问 Server 上的 Web 或者 FTP 服务,必须 Telnet 路由器 R1 成功,然后才能访问。

配置步骤如下:

(1) 配置路由器 R1。

```
R1(config)#inter S0/0/0
R1(config-if)#ip add 192.168.1.1 255.255.255.252
R1(config-if)#clock rate 64000
R1(config-if)#no shut
R1(config-if)#exit
R1(config)#inter Fa0/0
R1(config-if)#ip add 172.16.1.1 255.255.255.0
R1(config-if)#no shut
R1(config)#inter Fa0/1
R1(config-if)#ip add 172.16.2.1 255.255.255.0
R1(config-if)#no shut
R1(config-if)#exit
R1(config)#router ospf 1
R1(config-router)#net 192.168.2.0 0.0.0.3 area 0
R1(config-router)#net 172.16.1.0 0.0.0.255 area 0
R1(config-router)#net 172.16.2.0 0.0.0.255 area 0
R1(config-router)#exit
R1(config)# username cisco password cisco         //建立本地验证数据库
R1(config)# access-list 100 permit tcp 172.16.1.0 0.0.0.255   host 172.16.1.1 eq 23
R1(config)# access-list 100 permit tcp 172.16.2.0 0.0.0.255   host 172.16.2.1 eq 23
R1(config)#access-list 100 permit ospf any any    //允许 OSPF 协议
R1(config)# access-list 100 dynamic LAB timeout 60 permit ip 172.16.1.0 0.0.0.255   host
192.168.1.254   eq80
R1(config)# access-list 100 dynamic LAB timeout 60 permit ip 172.16.1.0 0.0.0.255   host
192.168.1.254   cq 20
R1(config)# access-list 100 dynamic LAB timeout 60 permit ip 172.16.1.0 0.0.0.255   host
192.168.1.254   eq 21
R1(config)# access-list 100 dynamic LAB timeout 60 permit ip 172.16.2.0 0.0.0.255   host
192.168.1.254   eq80
R1(config)# access-list 100 dynamic LAB timeout 60 permit ip 172.16.2.0 0.0.0.255   host
192.168.1.254   eq 20
R1(config)# access-list 100 dynamic LAB timeout 60 permit ip 172.16.2.0 0.0.0.255   host
192.168.1.254   eq 21
R1(config)# inter Fa0/0
R1(config)# ip access-group 100 in
R1(config)# inter Fa0/1
R1(config)# ip access-group 100 in
R1(config)# line vty 0 4
R1(config-line)# login local                 //VTY 采用本地用户认证
R1(config-line)# autocommand access-enable timeout 5
```

(2) 配置路由器 R2。

```
R2(config)#inter S0/0/0
R2(config-if)#ip add 192.168.2.2 255.255.255.252
R2(config-if)#clock rate 64000
```

```
R2(config - if) # no shut
R2(config - if) # exit
R2(config) # inter Fa0/0
R2(config - if) # ip add 192.168.1.1 255.255.255.0
R2(config - if) # no shut
R2(config - if) # exit
R2(config) # router ospf 1
R2(config - router) # net 192.168.2.0 0.0.0.3 area 0
R2(config - router) #  net 192.168.1.0 0.0.0.255 area 0
R2(config - router) # exit
```

（3）实验调试。

① 如果没有 Telnet 路由器 R1,在 PC1 上直接访问路由器 R2 的 WWW 服务和 FTP
服务,则会不成功,路由器 R1 的访问控制列表如下。

```
R1 # show ip access - lists
Extended IP access list 100
10 access - list 100 permit tcp 172.16.1.0 0.0.0.255   host 172.16.1.1 eq 23(11 match(es))
20 access - list 100 permit tcp 172.16.2.0 0.0.0.255   host 172.16.2.1 eq 23
30 access - list 100 permit ospf any any   (87 match(es))
40 access - list 100 dynamic LAB timeout 60 permit ip 172.16.1.0 0.0.0.255 host 192.168.1.254
eq 80
50 access - list 100 dynamic LAB timeout 60 permit ip 172.16.1.0 0.0.0.255 host 192.168.1.254
eq 20
60 access - list 100 dynamic LAB timeout 60 permit ip 172.16.1.0 0.0.0.255 host 192.168.1.254
eq 21
70 access - list 100 dynamic LAB timeout 60 permit ip 172.16.2.0 0.0.0.255 host 192.168.1.254
eq 80
80 access - list 100 dynamic LAB timeout 60 permit ip 172.16.2.0 0.0.0.255 host 192.168.1.254
eq 20
90 access - list 100 dynamic LAB timeout 60 permit ip 172.16.2.0 0.0.0.255 host 192.168.1.254
eq 21
```

② Telnet 路由器 R1 成功之后,在 PC1 上访问 Server 的 WWW 服务和 FTP 服务会成
功,路由器 R1 的访问控制列表如下。

```
R2 # show ip access - lists
Extended IP access list 100
10 access - list 100 permit tcp 172.16.1.0 0.0.0.255   host 172.16.1.1 eq 23(11 match(es))
20 access - list 100 permit tcp 172.16.2.0 0.0.0.255   host 172.16.2.1 eq 23
30 access - list 100 permit ospf any any (87 match(es))
40 access - list 100 dynamic LAB timeout 60 permit ip 172.16.1.0 0.0.0.255 host 192.168.1.254
eq 80
permit ip host 17216.1.10 host 192.168.1.254 eq 80 (18matches)(time left 1238)
50 access - list 100 dynamic LAB timeout 60 permit ip 172.16.1.0 0.0.0.255 host 192.168.1.254
eq 20
permit ip host 17216.1.10 host 192.168.1.254 eq 20 (5matches)(time left 1238)
60 access - list 100 dynamic LAB timeout 60 permit ip 172.16.1.0 0.0.0.255 host 192.168.1.254
eq 21
permit ip host 17216.1.10 host 192.168.1.254 eq 21 (10matches)(time left 1238)
70 access - list 100 dynamic LAB timeout 60 permit ip 172.16.2.0 0.0.0.255 host 192.168.1.254
eq 80
```

80 access - list 100 dynamic LAB timeout 60 permit ip 172.16.2.0 0.0.0.255 host 192.168.1.254
eq 20

90 access - list 100 dynamic LAB timeout 60 permit ip 172.16.2.0 0.0.0.255 host 192.168.1.254
eq 21

从以上的输出结果可以看到,从主机 172.16.1.10 Telnet 路由器 R1,如果通过认证,
则该 Telnet 会话就会被切断,IOS 软件将在动态访问控制中动态建立 3 条临时条目
"permit ip host 172.16.1.10 host 192.168.1.254 eq 80"、"permit ip host 172.16.1.10
host 192.168.1.254 eq 20"、"permit ip host 172.16.1.10 host 192.168.1.254 eq 21",此时
在主机 172.16.1.10 上访问 192.168.1.254 的 Web 和 FTP 服务会成功。

10.5.3 实验任务

动态 ACL 的配置拓扑图如图 10-12 所示。

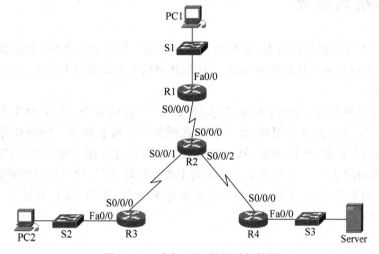

图 10-12　动态 ACL 的配置拓扑图

IP 地址表如表 10-21 所示。

表 10-21　IP 地址表

设　　备	接　　口	IP 地　址	子 网 掩 码
R1	Fa0/0	172.16.1.1	255.255.255.0
	S0/0/0	172.16.2.1	255.255.255.252
R2	S0/0/0	172.16.2.2	255.255.255.252
	S0/0/1	172.16.2.5	255.255.255.252
	S0/0/2	192.168.1.1	255.255.255.252
R3	S0/0/0	172.16.2.6	255.255.255.252
	Fa0/0	172.16.3.1	255.255.255.0
R4	S0/0/0	192.16.1.2	255.255.255.252
	Fa0/0	192.168.2.1	255.255.255.0
PC1	NIC	172.16.1.2	255.255.255.0
PC2	NIC	172.16.3.2	255.255.255.0
Server	NIC	192.168.2.254	255.255.255.0

实验要求：

(1) 在路由器 R1～R4 上配置 OSPF、EIGRP 或者 RIP 动态路由协议,保证整个网络联通。Server 上配置 WWW 服务和 FTP 服务。

(2) 在路由器 R1 上配置动态 ACL,如果 172.16.1.0/24 网段的主机要访问 Server 上的 Web 或者 FTP 服务,必须先 Telnet 路由器 R1 成功,然后才能访问。

(3) 在路由器 R3 上配置动态 ACL,如果 172.16.3.0/24 网段的主机要访问 Server 上的 Web 或者 FTP 服务,必须先 Telnet 路由器 R3 成功,然后才能访问。

(4) 在路由器 R2 上配置动态 ACL,如果 172.16.1.0/24 和 172.16.3.0/24 网段的主机要访问 Server 上的 SMTP 或者 POP3 服务,必须先 Telnet 路由器 R2 成功,然后才能访问。

10.6　小结与思考

ACL 是一种路由器配置脚本,它根据从数据包报头中发现的条件,通过数据包过滤来控制路由器是允许还是拒绝数据包通过。ACL 还可用于选择要以其他方式分析、转发或处理的流量类型。

ACL 分为多种不同的类型：标准 ACL、扩展 ACL、命名 ACL、编号 ACL 等。本章已经介绍了这些 ACL 类型各自的用途,以及它们在网络中的放置位置。同时还介绍了如何在入站和出站接口上配置 ACL,使得 ACL 更有效率。最后还介绍了特殊的 ACL 类型：动态 ACL 和基于时间的 ACL。本章的重点是如何来设计高效 ACL 的指导原则和最佳做法。

通过本章的学习,用户完全可以独立地配置标准 ACL、扩展 ACL 和复杂 ACL,并检验和排除配置故障。

【思考】

(1) 以下是命名标准 ACL 的内容：

```
10 permit 192.168.10.10
20 deny 192.168.10.0 0.0.0.255
30 deny 192.168.11.0 0.0.0.255
```

请问,是否可以在 ACL 中再插入一条条目,允许 192.168.11.10/24 的主机访问? 怎么实现?

(2) 上网查找资料,查看除了本书介绍的这些 ACL 之外还有什么类型的 ACL,简单介绍下。

第11章

DHCP的配置

11.1 DHCP 的工作原理及基本配置

11.1.1 实验目的

（1）理解 DHCP 的工作原理。

（2）掌握路由器作为 DHCP 服务器的配置。

（3）掌握路由器作为 DHCP 中继代理的配置。

11.1.2 实验原理

1. DHCP 的工作过程

网络中 IP 地址的获取方式主要有两种：一种是静态 IP 地址，由管理员手工配置；另外一种是动态获取，指通过 DHCP 由服务器分配得到。

动态分配 IP 地址可以解决 IP 地址不够用的问题。因为 IP 地址是动态分配的，不是固定给某个客户机使用的，所以只要有空闲的 IP 地址便可用，DHCP 客户机就可由 DHCP 服务器取得 IP 地址。当客户机不需要使用此地址时，就由 DHCP 服务器收回，并提供给其他 DHCP 工作站使用。动态分配 IP 地址的另一个好处，用户不必自己设置 IP 地址、DNS 服务器地址、网关地址等网络属性，甚至绑定 IP 地址与 MAC 地址，不存在盗用 IP 地址问题，因此，可以减少管理员的维护工作量。

DHCP(Dynamic Host Configuration Protocol，动态主机配置协议)可为互联网上的主机提供网络配置参数，包括 IP 地址、子网掩码、网关地址、DNS 服务器地址等网络配置参数。DHCP 是由 RAPR 和 BOOTP 发展而来的，但是却比 RAPR 和 BOOTP 提供更丰富的功能，并且可以实现地址的租用管理。

DHCP 是基于 Client/Server 的工作模式，如图 11-1 所示。DHCP 服务器的 IP 地址必须是静态地址。

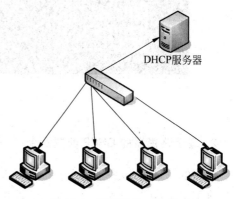

图 11-1 DHCP 的工作模式

DHCP Client 通过发出目的 IP 为 255.255.255.255 的 DHCP 请求报文来找寻 DHCP Server,并请求获取 IP。DHCP Server 收到 DHCP 请求报文后,根据一定的策略来为 Client 分配 IP,发出 DHCP 响应报文。一旦 DHCP Client 收到确认的响应报文后,就认为自己获得了一个合法的 IP 地址,以后就绑定这个 IP 地址,开始正常的网络通信。

DHCP 请求 IP 地址的过程如图 11-2 所示。

(1) 主机发送 DHCPDISCOVER(广播包)在网络上寻找 DHCP 服务器。

(2) DHCP 服务器向主机发送 DHCPOFFER(单播包),包含 IP 地址、MAC、域名信息及地址租期。

(3) 主机发送 DHCPREQUEST(广播包),正式向服务器请求分配已提供的 IP 地址。

(4) DHCP 服务器向主机发送 DHCPACK(单播包),确认主机的请求。

DHCPDISCOVER(广播包)
主机
DHCPOFFER(单播包)
DHCP服务器
DHCPREQUEST(广播包)
DHCPACK(单播包)

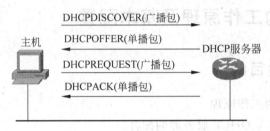

图 11-2　DHCP 请求 IP 的工作过程

查看 DHCP 客户端地址的界面如图 11-3 所示。

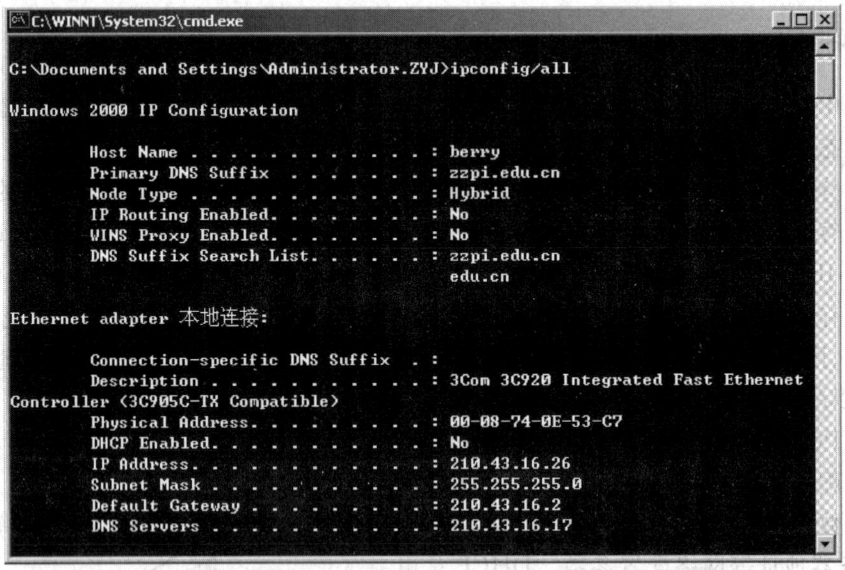

C:\WINNT\System32\cmd.exe
C:\Documents and Settings\Administrator.ZYJ>ipconfig/all
Windows 2000 IP Configuration
Host Name . . . . : berry
Primary DNS Suffix . . . . : zzpi.edu.cn
Node Type . . . . : Hybrid
IP Routing Enabled. . . . . : No
WINS Proxy Enabled. . . . . : No
DNS Suffix Search List. . . . . . : zzpi.edu.cn
edu.cn
Ethernet adapter 本地连接:
Connection-specific DNS Suffix . :
Description . . . . : 3Com 3C920 Integrated Fast Ethernet
Controller (3C905C-TX Compatible)
Physical Address. . . . . : 00-08-74-0E-53-C7
DHCP Enabled. . . . . : No
IP Address. . . . . : 210.43.16.26
Subnet Mask . . . . : 255.255.255.0
Default Gateway . . . . : 210.43.16.2
DNS Servers . . . . : 210.43.16.17

图 11-3　DHCP 地址信息查看界面

2. 基于路由器的 DHCP 配置命令

常用的 DHCP 服务器有 Windows 2003 Server、Linux 等网络服务器系统,路由器也可以用来配置 DHCP 服务。下面是基于路由器的 DHCP 服务的配置步骤。

（1）启动 DHCP 服务。

```
R1(config)# service dhcp
```

默认已经启动,该命令可以不写,使用 no service dhcp 可关闭 DHCP 服务。

（2）定义保留的 IP 地址范围,DHCP 不会将这些地址分配给客户端。

```
R1(config)# ip dhcp excluded-address start-address end-address
```

例如：R1(config)# ip dhcp excluded-address 192.168.10.100 192.168.10.120
则 192.168.10.100 192.168.10.120 地址保留,不会分配给客户端。

（3）创建地址池。

```
R1(config)# ip dhcp pool dhcp-pool-name    //配置地址池名并进入地址池配置模式
```

例如：R1(config)# ip dhcp pool   POOL1（地址池名称）

（4）地址池配置。

```
R1(config-dhcp)# network   network-number   [mask]   //配置 DHCP 地址池的网络号和掩码
R1(config-dhcp)# default-router   address [address1…address8]   //配置默认网关
R1(config-dhcp)# dns-server addres                //配置 DNS 服务器地址
R1(config-dhcp)# domain-name   xx.xxx              //配置域名
```

注意：DHCP 服务器的地址与 DHCP 地址池的地址应该在同一子网。因为 DHCP 客户端是通过发送目的地址为 255.255.255.255 的广播地址来寻找服务器的,该目的地址为全网广播地址,只能在同一子网中传播。

3. DHCP 中继的工作原理

在上述的 DHCP 配置中,必须保证服务器 IP 地址和客户端 IP 地址在同一子网中,否则无法分配 IP 地址。但是在现实分层结构的复杂网络中,往往要实现跨网段的 IP 地址分配,此时要用到 DHCP 中继技术,跨网段的 DHCP 服务配置拓扑图如图 11-4 所示。

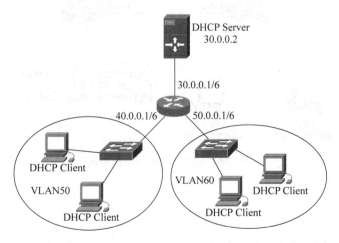

图 11-4　跨网段的 DHCP 服务配置拓扑图

DHCP 服务器要为 VLAN50、VLAN60 的子网分别分配 IP 地址为 40.0.0.0/16 和
50.0.0.0/16 时,需要打开路由器接口的 DHCP 中继代理功能,让路由器为 DHCP 服务器

和 DHCP 客户端转发 DHCP 报文。

　　DHCP 中继代理充当 DHCP 服务器和客户端之间的中间人,转发 DHCP 数据包。当 DHCP 客户端与服务器不在同一个子网时,就必须通过 DHCP 中继代理来转发 DHCP 请求和应答消息。DHCP 中继代理的工作原理如图 11-5 所示。DHCP 客户端发出的 DHCP 请求的目的 IP 是 255.255.255.255,该目的地址的报文无法穿越路由器到达 DHCP 服务器。DHCP 中继接收到 DHCP 的请求报文后,会在该报文前添加上 UDP 的报头,再将封装后的报文转发给 DHCP 服务器。DHCP 服务器也会将 DHCP 应答报文封装到 UDP 报文中,转发给 DHCP 中继,再由 DHCP 中继去除 UDP 报文,转发给 DHCP 客户端。对于 DHCP 客户端,DHCP 中继是透明的。

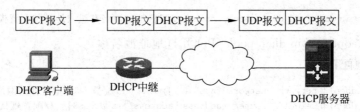

图 11-5　DHCP 中继工作原理

4. DHCP 中继的配置命令

```
R1(config-if)#ip helper-address ip-address    //将 UDP 广播包转发到指定的 IP,也就是 DHCP
                                              //服务器的地址
```

5. 基本 DHCP 配置实例

DHCP 的基本配置拓扑图如图 11-6 所示。

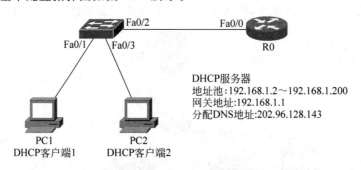

图 11-6　DHCP 配置网络拓扑图

配置步骤如下:

（1）配置 R0。

```
R0(config)#int Fa0/0
R0(config-if)#ip add 192.168.1.1 255.255.255.0
R0(config-if)#no sh

R0(config)#ip dhcp excluded-address 192.168.1.201 192.168.1.255
```

```
R0(config)#ip dhc
R0(config)#ip dhcp poo
R0(config)#ip dhcp pool POOL1
R0(dhcp-config)#network 192.168.1.0 255.255.255.0
R0(dhcp-config)#default-router 192.168.1.1
R0(dhcp-config)#dns-server 202.96.128.143
R0(dhcp-config)# domain-name test.com
```

（2）配置 PC。

DHCP 客户端配置如图 11-7 所示。

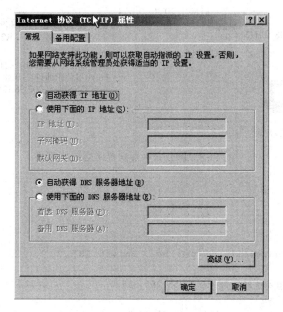

图 11-7　DHCP 客户端配置

（3）结果检查及测试。

DHCP 客户端结果如下。

```
Ethernet adapter VMware Network Adapter VMnet1:

        Connection-specific DNS Suffix  .:
        Description...........: VMware Virtual Ethernet Adapter for
VMnet1
        Physical Address........: 00-50-56-C0-00-01
        Dhcp Enabled..........: Yes
        Autoconfiguration Enabled....: Yes
        IP Address............: 192.168.1.3
        Subnet Mask..........: 255.255.255.0
        Default Gateway.........: 192.168.1.1
        DHCP Server..........: 192.168.1.1
        DNS Servers..........: 202.96.128.143
        Lease Obtained.........: 2012 年 3 月 21 日 星期三 11:17:20
        Lease Expires ..........: 2012 年 3 月 22 日 星期四 11:17:20
```

DHCP 服务器结果如下。

```
        R1#sh ip dhcp binding
Bindings from all pools not associated with VRF:
IP address        Client-ID/              Lease expiration        Type
                  Hardware address/
                  User name
192.168.1.3       0100.5056.c000.01       Mar 02 2002 12:14AM     Automatic
```

6. DHCP 中继配置实例

DHCP 的中继配置拓扑图如图 11-8 所示。

图 11-8　DHCP 中继配置网络拓扑图

配置步骤如下：

（1）配置 R1。

```
        R1#conf t
Enter configuration commands, one per line.   End with CNTL/Z.
R1(config)#int Fa0/0
R1(config-if)#ip add 210.38.10.1 255.255.255.0
R1(config-if)#no sh
R1(config-if)#ip helper-address 20.20.20.2
R1(config-if)#int Fa0/1
R1(config-if)#ip add 20.20.20.1 255.255.255.0
R1(config-if)#no sh
```

（2）配置 R2。

```
R2(config)#int Fa0/0
R2(config-if)#ip add 20.20.20.2 255.255.255.0
R2(config-if)#no sh
R2(config)#ip dhcp excluded-address 210.38.10.1 210.38.10.9
R2(config)#ip dhcp excluded-address 210.38.10.200 210.38.10.255
R2(config)#ip dhcp pool POOL1

R2(dhcp-config)#network 210.38.10.0 255.255.255.0
R2(dhcp-config)#default-router 210.38.10.1
R2(dhcp-config)#dns-server 202.96.128.144

R2(config)#ip router 210.38.10.0 255.255.255.0 20.20.20.1
```

注意：

① R1 作为 DHCP 中继代理，R1 的 Fa0/0 接口地址必须为静态地址，需要在 Fa0/0 配置 DHCP 服务器的地址。

② R2 路由器上必须有到达 DHCP 客户端所在子网的路由。

（3）结果检查和测试。

```
Ethernet adapter VMware Network Adapter VMnet1:

Connection-specific DNS Suffix   . :
Description..........: VMware Virtual Ethernet Adapter for
VMnet1
Physical Address.........: 00-50-56-C0-00-01
Dhcp Enabled...........: Yes
Autoconfiguration Enabled....: Yes
IP Address. ...........: 210.38.10.10
Subnet Mask ...........: 255.255.255.0
Default Gateway .........: 210.38.10.1
DHCP Server ...........: 20.20.20.2
DNS Servers ...........: 202.96.128.144
Lease Obtained.........: 2012 年 3 月 21 日 星期三 11:32:21
Lease Expires.........: 2012 年 3 月 22 日 星期四 11:32:21
```

```
R2♯sh ip dhcp binding
Bindings from all pools not associated with VRF:
IP address        Client-ID/            Lease expiration      Type
                  Hardware address/
                  User name
210.38.10.10      0100.5056.c000.01     Mar 02 2002 12:13AM   Automatic
```

如图 11-9 所示，DHCP Dsicover 的报文目的 IP 为 20.20.20.2，并非全网广播。

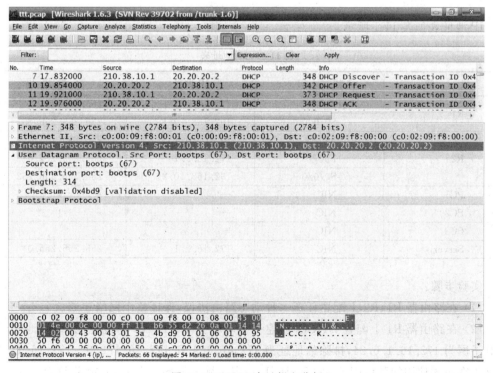

图 11-9　DHCP 中继报文分析

注意：

（1）默认情况下，DHCP 服务器是启用的，DHCP 中继代理是关闭的，而且两者不能并存，必须使用 R1(config)#(no)service dhcp 命令启动 DHCP 服务器或者 DHCP 中继代理功能。

（2）实验前右键单击"我的电脑"选择"管理"命令，在弹出的窗口的左窗格中选择"服务和应用程序"选项，在右窗格中选择"服务"选项，观察 PC 是否打开了 DHCP Client 服务，如果没有打开，需要手工打开才能正常分配 IP。

（3）如果实验过程无误，但 IP 分配不正常，可以通过禁用本地连接再启用的方法解决，或者采用 ipconfige/renew 命令重新获取 IP。

11.1.3 实验任务

DHCP 和 DHCP 中继代理拓扑图如图 11-10 所示。

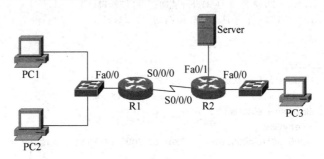

图 11-10　DHCP 和 DHCP 中继代理拓扑图

IP 地址表如表 11-1 所示。

表 11-1　IP 地址表

设　　备	接　　口	IP 地址	子网掩码
R1	Fa0/0	172.16.1.1	255.255.255.240
	S0/0/0	192.168.10.1	255.255.255.252
R2	Fa0/0	10.10.10.1	255.255.255.0
	Fa0/1	172.16.2.1	255.255.255.0
	S0/0/0	192.168.10.2	255.255.255.252
PC1	NIC	—	—
PC2	NIC	—	—
PC3	NIC	—	—
Server	NIC	172.16.2.1	255.255.255.0

实验步骤：

（1）在路由器 R1、R2 上配置任意一种动态路由协议，保证整个网络连通。

（2）在路由器 R1 上配置 DHCP，创建一个名称为 NETLAB 的地址池，地址池的子网号和子网为 172.16.1.0/24，排除的地址为 172.16.1.1 和 172.16.1.250～172.16.1.254；定义供客户端使用的默认网关为 172.16.1.1，定义域名为 netlab.com，定义 DNS-Server 为

202.96.128.144,定义 DHCP 租期为 3 天。要求 PC1 和 PC2 能够从路由器 R1 上自动获取 IP 和相关信息。

（3）在 Server 上配置 DHCP 服务,创建一个名称为 NETLAB 的地址池,地址池的子网号和子网为 10.10.10.0/24,排除的地址为 10.10.10.1 和 10.10.10.250～10.10.10.254;定义供客户端使用的默认网关为 10.10.10.1,定义域名为 relay.com,定义 DNS-Server 为 202.96.128.144,定义 DHCP 租期为 7 天。在路由器 R2 上配置 DHCP 中继代理,使得 PC3 能够通过中继代理从 Server 上获取 IP 和相关信息。

11.2 小结与思考

本实验属于中级难度的实验,实验的难点在于理解 DHCP 的工作原理和 DHCP 中继代理的工作原理,关键在于理解 DHCP 中继代理是如何工作的,在网络中起到什么作用,为什么要配置中继代理等。

【思考】

查阅相关资料,理解 DHCP 中继代理的用途和配置中继代理时要注意的相关问题。

第12章

HDLC和PPP的配置

在每个 WAN 连接上,数据在通过 WAN 链路传输之前都会封装成帧。要确保使用正确的协议,用户需要配置适当的第 2 层封装类型。协议的选择取决于 WAN 技术和通信设备。HDLC 和 PPP 就是其中常用的两种类型。

12.1 HDLC 和 PPP 封装

12.1.1 实验目的

(1) 掌握串行链路的基本配置。

(2) 掌握串行链路的封装概念。

(3) 熟悉和掌握 HDLC、PPP 的封装。

12.1.2 实验原理

1. HDLC 简介

HDLC 是由国际标准化组织(ISO)开发的、面向比特的同步数据链路层协议。当前的 HDLC 标准是 ISO 13239。HDLC 是根据 20 世纪 70 年代提出的同步数据链路控制 (SDLC)标准开发的。HDLC 同时提供面向连接的服务和无连接服务。

HDLC 采用同步串行传输,可以在两点之间提供无错通信。HDLC 定义的第 2 层帧结构采用确认机制进行流量控制和错误控制。每个帧的格式都相同,无论是数据帧还是控制帧。

当用户要在同步或异步链路上传输帧时,必须牢记这些链路没有用于标记帧首或帧尾的机制。HDLC 使用帧定界符(或标志)来标记每个帧的开头和结尾。

Cisco 已经扩展了 HDLC 协议,解决了无法支持多协议的问题。尽管 Cisco HDLC(也称为 cHDLC)是专有的协议,但也允许其他许多网络设备供应商采用该协议。Cisco HDLC 帧包含一个用于识别待封装网络协议的字段。如图 12-1 所示是 HDLC 和 Cisco HDLC 的对比。

HDLC 定义了 3 种类型的帧,每种类型的控制字段格式各不相同。下面归纳了图中列出的各个字段。

- 标志字段：标志字段启动和终止错误校验。帧的开头和末尾都是 8 位字段，位形式为 01111110。由于实际数据中很可能会出现这种形式，因此发送 HDLC 时，系统总是在数据字段中的每 5 个 1 后面插入一个 0，这样，标志序列实际上只出现在帧尾。接收系统会剔除插入的位。在依次传输帧时，第一个帧的帧尾标志用做下一个帧的帧首标志。

- 地址字段：地址字段包含从站的 HDLC 地址。该地址可以包含一个特定的地址，一个组地址或者一个广播地址。主地址是通信源或目的，这样就不必包含主站的地址。

- 控制字段：控制字段有 3 种不同的格式：信息(I)帧、监察(S)帧和无编号(U)帧。这取决于所用的 HDLC 帧类型。

- 协议字段：(仅用于 Cisco HDLC)此字段指定帧内封装的协议类型(例如使用 0x0800 表示 IP)。

- 数据字段：数据字段包含一个路径信息单元(PIU)或交换标识(XID)信息。

- 帧校验序列(FCS)字段：FCS 位于尾标识定界符前面，通常是循环冗余校验(CRC)计算结果的余数。在接收端将会重新计算 CRC。如果重新计算的结果与原始帧中的值不同，则视为出错。

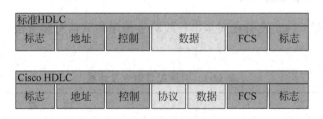

图 12-1　HDLC 和 Cisco HDLC 的对比

2．PPP 简介

HDLC 是连接两台 Cisco 路由器的默认串行封装方法。Cisco 版本的 HDLC 是专有版本，它增加了一个协议类型字段。因此，Cisco HDLC 只能用于连接其他 Cisco 设备。但是，在需要连接非 Cisco 路由器时，应该使用 PPP 封装。

PPP 对数据帧进行封装，以便在第 2 层物理链路上传输。PPP 使用串行电缆、电话线、中继(Trunk)线、手机、专用无线链路或光缆链路建立直接连接。PPP 具有许多优点，它不是专用协议便是优点之一。更重要的是，它包含 HDLC 中没有的许多功能。

- 链路质量管理功能监视链路的质量。如果检测到过多的错误，PPP 会关闭链路。
- PPP 支持 PAP 和 CHAP 身份验证。

分层体系结构是一种协助互联层之间相互通信的逻辑模型、设计或蓝图。如图 12-2 所示为 PPP 的分层体系结构与开放式系统互联(OSI)模型的对应关系。PPP 和 OSI 有相同的物理层，但 PPP 将 LCP 和 NCP 功能分开设计。

在物理层，可在一系列接口上配置 PPP，这些接口包括如下内容：

- 异步串行。
- 同步串行。

- HSSI。
- ISDN。

PPP 可在任何 DTE/DCE 接口(RS-232-C、RS-422、RS-423 或 V.35)上运行。PPP 唯一的必要条件是要有可在异步或同步位串行模式下运行、对 PPP 链路层帧透明的双工电路(专用电路或交换电路)。除非正在使用的 DTE/DCE 接口对传输速率有限制,PPP 本身对传输速率没有任何强制性的限制。

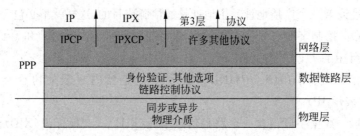

图 12-2　PPP 分层体系结构

3. PPP、HDLC 封装配置命令

Cisco HDLC 是 Cisco 设备在同步串行线路上使用的默认封装方法,封装配置命令及功能如表 12-1 所示。

表 12-1　封装配置命令及功能

命　　令	功　　能
Router(config-if)# **encapsulation hdlc**	启用 HDLC 封装,HDLC 是同步串行接口上的默认封装方法
Router(config-if)# **encapsulation ppp**	启用 PPP 封装
Router(config-if)# **compress** stac|predictor	predictor:指定将使用 predictor 的压缩算法 stac:指定将使用 stacker(LZS)的压缩算法
Router(config-if)# **ppp quality** percentage	percentage:指定链路质量阈值,范围为 1～100

4. PPP、HDLC 的封装配置实例

PPP 和 HDLC 的封装配置拓扑图如图 12-3 所示。

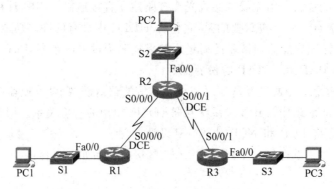

图 12-3　PPP 和 HDLC 封装配置拓扑图

IP 地址表如表 12-2 所示。

表 12-2　IP 地址表

设　　备	接　　口	IP 地址	子 网 掩 码
R1	Fa0/0	172.16.3.1	255.255.255.0
	S0/0/0	172.16.2.1	255.255.255.252
R2	S0/0/0	172.16.2.2	255.255.255.252
	S0/0/1	192.168.1.2	255.255.255.252
	Fa0/0	172.16.1.1	255.255.255.0
R3	S0/0/1	192.168.1.1	255.255.255.252
	Fa0/0	192.168.2.1	255.255.255.0
PC1	NIC	172.16.3.10	255.255.255.0
PC2	NIC	172.16.1.10	255.255.255.0
PC3	NIC	192.168.2.10	255.255.255.0

本实验案例要求在 R1 和 R2 路由器之间用 PPP 封装,采用 STAC 压缩算法,链路质量阈值为 75；在 R2 和 R3 之间用 HDLC 封装,采用 predictor 压缩算法,链路质量阈值为 80。

配置步骤如下：

（1）配置路由器 R1。

```
R1(config) # interface Fa0/0
R1(config-if) # ip address 172.16.3.1 255.255.255.0
R1(config-if) # no shut
R1(config) # interface S0/0/0
R1(config-if) # clock rate 64000
R1(config if) # ip address 172.16.2.1 255.255.255.0
R1(config-if) # encapsulation ppp
R1(config-if) # compress stac          //使用 stacker(LZS)压缩算法
R1(config-if) # ppp quality 75          //指定链路质量阈值
R1(config-if) # no shut
```

（2）配置路由器 R2。

```
R1(config) # interface Fa0/0
R1(config-if) # ip address 172.16.1.1 255.255.255.0
R1(config-if) # no shut
R2(config) # interface S0/0/0
R2(config-if) # ip address 192.168.1.1 255.255.255.0
R2(config-if) # encapsulation ppp
R2(config-if) # compress stac          //使用 stacker(LZS)压缩算法
R2(config-if) # ppp quality 75          //指定链路质量阈值
R2(config-if) # no shut
R2(config) # interface S0/0/1
R2(config-if) # clock rate 64000
R2(config-if) # ip address 192.168.1.1 255.255.255.0
```

```
R2(config - if)# encapsulation hdlc
R2(config - if)# compress prodicter    //使用 prodicter 压缩算法
R2(config - if)# ppp quality 80         //指定链路质量阈值
R2(config - if)# no shut
```

（3）配置路由器 R3。

```
R3(config)# interface Fa0/0
R3(config - if)# ip address 192.168.2.1 255.255.255.0
R3(config - if)# no shut
R3(config)# interface S0/0/1
R3(config - if)# ip address 192.168.1.1 255.255.255.0
R3(config - if)# encapsulation hdlc
R3(config - if)# compress prodicter    //使用 prodicter 压缩算法
R3(config - if)# ppp quality 80         //指定链路质量阈值
R3(config - if)# no shut
```

（4）实验调试。

```
R1# show interface S0/0/0
Serial0/0/0 is up,  line protocol is up
  Hardware is GT96K Serial
  Internet address is 172.16.2.1/24
  MTU 1500 bytes,  BW 1544 Kbit,  DLY 20000 usec,
     reliability 255/255,  txload 1/255,  rxload 1/255
  Encapsulation PPP,  LCP Open      //该接口的封装为 PPP 封装
  Open; CDPCP,  IPCP,  crc 16,  loopback not set  //网络层支持 IP 和 CDP
...


R2# show interface S0/0/1
Serial0/0/1 is up,  line protocol is up
  Hardware is GT96K Serial
  Internet address is 192.168.1.2/24
  MTU 1500 bytes,  BW 1544 Kbit,  DLY 20000 usec,
     reliability 255/255,  txload 1/255,  rxload 1/255
  Encapsulation PPP,  LCP Open      //该接口的封装为 PPP 封装
  Open; CDPCP,  IPCP,  crc 16,  loopback not set  //网络层支持 IP 和 CDP
...
```

（5）对路由器 R1、R2、R3 上面配置任意一种动态路由协议（比如 OSPF 动态路由协议），可以看到，不论数据链路层配置的是哪种封装方式，都不影响动态路由协议的运行。大家可以根据动态路由协议章节的内容，自己尝试下。

12.1.3 实验任务

HDLC 和 PPP 封装的配置拓扑图如图 12-4 所示。

IP 地址表如表 12-3 所示。

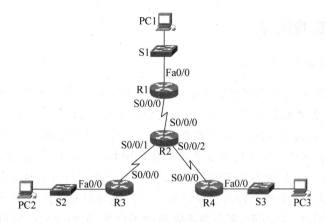

图 12-4 HDLC 和 PPP 封装的配置拓扑图

表 12-3 IP 地址表

设　备	接　口	IP 地址	子网掩码
R1	Fa0/0	172.16.1.1	255.255.255.0
	S0/0/0	172.16.2.1	255.255.255.252
R2	S0/0/0	172.16.2.2	255.255.255.252
	S0/0/1	172.16.2.5	255.255.255.252
	S0/0/2	192.168.1.1	255.255.255.252
R3	S0/0/0	172.16.2.6	255.255.255.252
	Fa0/0	172.16.3.1	255.255.255.0
R4	S0/0/0	192.16.1.2	255.255.255.252
	Fa0/0	192.168.2.1	255.255.255.0
PC1	NIC	172.16.1.2	255.255.255.0
PC2	NIC	172.16.3.2	255.255.255.0
PC3	NIC	192.168.2.2	255.255.255.0

实验要求：

（1）在路由器 R1 和 R2、R2 和 R3 的串行链路上配置 PPP 封装,采用 STAC 压缩算法,链路质量阈值为 90；在路由器 R4 和 R3 的串行链路上配置 HDLC 封装,采用 predictor 压缩算法,链路质量阈值为 90。

（2）在路由器 R1~R4 上配置 OSPF、EIGRP 或者 RIP 动态路由协议,保证整个网络连通。

12.2 PAP 认证

12.2.1 实验目的

（1）了解 PAP 认证的原理。

（2）熟悉和掌握 PAP 认证的配置和测试。

12.2.2　实验原理

1. PPP 协议认证的工作原理

利用 PPP 链路时,每个系统可能都要求其对等体采用下面两个协议中的之一来验明自己的身份。它们是密码验证协议(PAP)和询问握手验证协议(CHAP)。建立链接之时,链路两端都要求另一方验明身份,无论是呼叫方还是被呼叫方都如此。在区别身份验证系统和身份验证者之前,先介绍客户机和服务器。对 PPP Daemon 来说,通过发送标识需要哪个身份验证协议的另一个 LCP 配置请求,便可要求其对等体进行身份验证。

PAP 的运作基本上类似于普通登录过程。客户机向服务器发送用户名和(可以加密)密码,向服务器验明自己的身份,服务器将收到的用户名、密码与自己的机密数据库中保存的内容进行比较。这一技术有很大的漏洞,如果有人想获得密码,在该串行线路实行监听,就可以对网络发起恶意攻击。PAP 验证原理如图 12-5 所示。

CHAP 则不存在这些缺陷。使用 CHAP,身份验证者(也就是服务器)把自己的主机名和一个随机生成的"询问"字串发送给客户机。客户机利用这个主机名查找相应的密钥,并把找到的密钥和询问组合起来,用一个单向的散列函数对该询问字串进行加密,其结果再随客户机的主机名一起返回服务器,服务器再执行同样的计算,如果结果相同,就认可该客户机。CHAP 验证原理如图 12-6 所示。

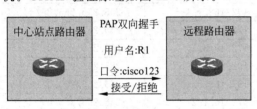

图 12-5　PAP 验证原理

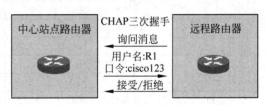

图 12-6　CHAP 验证原理

2. PAP 认证配置命令

PAP 认证配置命令及含义如表 12-4 所示。

表 12-4　PAP 认证配置命令及含义

命　　令	含　　义
Router(config-if)#ppp authentication〔 **chap** | **chap pap** | **pap chap** | **pap** 〕	**chap**:在串口上启用 chap **chap pap**:在串口上同时启用 chap 和 pap,并在 pap 之前执行 chap 认证 **pap chap**:在串口上同时启用 pap 和 chap,并在 chap 之前执行 pap 认证 **pap**:在串口上启用 pap
Router(config)# **username** name **password** password	设置本地认证的用户名和密码
Router(config-if)#ppp pap sent-username username **password** password	发送 PAP 用户名和密码

3. PAP 认证配置实例

PAP 认证的配置拓扑图如图 12-7 所示。

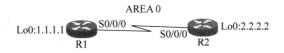

图 12-7　PAP 认证的配置拓扑图

IP 地址表如表 12-5 所示。

表 12-5　IP 地址表

设　备	接　口	IP 地址	子网掩码
R1	Loopback0	1.1.1.1	255.255.255.255
	S0/0/0	192.168.1.1	255.255.255.0
R2	Loopback0	2.2.2.2	255.255.255.255
	S0/0/0	192.168.1.2	255.255.255.0

本实验要求配置路由器 R1 和路由器 R2 双向 PAP 验证。

配置步骤如下：

（1）配置路由器 R1。

```
Router(config)#hostname R1
R1(config)# username R2 password cisco
R1(config)# inter loopback0
R1(config-if)# ip address 1.1.1.1 255.255.255.0
R1(config)# inter S0/0/0
R1(config-if)# ip address 192.168.1.1 255.255.255.0
R1(config-if)# encapsulation ppp        //配置 PPP 封装
R1(config-if)# ppp authentication pap   //配置 PAP 验证
R1(config-if)# ppp pap sent-username R1 password cisco
//配置在路由器 R1 进行 PAP 验证使用的用户名和密码
R1(config-if)# no shut
```

（2）配置路由器 R2。

```
Router(config)#hostname R2
R2(config)# username R1 password cisco
R2(config)# inter loopback0
R2(config-if)# ip address 2.2.2.2 255.255.255.0
R2(config)# inter S0/0/0
R2(config-if)#clock rate 64000
R2(config-if)# ip address 192.168.1.2 255.255.255.0
R2(config-if)# encapsulation ppp        //配置 PPP 封装
R2(config-if)# ppp authentication pap   //配置 PAP 验证
R2(config-if)# ppp pap sent-username R2 password cisco
//配置在路由器 R2 进行 PAP 验证使用的用户名和密码
R2(config-if)# no shut
```

（3）实验调试。

R1#debug ppp authentication   //打开 PPP 认证调试

R1(config)#int S0/0/0

R1(config-if)#shutdown

R1(config-if)#no shutdown   //端口关闭之后再打开,就可以看到 PAP 认证的重新建立过程

* Mar 28 18:18:30.355; %LINK-3-UPDOWN; Interface Serial0/0/0, changed state to up

* Mar 28 18:18:30.355; Se0/0/0 PPP; Using default call direction

* Mar 28 18:18:30.355; Se0/0/0 PPP; Treating connection as a dedicated line

* Mar 28 18:18:30.355; Se0/0/0 PPP; Session handel[C0000006] Session id [15]

* Mar 28 18:18:30.355; Se0/0/0 PPP; Authorization required

* Mar 28 18:18:30.355; Se0/0/0 PAP; Using hostname from interface PAP

* Mar 28 18:18:30.355; Se0/0/0 PAP; Using password from interface PAP

* Mar 28 18:18:30.355; Se0/0/0 PAP; O AUTH-REQ id 13 len 14 from "R1"

* Mar 28 18:18:30.355; Se0/0/0 PAP; I AUTH-REQ id 2 len 14 from "R2"

* Mar 28 18:18:30.355; Se0/0/0 PAP; Authenticating peer R2

* Mar 28 18:18:30.355; Se0/0/0 PPP; Sent PAP LOGIN Request

* Mar 28 18:18:30.355; Se0/0/0 PPP; Received LOGIN Response PASS

* Mar 28 18:18:30.355; Se0/0/0 PPP; Sent LCP AUTHOR Request

* Mar 28 18:18:30.355; Se0/0/0 PPP; Sent IPCP AUTHOR Request

* Mar 28 18:18:30.355; Se0/0/0 LCP; Received AAA AUTHOR Response PASS

* Mar 28 18:18:30.355; Se0/0/0 IPCP; Received AAA AUTHOR Response PASS

* Mar 28 18:18:30.355; Se0/0/0 PAP; O AUTH-ACK id 2 len 5

* Mar 28 18:18:30.355; Se0/0/0 PAP; I AUTH-ACK id 13 len 5

* Mar 28 18:18:30.355; Se0/0/0 PPP; Sent CDPCP AUTHOR Request

* Mar 28 18:18:30.355; Se0/0/0 CDPCP; Received AAA AUTHOR Response PASS

* Mar 28 18:18:30.355; Se0/0/0 PPP; Sent IPCP AUTHOR Request

* Mar 28 18:18:30.355; %LINEPROTO-5-UPDOWN; Line protocol on Interface Serial0/0, changed state to up

R1(config)#int s0/0/0

R1(config-if)# no ppp pap sent-username R1 password cisco

//修改路由器 R1 上的密码,使路由器 R1 和 R2 的密码不一致,可以看到,认证将失败

* Mar 28 18:18:35.395; Se0/0/0 PPP; Authorization required

* Mar 28 18:18:35.395; Se0/0/0 PAP; Using hostname from interface PAP

* Mar 28 18:18:35.395; Se0/0/0 PAP; Using password from interface PAP

* Mar 28 18:18:35.395; Se0/0/0 PAP; O AUTH-REQ id 15 len 14 from "R1"

* Mar 28 18:18:35.395; Se0/0/0 PAP; I AUTH-REQ id 4 len 14 from "R2"

* Mar 28 18:18:35.395; Se0/0/0 PAP; Authenticating peer R2

* Mar 28 18:18:35.395; Se0/0/0 PPP; Sent PAP LOGIN Request

* Mar 28 18:18:35.395; Se0/0/0 PPP; Received LOGIN Response FAIL

* Mar 28 18:18:35.395; O AUTH-NAK id 4 len 26 msg is "Authentication failed"

12.2.3 实验任务

PAP 认证的配置拓扑图如图 12-8 所示。

IP 地址表如表 12-6 所示。

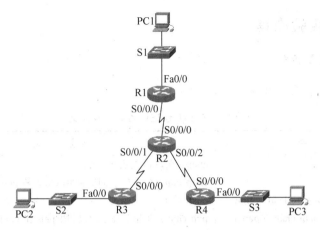

图 12-8　PAP 认证的配置拓扑图

表 12-6　IP 地址表

设　　备	接　　口	IP 地址	子 网 掩 码
R1	Fa0/0	172.16.1.1	255.255.255.0
	S0/0/0	172.16.2.1	255.255.255.252
R2	S0/0/0	172.16.2.2	255.255.255.252
	S0/0/1	172.16.2.5	255.255.255.252
	S0/0/2	192.168.1.1	255.255.255.252
R3	S0/0/0	172.16.2.6	255.255.255.252
	Fa0/0	172.16.3.1	255.255.255.0
R4	S0/0/0	192.16.1.2	255.255.255.252
	Fa0/0	192.168.2.1	255.255.255.0
PC1	NIC	172.16.1.2	255.255.255.0
PC2	NIC	172.16.3.2	255.255.255.0
PC3	NIC	192.168.2.2	255.255.255.0

实验要求：

（1）在路由器 R1 和 R2、R2 和 R3 的串行链路上配置 PPP 封装，采用 PAP 双向认证，用户为 admin，密码是 cisco；在路由器 R4 和 R2 的串行链路上配置 PPP 封装，采用 PAP 单向认证（R4 为远程路由器，R2 为中心路由器），用户为 user，密码是 123456。

（2）在路由器 R1～R4 上配置 OSPF、EIGRP 或者 RIP 动态路由协议，保证整个网络连通。

12.3　CHAP 认证

12.3.1　实验目的

（1）了解 CHAP 认证的原理。

（2）熟悉和掌握 CHAP 认证的配置和测试。

12.3.2 实验原理

1. CHAP 认证配置命令

CHAP 认证配置命令及含义如表 12-7 所示。

表 12-7 CHAP 认证配置命令及含义

命　　令	含　　义
Router(config-if)# ppp authentication 〈 **chap** | **chap pap** | **pap chap** | **pap** 〉	**chap**：在串口上启用 chap **chap pap**：在串口上同时启用 chap 和 pap，并在 pap 之前执行 chap 认证 **pap chap**：在串口上同时启用 pap 和 chap，并在 chap 之前执行 pap 认证 **pap**：在串口上启用 pap
Router(config)# **username** name **password** password	设置本地认证的用户名和密码

注意：

(1) CHAP 认证必须首先要配置路由器的主机名。

(2) CHAP 认证的使用用户名必须为对方路由器的主机名，双方密码要配置一致。

2. CHAP 认证配置实例

CHAP 认证的配置拓扑图如图 12-9 所示。

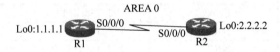

AREA 0

Lo0:1.1.1.1　　S0/0/0　　　S0/0/0　　Lo0:2.2.2.2
　　　　　　R1　　　　　S0/0/0　　R2

图 12-9　CHAP 认证的配置拓扑图

IP 地址表如表 12-8 所示。

表 12-8 IP 地址表

设　　备	接　　口	IP 地址	子 网 掩 码
R1	Loopback0	1.1.1.1	255.255.255.255
	S0/0/0	192.168.1.1	255.255.255.0
R2	Loopback0	2.2.2.2	255.255.255.255
	S0/0/0	192.168.1.2	255.255.255.0

本实验案例要求配置路由器 R1 和路由器 R2 双向 CHAP 验证。

配置步骤如下：

(1) 配置路由器 R1。

```
Router(config)# hostname R1
R1(config)# username R2 password cisco   //为对方配置用户名和密码，注意双方的密码要一致
R1(config)# inter S0/0/0
```

```
R1(config-if)# ip address 192.168.1.1 255.255.255.0
R1(config-if)# encapsulation ppp        //采用PPP封装
R1(config-if)# ppp authentication chap  //配置CHAP验证
R1(config-if)# no shut
```

（2）配置路由器R2。

```
Router(config)# hostname R2
R2(config)# username R1 password cisco  //为对方配置用户名和密码,注意双方的密码要一致
R2(config)# inter S0/0/0
R2(config-if)# clock rate 64000
R2(config-if)# ip address 192.168.1.2 255.255.255.0
R2(config-if)# encapsulation ppp        //采用PPP封装
R2(config-if)# ppp authentication chap  //配置CHAP验证
R2(config-if)# no shut
```

（3）实验调试。

```
R2# debug ppp authentication
```

12.3.3　实验任务

CHAP认证的配置拓扑图如图12-10所示。

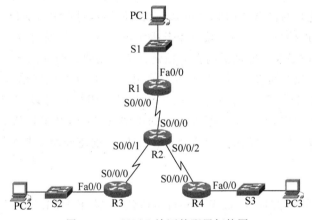

图12-10　CHAP认证的配置拓扑图

IP地址表如表12-9所示。

表12-9　IP地址表

设　　备	接　　口	IP地址	子网掩码
R1	Fa0/0	172.16.1.1	255.255.255.0
	S0/0/0	172.16.2.1	255.255.255.252
R2	S0/0/0	172.16.2.2	255.255.255.252
	S0/0/1	172.16.2.5	255.255.255.252
	S0/0/2	192.168.1.1	255.255.255.252
R3	S0/0/0	172.16.2.6	255.255.255.252
	Fa0/0	172.16.3.1	255.255.255.0

续表

设　　备	接　　口	IP 地址	子 网 掩 码
R4	S0/0/0	192.16.1.2	255.255.255.252
	Fa0/0	192.168.2.1	255.255.255.0
PC1	NIC	172.16.1.2	255.255.255.0
PC2	NIC	172.16.3.2	255.255.255.0
PC3	NIC	192.168.2.2	255.255.255.0

实验要求：

（1）在路由器 R1 和 R2、R2 和 R3 的串行链路上配置 PPP 封装,采用 CHAP 认证,用户名为路由器名称,密码为 111111；在路由器 R4 和 R2 的串行链路上配置 PPP 封装,采用 CHAP 和 PAP 两种认证方式,PAP 认证用户为 user,密码是 123456,CHAP 认证用户名为路由器名称,密码为 111111。

（2）在路由器 R1～R4 上配置 OSPF、EIGRP 或者 RIP 动态路由协议,保证整个网络连通。

12.4　小结与思考

学完本章后,用户将能够使用概念和术语说明使用点对点串行通信（而不是使用表面上看起来更快的并行连接）将 LAN 连接到服务提供商 WAN。同时可以了解多路复用如何实现高效的通信及如何最大限度地提高在通信链路上传输的数据量。学习了串行通信的关键组件和协议的功能,用户可在 Cisco 路由器上使用 HDLC 封装配置串行接口。这就为理解 PPP 及其功能、组件和体系结构奠定了扎实的基础。用户还可以解释如何使用 LCP 和 NCP 的功能来建立 PPP 会话,学习配置命令的语法、配置 PPP 连接所需各选项的用法,以及如何使用 PAP 或 CHAP 确保安全连接等。最后本章还介绍了校验和故障排除所需的步骤。

【思考】

请通过搜索引擎查找资料,在 WAN 封装协议中,除了 HDLC 和 PPP 之外,还有哪些 WAN 封装协议,并简单说明它们的技术特点和应用场合。

第13章

帧中继

帧中继是目前广域网接入技术中应用最广泛的技术之一,工作在 OSI 的第 2 层,是由 X.25 技术发展而来的面向分组交换网络的技术。帧中继取消了 X.25 中的差错控制机制,减少了节点的处理事件,提高了网络的吞吐量。本章主要介绍帧中继中的 PVC、DLCI、NBMA 等概念,介绍路由器和帧中继交换机之间的网络配置,以及帧中继的常见应用。

13.1 帧中继网络基本配置

13.1.1 实验目的

(1) 理解帧中继网络的工作原理。
(2) 理解 DLCI、LMI 的用途。
(3) 掌握把路由器配置为帧中继交换机的方法。
(4) 掌握帧中继接入路由器的配置。
(5) 理解逆向 ARP 的工作原理。

13.1.2 实验原理

1. 帧中继简介

帧中继是从 X.25 广域网技术发展而来的,是一种简化的、没有差错检测的第 2 层的广域网协议。帧中继是一种统计复用协议,它能够使用单一的物理链路传输多条虚电路数据。每条虚电路使用数据链路标识符(Data Link Connection Identifier, DLCI)来表示。DLCI 使用整数表示。DLCI 只在本地接口和与其直接连接的对端接口有效,不是全局有效,即在不同的物理接口上,相同的 DLCI 并不表示同一个虚链路。帧中继既可以用于公用网络,又可以用于企业的私有网络。

工作在帧中继网络中的设备称为帧中继交换机。帧中继和路由器的连接示意图如图 13-1 所示。帧中继交换机的串口端作为 DCE,路由器的接口作为 DTE。

图 13-1 帧中继和路由器连接示意图

2. DLCI

虚电路是分组交换散列网络上的两个或多个端点站点间的链路。根据虚电路建立的方式可以分为两种类型：永久虚电路（Permanent Virtual Circuit，PVC）和交换虚电路（Switched Virtual Circuit，SVC）。手工设置产生的虚电路称为永久虚电路。通过协议协商产生的虚电路称为交换虚电路，交换虚电路由帧中继协议自动创建和删除。本章帧中继使用的都是永久虚电路。一条点到点的永久虚电路连接两个端点，每个端点通过一个整数使用永久虚电路，这个整数称为 DLCI。如图 13-2 所示，广州到北京之间存在一条 PVC，这条 PVC 由广州的 DLCI 201 和北京的 DLCI 102 组成。任何一个从广州发往北京的帧中继报文，其第 2 层的目的地址 DLCI 都等于 201。同样，从北京发往广州的帧中继报文，其目的 DLCI 地址也等于 102。注意，该目的 DLCI 会随着经过不同的帧中继交换机而发生改变。也就是说，从广州到北京的报文离开广州路由器时目的 DLCI 等于 201，但是到达北京路由器时 DLCI 等于 102。DLCI 只是本地有效，不是全局有效。

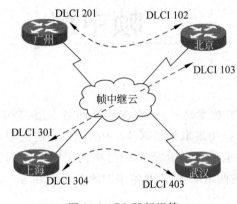

图 13-2　DLCI 标识符

3. LMI

LMI(Local Management Interface)是帧中继交换机和帧中继 DTE（如路由器）交换信息的信令协议。LMI 运行于 DCE 和 DTE 之间。LMI 用于检测虚电路是否可用，维护帧中继协议的 PVC 表，包括通知 PVC 的增加、探测 PVC 的删除、监控 PVC 的状态变化、验证链路的完整性等。

LMI 的主要协议标准有 3 种：q.933a、cisco、ansi。要注意的是，帧中继交换机和其所连接路由器配置的 LMI 类型必须一致，否则无法进行正常通信。

4. 逆向 ARP

逆向 ARP(Inverse ARP)提供将远端第 3 层的地址和本地第 2 层的 DLCI 联系起来的方法。当一个帧中继链路激活时，路由器通过 LMI 报文获取本地接口连接的 DLCI，之后会发送逆向 ARP 报文给帧中继交换机，该报文会穿越帧中继网络到达另外一端的路由器，另外一端的路由器会产生包含自身 IP 地址的应答，从得到该 DLCI 和 IP 的映射关系。如果不希望被其他路由器发现，通常会关闭逆向 ARP 功能。

5. 帧中继实验网络的基本配置

通常在实验网络，人们会将路由器配置为帧中继交换机来模拟帧中继网络，在实际网络中一般不这么用。下面是将路由器配置为帧中继交换机的相关步骤和命令。

（1）将路由器配置为帧中继交换机的操作及命令如表 13-1 所示。

表 13-1　将路由器配置为帧中继交换机的操作及命令

步骤	操　　作	配　置　命　令
1	启用路由器的帧中继功能	R1(config) # frame-relay switching
2	配置帧中继接口封装	R1(config-if) # encapsulation frame-relay
3	配置接口的 LMI 类型	R1(config-if) # frame-relay lmi-type **cisco**(或者其他)
4	配置接口 intf 类型	R1(config-if) # frame-relay intf-type dce
5	配置帧中继路由 （通过该步骤配置帧中继各个接口的互联）	R1(config-if) # frame-relay route 103 interface S0/2 30 （表示该接口的 DLCI 为 103，从本接口进来的报文会从 S0/2 转发出去，DLCI 修改为 301）

（2）帧中继接入路由器配置的操作及命令如表 13-2 所示。

表 13-2　帧中继接入路由器配置操作及命令

步骤	操　　作	配　置　命　令
1	配置帧中继接口封装	R1(config-if) # encapsulation frame-relay
2	配置接口的 LMI 类型	R1(config-if) # frame-relay lmi-type **cisco**(或者其他)
3	配置接口 intf 类型	R1(config-if) # frame-relay intf-type dte
4	配置接口 IP 地址	R1(config-if) # ip address x. x. x. x　x. x. x. x

注意：由于帧中继是属于第 2 层的网络协议，所有连接在帧中继上的路由器的接口 IP 应该配置为同一网段。而且帧中继属于 NBMA（非广播的多路接入）网络，不会产生广播现象。

6. 基本帧中继的配置实例

实验拓扑结构如图 13-3 所示。

配置说明：帧中继（Frame Relay）网络是第 2 层的网络协议，实验中使用一台路由器 F-R 模拟帧中继交换机，其 3 个串行端口分别提供 R1、R2、R3 这 3 台路由器的接入，与 R1 连接的 LMI 接口类型为 Cisco；与 R2 连接的 LMI 类型为 ansi；与 R3 连接的类型为 q933a。帧中继交换机提供的 PVC：DLCI 120（R1→R2）；DLCI 201（R2→R1）；DLCI 103（R1→R3）；DLCI 301（R3→R1）。要求配置帧中继交换机和路由器 R1、R2、R3，使得帧中继网络中的 R1、R2、R3 能够实现相互通信，但是 R2 和 R3 不能相互通信。

配置步骤如下：

（1）配置 R1。

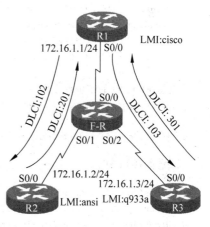

图 13-3　帧中继基本配置网络拓扑图

```
R1(config) # interface s0/0
R1(config-if) # encapsulation frame-relay          //配置接口封装帧中继协议
R1(config-if) # frame-relay lmi-type cisco         //配置 LMI 类型为 cisco
```

```
R1(config-if)#ip address 172.16.1.1 255.255.255.0    //配置 IP 地址
R1(config-if)#frame-relay intf-type dte              //配置 intf-type 为 DTE
R1(config-if)#no shutdown
```

（2）配置 R2。

```
R2(config)#int s0/0
R2(config-if)#encapsulation frame-relay              //配置接口封装帧中继协议
R2(config-if)#frame-relay lmi-type ansi              //配置 LMI 类型为 ansi
R2(config-if)#ip address 172.16.1.2 255.255.255.0    //配置 IP 地址
R2(config-if)#frame-relay intf-type dte              //配置 intf-type 为 DTE
R2(config-if)#no shutdown
```

（3）配置 R3。

```
R3(config)#int s0/0
R3(config-if)#encapsulation frame-relay              //配置接口封装帧中继协议
R3(config-if)#frame-relay lmi-type q933a             //配置 LMI 类型为 q933a
R3(config-if)#ip address 172.16.1.3 255.255.255.0    //配置 IP 地址
R3(config-if)#frame-relay intf-type dte              //配置 intf-type 为 DTE
R3(config-if)#no shutdown
```

（4）F-R 帧中继交换机的配置。

① 启用路由器的帧中继路由功能。

```
F-R(config)#frame-relay switching                    //启用路由器的帧中继交换
```

② 配置接口 s0/0。

```
F-R(config)#int s0/0
F-R(config-if)#clock rate 64000                      //配置串口的时钟频率
F-R(config-if)#encapsulation frame-relay             //配置接口帧中继协议封装
F-R(config-if)#frame-relay lmi-type cisco            //配置接口 LMI 类型为 cisco
F-R(config-if)#frame-relay intf-type dce             //配置接口的 intf-type 为 dce
//建立 R1 到 R2 的帧中继路由
F-R(config-if)#frame-relay route 102 interface serial 0/1 201    //配置 DLCI 102 报文出口为
                                                                 //S0/1,DLCI 修改为 201

//建立 R1 到 R3 的帧中继路由
F-R(config-if)#frame-relay route 103 interface s0/2 301     //配置 DLCI 103 报文出口为 S0/2,
                                                            //DLCI 修改为 301

F-R(config-if)#no shutdown
```

③ 配置接口 s0/1。

```
F-R(config-if)#int s0/1
F-R(config-if)#clock rate 64000                      //配置串口的时钟频率
F-R(config-if)#encapsulation frame-relay             //配置接口帧中继协议封装
F-R(config-if)#frame-relay lmi-type ansi             //配置接口 LMI 类型为 ansi
F-R(config-if)#frame-relay intf-type dce             //配置接口的 intf-type 为 dce
//建立 R2 到 R1 的帧中继路由
F-R(config-if)#frame-relay route 201 interface s0/0 102     //配置 DLCI 201 报文出口为 S0/0,
                                                            //DLCI 被修改为 102

F-R(config-if)#no shutdown
```

④ 配置接口 s0/2。

```
F-R(config-if)♯int s0/2
F-R(config-if)♯clock rate 64000                    //配置串口的时钟频率
F-R(config-if)♯encapsulation frame-relay           //配置接口帧中继协议封装
F-R(config-if)♯frame-relay lmi-type q933a          //配置接口 LMI 类型为 q933a
F-R(config-if)♯frame-relay intf-type dce           //配置接口的 intf-type 为 dce
//建立 R3 到 R1 的帧中继路由
F-R(config-if)♯frame-relay route 301 interface s0/0 103 //配置 DLCI 301 报文出口为 S0/0,
                                                        //DLCI 被修改为 103
F-R(config-if)♯no shutdown
```

（5）检查配置结果与测试。

① 查看帧中继交换机的帧中继路由。

```
F-R♯show frame-relay route
Input Intf    Input Dlci    Output Intf    Output Dlci    Status
Serial0/0     102           Serial0/1      201            active
Serial0/0     103           Serial0/2      301            active
Serial0/1     201           Serial0/0      102            active
Serial0/2     301           Serial0/0      103            active
```

② 在 R1 上查看帧中继 DLCI 映射。

```
R1♯show frame-relay map
Serial0/0 (up): ip 172.16.1.3 dlci 103 (0x67, 0x1870), dynamic, broadcast, CISCO, status
defined, active
Serial0/0 (up): ip 172.16.1.2 dlci 102 (0x66, 0x1860), dynamic, broadcast, CISCO, status
defined, active
```
注释：up 表示该 PVC 工作正常；dynamic 表示该 DLCI 是通过逆向 ARP 获取得到的；CISCO 表示该接口 LMI 类型为 cisco。

③ 查看 PVC。

```
R1♯show frame-relay pvc      //查看 PVC
PVC Statistics for interface Serial0/0 (Frame Relay DTE)

              Active      Inactive     Deleted      Static
   Local      2           0            0            0
   Switched   0           0            0            0
   Unused     0           0            0            0

DLCI = 102, DLCI USAGE = LOCAL, PVC STATUS = ACTIVE, INTERFACE = Serial0/0
   input pkts 8           output pkts 7           in bytes 622
   out bytes 588          dropped pkts 0          in pkts dropped 0
   out pkts dropped 0                out bytes dropped 0
   in FECN pkts 0         in BECN pkts 0          out FECN pkts 0
   out BECN pkts 0        in DE pkts 0            out DE pkts 0
   out bcast pkts 2       out bcast bytes 68
   5 minute input rate 0 bits/sec, 0 packets/sec
   5 minute output rate 0 bits/sec, 0 packets/sec
   pvc create time 00:35:28, last time pvc status changed 00:32:38
```

DLCI = 103, DLCI USAGE = LOCAL, PVC STATUS = ACTIVE, INTERFACE = Serial0/0

input pkts 1	output pkts 25	in bytes 34
out bytes 850	dropped pkts 0	in pkts dropped 0
out pkts dropped 0	out bytes dropped 0	
in FECN pkts 0	in BECN pkts 0	out FECN pkts 0
out BECN pkts 0	in DE pkts 0	out DE pkts 0
out bcast pkts 25	out bcast bytes 850	

5 minute input rate 0 bits/sec, 0 packets/sec
5 minute output rate 0 bits/sec, 0 packets/sec
pvc create time 00:35:28, last time pvc status changed 00:30:48

④ 测试 R1 到 R2,R1 到 R3 的通信。

R1♯ping 172.16.1.2
Type escape sequence to abort.
Sending 5, 100 - byte ICMP Echos to 172.16.1.2, timeout is 2 seconds:
!!!!!
Success rate is 100 percent (5/5), round - trip min/avg/max = 36/87/224 ms

R1♯ping 172.16.1.3
Type escape sequence to abort.
Sending 5, 100 - byte ICMP Echos to 172.16.1.3, timeout is 2 seconds:
!!!!!
Success rate is 100 percent (5/5), round - trip min/avg/max = 36/87/224 ms

⑤ 测试 R2 到 R3 的通信。

R2♯ping 172.16.1.3
Type escape sequence to abort.
Sending 5, 100 - byte ICMP Echos to 172.16.1.3, timeout is 2 seconds:
…
Success rate is 0 percent (0/5)

13.2 帧中继网络 DLCI 映射的配置

13.2.1 实验目的

(1) 理解 DLCI 动态映射用途。
(2) 掌握静态 DLCI 映射的配置。
(3) 掌握 broadcast 关键词的使用。

13.2.2 实验原理

1. 静态 DLCI 映射配置

帧中继映射可把对端设备的协议地址(通常为 IP 地址)与第 2 层地址(DLCI)关联起来。帧中继映射表中存放了 IP 地址和 DLCI 之间的映射关系,类似以太网中存放 IP 地址 MAC 地址的 ARP 映射表。

帧中继转发 IP 报文时,首先通过路由表查找出下一跳地址,在将报文发送到该地址时,必须要确定该地址对应的 DLCI。该过程通过查找帧中继地址映射表完成。如果查找到相应的 DLCI,则将报文发送给帧中继交换机;如果查找不到,则无法发送该报文。

帧中继的地址映射表可以通过动态建立,也可以通过静态配置。动态建立指通过逆向 ARP 自动得到。静态建立是通过手工命令指定得到。由于逆向 ARP 会广播自身的 IP 地址和 DLCI 的位置,如果不希望自身的映射关系被所有路由器发现,可以使用静态配置。

帧中继接口默认启动逆向 ARP,所以要配置静态映射之前,必须将逆向 ARP 关闭。

静态映射配置步骤如下:

(1) 关闭逆向 ARP。

```
R1(config-if)#no frame-relay inverse-arp
```

(2) 配置对端 IP 地址和 DLCI 的映射关系。

```
R1(config-if)#frame-relay map ip  172.16.1.1  102  broadcast
```

其中,172.16.1.1 为对端 IP 地址;102 为映射的 DLCI;broadcast 表示允许通过 PVC 传输广播和组播。如果没有输入 broadcast,则无法通过帧中继传递动态路由协议的报文。

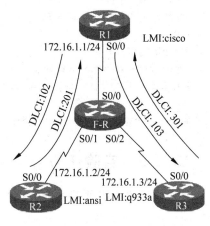

图 13-4 帧中继静态映射网络拓扑图

2. 静态 DLCI 映射配置实例

帧中继静态映射网络拓扑图如图 13-4 所示。

配置说明:关闭 R1、R2、R3 的逆向 ARP,使用静态映射配置 R1、R2、R3 的 DLCI 和接口 IP。

(1) 配置 R1。

```
…   //接口和其他配置参考上一个实验
R1(config-if)#no frame-relay inverse-arp   //关闭逆向 ARP
//配置到 R2、R3 的静态映射
R1(config-if)#frame-relay map ip 172.16.1.2 102 broadcast
R1(config-if)#frame-relay map ip 172.16.1.3 103 broadcast
//如果要 ping 通本路由器的接口,要添加到自身 IP 地址的映射
R1(config-if)#frame-relay map ip 172.16.1.1 102 broadcast
```

(2) 配置 R2。

```
…   //接口和其他配置参考上一个实验
R2(config-if)#no frame-relay inverse-arp           //关闭逆向 ARP
R2(config-if)#frame-relay map ip 172.16.1.1 201 broadcast   //配置静态映射
```

(3) 配置 R3。

```
…   //接口和其他配置参考上一个实验
R3(config-if)#no frame-relay inverse-arp
R3(config-if)#frame-relay map ip 172.16.1.1 301 broadcast
```

（4）配置结果检查与测试。

```
R1♯show frame-relay map
Serial0/0 (up): ip 172.16.1.3 dlci 103 (0x67, 0x1870), static, broadcast, CISCO, status
defined, active
Serial0/0 (up): ip 172.16.1.2 dlci 102 (0x66, 0x1860), static, broadcast, CISCO, status
defined, active
```

注意：static 表示静态映射；broadcast 表示支持广播数据。

测试路由器连通性。

```
R1♯ping 172.16.1.2                                    //R1  ping  R2
Type escape sequence to abort.
Sending 5, 100-byte ICMP Echos to 172.16.1.2, timeout is 2 seconds:
!!!!!
R1♯ping 172.16.1.3                                    //R1  ping  R2
Type escape sequence to abort.
Sending 5, 100-byte ICMP Echos to 172.16.1.3, timeout is 2 seconds:
!!!!!
R1♯ping 172.16.1.1                                    //R1  ping  自身
Type escape sequence to abort.
Sending 5, 100-byte ICMP Echos to 172.16.1.1, timeout is 2 seconds:
!!!!!
Success rate is 100 percent (5/5), round-trip min/avg/max = 112/209/284 ms
```

13.2.3　实验任务

帧中继网络 RIP 协议的配置拓扑图如图 13-5 所示。

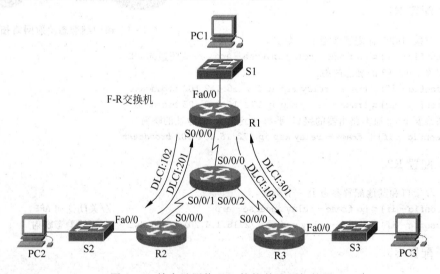

图 13-5　帧中继网络 RIP 协议的配置拓扑图

IP 地址表如表 13-3 所示。

表 13-3 IP 地址表

设　　备	接　　口	IP 地址	子 网 掩 码
R1	Fa0/0	172.16.1.1	255.255.255.0
	S0/0/0	172.16.123.1	255.255.255.0
R2	S0/0/0	172.16.123.2	255.255.255.0
	Fa0/0	172.16.3.1	255.255.255.0
R3	S0/0/0	172.16.123.3	255.255.255.0
	Fa0/0	192.168.2.1	255.255.255.0
PC1	NIC	172.16.1.2	255.255.255.0
PC2	NIC	172.16.3.2	255.255.255.0
PC3	NIC	192.168.2.2	255.255.255.0

实验要求:

(1) 在路由器 F-R 上模拟帧中继交换机,配置路由器上的接口为 DCE 段、时钟频率为 128000、帧中继封装类型和 LMI 类型为 cisco,对应的帧中继交换表内容如下:

Input	Intf	Input	Dlci
Serial0/0/0	102	Serial0/0/1	201
Serial0/0/0	103	Serial0/0/2	301
Serial0/0/1	201	Serial0/0/0	102
Serial0/0/2	301	Serial0/0/0	103

(2) 在路由器 R1、R2、R3 上按照 IP 地址表给定的地址配置帧中继接口,帧中继封装类型和 LMI 类型为默认值 cisco,接着在 PC1、PC2、PC3 上互 ping 来测试网络的连通情况。

(3) 在路由器 R1、R2、R3 上关闭 IARP,结合本实验的拓扑图配置静态映射,该如何配置?

13.3 帧中继网络中 RIP 协议的配置

13.3.1 实验目的

(1) 理解全网状帧中继和部分网状帧中继的区别。
(2) 理解水平分割的作用。
(3) 掌握 ip horizon-split 命令的应用。

13.3.2 实验原理

1. 帧中继与 RIP 协议

帧中继常见的网络拓扑分为两种:一种为全网状结构,另一种为部分网状结构。全网状结构指路由器之间都建立 PVC,因此在 N 个结点的帧中继网络中,需要建立 N*(N-1)条 PVC,成本较高,在现实应用中比较少采用。应用得较为广泛的是部分网状帧中继结构,其中以星形拓扑网络为主。星形拓扑结构以一个结点为中心结点,其他结点只和中心结点建立 PVC 连接,彼此之间没有直接的 PVC 链路,因此,各个结点的通信均要通过中间结点进行转发。星形拓扑也称为轮辐型帧中继网络。

星形的帧中继网络需要的 PVC 数目少,成本较低,但是在该类型的帧中继网络中运行

RIP 协议时容易产生由于关闭接口水平分割而带来的路由环路问题。

如图 13-6 所示,R2 作为帧中继网络的中心,R1 和 R3 均和 R2 建立 PVC。在 R1、R2 和 R3 上运行 RIP 协议时,R1 和 R3 会将路由通告发送给 R2。为了防止路由环路,通常会在 R2 的帧中继接口上启用水平分割。按照水平分割规定,不会将该接口学习到的路由通告转发出去。因此,R2 从帧中继接口上学习到的 R1 路由,将不会转发给 R3,同样,从 R3 学习到的路由,也不会转发给 R1,这样会造成 R1、R3 之间相互学习不到对方的路由信息。

图 13-6　帧中继的 RIP 协议

为了解决该问题,可以采用以下办法:

(1) 建立全网状拓扑结构。

(2) 关闭接口的水平分割功能。

(3) 采用子接口方式。

在以上 3 种方法中,第 1 种解决方法成本较高,第 2 种解决方法容易引起路由环路,第 3 种解决方法被普遍采用。

启用帧中继水平分割的配置命令:

```
Router(config)#interface s0/0
Router(config-if)#ip  split-horizon
```

注意:帧中继接口默认关闭水平分割。

2. 帧中继的 RIP 协议配置实例

帧中继静态映射网络拓扑图如图 13-7 所示。

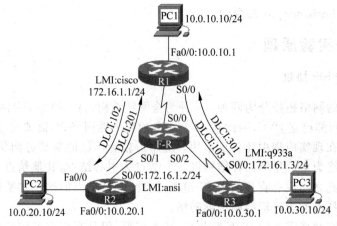

图 13-7　帧中继静态映射网络拓扑图

配置说明:R1 路由器为星形网络的中心,要求在 R1、R2、R3 上运行 RIPv2 路由协议,使路由器能够学习到全部网络信息,PC1、PC2、PC3 能够相互通信。

配置步骤如下:

(1)配置 R1。

```
R1(config)#interface s0/0
R1(config-if)#frame-relay lmi-type cisco          //配置 LMI 类型为 cisco
R1(config-if)#frame-relay intf-type dte           //配置 intf-type 为 DTE
R1(config-if)#ip address 172.16.1.1 255.255.255.0 //配置 IP 地址
R1(config-if)#no frame-relay inverse-arp          //关闭逆向 ARP
R1(config-if)#frame-relay map ip 172.16.1.2 102 broadcast  //配置到 R2 的静态映射
R1(config-if)#frame-relay map ip 172.16.1.3 103 broadcast  //配置到 R3 的静态映射
//启用接口水平分割
R1(config-if)#ip split-horizon
//配置 Fa0/0 接口
R1(config)#int Fa0/0
R1(config-if)#ip address 10.0.10.1 255.255.255.0
R1(config-if)#no sh
//配置 RIPv2 协议
R1(config)#router rip
R1(config-router)#network 10.0.0.0
R1(config-router)#net 172.16.0.0
R1(config-router)#no auto-summary
R1(config-router)#version 2
```

(2)配置 R2。

```
R2(config)#int s0/0
R2(config-if)#encapsulation frame-relay           //配置接口封装帧中继协议
R2(config-if)#frame-relay lmi-type ansi           //配置 LMI 类型为 ansi
R2(config-if)#ip address 172.16.1.2 255.255.255.0 //配置 IP 地址
R2(config-if)#frame-relay intf-type dte           //配置 intf-type 为 DTE
R2(config-if)#no frame-relay inverse-arp
R2(config-if)#frame-relay map ip 172.16.1.1 201 broadcast
R2(config-if)#no shutdown
//配置 Fa0/0 接口
R2(config)#int Fa0/0
R2(config-if)#ip add 10.0.20.1 255.255.255.0
R2(config-if)#no sh
//配置 RIPv2 协议
R2(config)#router rip
R2(config-router)#network 10.0.0.0
R2(config-router)#net 172.16.0.0
R2(config-router)#no auto-summary
R2(config-router)#version 2
```

(3)配置 R3。

```
R3(config)#int s0/0
R3(config-if)#encapsulation frame-relay           //配置接口封装帧中继协议
R3(config-if)#frame-relay lmi-type q933a          //配置 LMI 类型为 q933a
```

R3(config - if)♯ip address 172.16.1.3 255.255.255.0　　//配置 IP 地址
R3(config - if)♯frame - relay intf - type dte　　　　//配置 intf - type 为 DTE
R3(config - if)♯no frame - relay inverse - arp
R3(config - if)♯frame - relay map ip 172.16.1.1 301 broadcast
R3(config - if)♯no shutdown
//配置 Fa0/0 接口
R3(config)♯int Fa0/0
R3(config - if)♯ip add 10.0.30.1 255.255.255.0
R3(config - if)♯no sh
//配置 RIPv2 协议
R3 (config)♯router rip
R3 (config - router)♯network 10.0.0.0
R3 (config - router)♯net 172.16.0.0
R3 (config - router)♯no auto - summary
R3 (config - router)♯version 2

（4）结果检查与测试。

① 查看 R1 路由表。

R1♯show ip route
…　//省略
Gateway of last resort is not set
　　172.16.0.0/24 is subnetted, 1 subnets
C　　　172.16.1.0 is directly connected, Serial0/0
　　10.0.0.0/24 is subnetted, 3 subnets
C　　　10.0.10.0 is directly connected, FastEthernet0/0
R　　　*10.0.30.0 [120/1] via 172.16.1.3, 00:00:24, Serial0/0*
R　　　*10.0.20.0 [120/1] via 172.16.1.2, 00:00:07, Serial0/0*

② 查看 R2 路由表。

R3♯show ip route
…
Gateway of last resort is not set
　　172.16.0.0/24 is subnetted, 1 subnets
C　　　172.16.1.0 is directly connected, Serial0/0
　　10.0.0.0/24 is subnetted, 2 subnets
R　　　*10.0.10.0 [120/1] via 172.16.1.1, 00:00:09, Serial0/0*
C　　　10.0.30.0 is directly connected, FastEthernet0/0

③ 查看 R3 路由表。

　R2♯show ip route
…
Gateway of last resort is not set
　　172.16.0.0/24 is subnetted, 1 subnets
C　　　172.16.1.0 is directly connected, Serial0/0
　　10.0.0.0/24 is subnetted, 2 subnets
R　　　10.0.10.0 [120/1] via 172.16.1.1, 00:00:02, Serial0/0
C　　　10.0.20.0 is directly connected, FastEthernet0/0

④ 关闭水平分割,观察结果。

在 R1 的 S0/0 接口,使用以下命令:

```
R1(config-if)# no  ip  split-horizon
R2# sh ip route
…
Gateway of last resort is not set
    172.16.0.0/24 is subnetted, 1 subnets
C       172.16.1.0 is directly connected, Serial0/0
    10.0.0.0/24 is subnetted, 2 subnets
R       10.0.10.0 [120/1] via 172.16.1.1, 00:00:02, Serial0/0
R       10.0.30.0 [120/1] via 172.16.1.1, 00:00:06, Serial0/0
C       10.0.20.0 is directly connected, FastEthernet0/0
```

13.3.3 实验任务

帧中继网络 RIP 协议的配置拓扑图如图 13-8 所示。

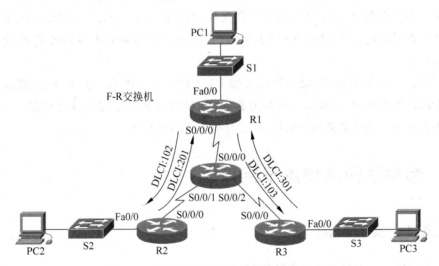

图 13-8 帧中继网络 RIP 协议的配置拓扑图

IP 地址表如表 13-4 所示。

表 13-4 IP 地址表

设 备	接 口	IP 地址	子 网 掩 码
R1	Fa0/0	172.16.1.1	255.255.255.0
	S0/0/0	172.16.123.1	255.255.255.0
R2	S0/0/0	172.16.123.2	255.255.255.0
	Fa0/0	172.16.3.1	255.255.255.0
R3	S0/0/0	172.16.123.3	255.255.255.0
	Fa0/0	192.168.2.1	255.255.255.0
PC1	NIC	172.16.1.2	255.255.255.0
PC2	NIC	172.16.3.2	255.255.255.0
PC3	NIC	192.168.2.2	255.255.255.0

实验要求：

（1）在路由器 F-R 上模拟帧中继交换机，路由器上的接口为 DCE 段，时钟频率为 128000，帧中继封装类型和 LMI 类型为 cisco，对应的帧中继交换表内容如下：

Input	Intf	Input	Dlci
Serial0/0/0	102	Serial0/0/1	201
Serial0/0/0	103	Serial0/0/2	301
Serial0/0/1	201	Serial0/0/0	102
Serial0/0/2	301	Serial0/0/0	103

在路由器 R1、R2、R3 上按照 IP 地址表给定的地址配置帧中继接口，帧中继封装类型和 LMI 类型为默认值 cisco。

（2）在路由器 R1、R2、R3 上关闭 IARP，结合本实例图 13-8 的内容配置静态映射。

（3）在路由器 R1、R2、R3 上配置 RIP 动态路由协议，使各个网段连通。在路由器 R1、R2、R3 上使用 show ip route 命令查看路由器的路由表内容，并测试从 PC2 ping PC3 是否成功。然后在路由器 R1 上将水平分割功能关闭，清空路由表后测试从 PC2 ping PC3 是否成功？之后查看路由器 R1、R2、R3 的路由表内容，比较前后路由表内容的差别，并解释为什么会这样？

（4）对于（3）中的情况，如果不将路由器 R1 上的水平分割功能关闭，将会造成 PC2 和 PC3 所在网段不能互访，这时可以在路由器 R1 上设置点到点子接口或点到多点子接口的方法解决水平分割功能带来的不利后果，并任选一种方法配置。

13.4 帧中继的点到点子接口

13.4.1 实验目的

（1）理解帧中继点到点子接口的作用。

（2）掌握点到点子接口的配置。

（3）掌握通过配置子接口来解决水平分割问题。

13.4.2 实验原理

在非全网状的帧中继网络中，由于帧中继接口默认关闭了水平分割，因此容易产生路由环路的问题。如果启用水平分割，则又会造成分支网络无法学习到其他非连接网络的路由问题。由此可见，只使用一个物理接口是无法满足非全网状帧中继的路由传递。因此，可以通过创建子接口将物理接口分割为多个逻辑子接口，每个子接口分别与对端网络相连，这样既可以启动水平分割，又可以使网络之间的路由相互可达。

子接口分为点对点子接口和点对多点子接口。本小节主要介绍点对点子接口。如图 13-9 所示，R1 的 S0/0 接口创建了 3 个子接口，分别为 S0/0.1、S0/0.2、S0/0.3。每个子接口分别与对端路由器接口在同一子网,该子网只有两个 IP 地址,因此通常该子网的子网掩码长度为 30 位,即 255.255.255.252。在帧中继网络中,使用子接口技术可带来以下限制:需消耗更多的网络号。

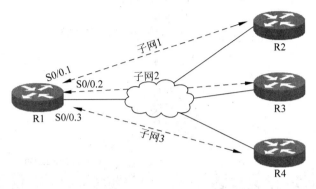

图 13-9　点到点子接口拓扑图

使用以下命令创建子接口:

```
R1(config)#interface s0/0.1 ?
  multipoint       Treat as a multipoint link       //点对多点接口
  point-to-point   Treat as a point-to-point link   //点到点子接口
```

子接口配置的步骤:

(1) 在物理接口上封装帧中继,并激活物理接口,但是物理接口无须配置 IP 地址。

```
R1(config)#int s0/0
R1(config-if)#encapsulation frame-relay
R1(config-if)#no shutdown
```

(2) 创建子接口,配置子接口的 IP 地址、带宽和配置帧中继映射。

```
R1(config)# interface Serial0/0.1 point-to-point   //配置点到点子接口
R1(config-if)#bandwidth 64000                      //配置带宽为 64000bps
R1(config-if)# ip address 10.0.0.1 255.255.255.252 //配置子接口 IP 地址
R1(config-if)#frame-relay interface-dlci 102       //配置子接口映射的 DLCI 为 102,即到对
                                                   //方 IP 的 DLCI 映射
```

注意:物理接口无须配置 IP,且必须激活。

13.4.3　实验任务

帧中继点对点子接口配置网络拓扑图如图 13-10 所示。

配置说明:在 R1 的 S0/0 接口上创建点对点的子接口 S0/0.1 或 S0/0.2,其中子接口 S0/0.1 建立到 R2 的 PVC,S0/0.2 建立到 R3 的配置。配置物理是 PC1、PC2、PC3 能够互通。

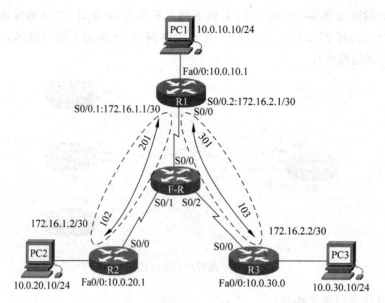

图 13-10　帧中继点对点子接口配置网络拓扑图

配置步骤如下：

（1）配置 R1。

//配置物理接口的帧中继封装和帧中继属性
```
R1(config) # interface  s0/0
R1(config - if) # encapsulation frame - relay
R1(config - if) # frame - relay lmi - type cisco
R1(config - if) # frame - relay intf - type dte
R1(config - if) # no shutdown
R1(config) #  interface Serial0/0.1 point - to - point          //点到点子接口
R1(config - if) # bandwidth 64000                               //配置带宽为 64000bps
R1(config - if) # ip address 172.16.1.1  255.255.255.252        //配置子接口 IP 地址
R1(config - if) # frame - relay interface - dlci 102            //配置子接口映射的 DLCI 为 102

R1(config) #  interface Serial0/0.2   point - to - point        //配置点到点子接口
R1(config - if) # bandwidth 64000                               //配置带宽为 64000bps
R1(config - if) # ip address   172.16.2.1 255.255.255.252       //配置子接口 IP 地址
R1(config - if) # frame - relay interface - dlci 103            //配置子接口映射的 DLCI 为 102
//配置 RIPv2
R1(config) # router rip
R1(config - router) # version 2
R1(config - router) # network 10.0.0.0
R1(config - router) # network 172.16.0.0
R1(config - router) # no auto - summary
```

（2）配置 R2。

```
R2(config) #  interface Serial2/0
R2(config - if) # ip address 172.16.1.2 255.255.255.252
```

```
R2(config-if)# encapsulation frame-relay
R2(config-if)#frame-relay map ip 172.16.1.1 201 broadcast
```
//路由协议配置
```
R2(config)#router rip
R2(config-router)#version 2
R2(config-router)#network 10.0.0.0
R2(config-router)#network 172.16.0.0
R2(config-router)#no auto-summary
```

（3）配置 R3。

```
R3(config)# interface Serial2/0
R3(config-if)# ip address  172.16.2.2  255.255.255.252
R3(config-if)# encapsulation frame-relay
R3(config-if)#frame-relay map  ip  172.16.2.1  301  broadcast
```
//路由协议配置
```
R3(config)#router rip
R3(config-router)#version 2
R3(config-router)#network 10.0.0.0
R3(config-router)#network 172.16.0.0
R3(config-router)#no auto-summary
```

（4）结果与测试。

① 查看 R3 的路由表。

```
R3#show ip route
…//省略
Gateway of last resort is not set
      10.0.0.0/24 is subnetted, 3 subnets
R        10.0.10.0 [120/1] via 172.16.2.1, 00:00:00, Serial2/0
R        10.0.20.0 [120/2] via 172.16.2.1, 00:00:00, Serial2/0
C        10.0.30.0 is directly connected, FastEthernet0/0
      172.16.0.0/30 is subnetted, 2 subnets
R        172.16.1.0 [120/1] via 172.16.2.1, 00:00:00, Serial2/0
C        172.16.2.0 is directly connected, Serial2/0
```
//可以看到,R3 学习到 R1、R2 的以太网路由没有受到水平分割的影响

② 测试 R3 到 R2 的连通性。

```
R3#ping 10.0.20.1
Type escape sequence to abort.
Sending 5, 100-byte ICMP Echos to 10.0.20.1, timeout is 2 seconds:
!!!!!
Success rate is 100 percent (5/5), round-trip min/avg/max = 109/116/125 ms
```

注意：

（1）物理接口需要先封装帧中继协议,还要激活物理接口。

（2）点对点子接口使用 30 位的子网掩码,可以使用 frame-relay interface-dlci 配置帧中继映射。

（3）每个点对点子接口必须位于不同的网络。

13.5 帧中继的点到多点子接口

13.5.1 实验目的

(1) 理解帧中继点到多点子接口的作用。
(2) 掌握点到多点子接口的配置。

13.5.2 实验原理

点到多点子接口配置和点到点子接口配置主要有以下区别：
(1) 使用 interface S0/0.1 multipoint 创建子接口。
(2) 映射 DLCI 时使用命令 frame-relay map ip 192.168.1.10 102 broadcast 建立静态映射，和帧中继静态映射命令相同。
(3) 点到多点子接口的 IP 地址子网掩码一般不会是 30 位。

13.5.3 实验任务

帧中继点到多点子接口配置网络拓扑图如图 13-11 所示。

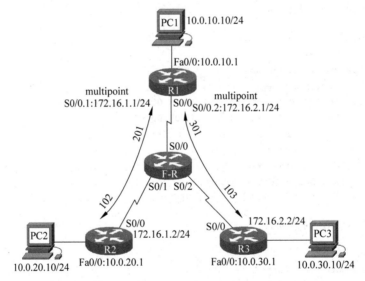

图 13-11 帧中继点到多点子接口配置网络拓扑图

配置说明：在 R1 的 S0/0 创建点到多点的子接口 S0/0.1 或 S0/0.2，其中 S0/0.1 建立到 R2 的 PVC，S0/0.2 建立到 R3 的配置。配置网络，使 PC1、PC2、PC3 能够互通。
配置步骤如下：
(1) 配置 R1。

```
R1(config)♯int S0/0
R1(config-if)♯encapsulation frame-relay
```

```
R1(config-if)#frame-relay lmi-type cisco
R1(config-if)#frame-relay intf-type dte
R1(config-if)#no sh

R1(config)# interface Serial0/0.1 multipoint          //配置点到点子接口
R1(config-if)#bandwidth 64000                         //配置带宽为64000bps
R1(config-if)#ip address 172.16.1.1  255.255.255.252  //配置子接口IP地址
R1(config-if)#frame-relay map ip  172.16.1.2  102 broadcast
R1(config)# interface Serial0/0.2  multipoint         //配置点到点子接口
R1(config-if)#bandwidth 64000                         //配置带宽为64000bps
R1(config-if)#ip address  172.16.2.1 255.255.255.252  //配置子接口IP地址
R1(config-if)# frame-relay map ip  172.16.2.2  103  broadcast

R1(config)#router rip
R1(config-router)#version 2
R1(config-router)#network 10.0.0.0
R1(config-router)#network 172.16.0.0
R1(config-router)#no auto-summary
```

（2）配置R2。

```
R2(config)# interface Serial2/0
R2(config-if)#ip address 172.16.1.2 255.255.255.0
R2(config-if)# encapsulation frame-relay
R2(config-if)#frame-relay map ip 172.16.1.1 201 broadcast
 //RIPv2配置与R1相同,此处省略
…
```

（3）配置R3。

```
R3(config)# interface Serial2/0
R3(config-if)#ip address  172.16.2.2  255.255.255.0
R3(config-if)# encapsulation frame-relay
R3(config-if)#frame-relay map  ip  172.16.2.1  301  broadcast
//RIPv2配置与R1相同,此处省略
…
```

（4）结果与测试。

① 查看R1的帧中继映射。

```
R1#sh frame-relay map
Serial2/0.1 (up): ip 172.16.1.2 dlci 102, static, broadcast, CISCO, status defined, active
Serial2/0.2 (up): ip 172.16.2.2 dlci 103, static, broadcast, CISCO, status defined, active
```

② 查看R2的路由表。

```
R2#sh ip route
…//省略
Gateway of last resort is not set
     10.0.0.0/24 is subnetted, 3 subnets
R       10.0.10.0 [120/1] via 172.16.1.1, 00:00:21, Serial2/0
C       10.0.20.0 is directly connected, FastEthernet0/0
```

```
R          10.0.30.0 [120/2] via 172.16.1.1, 00:00:21, Serial2/0
       172.16.0.0/16 is variably subnetted, 2 subnets, 2 masks
C          172.16.1.0/30 is directly connected, Serial2/0
R          172.16.2.0/24 [120/1] via 172.16.1.1, 00:00:21, Serial2/0
```

③ 测试 R2 到 R3 以太网接口的连通性。

```
R2#ping 10.0.30.1
Type escape sequence to abort.
Sending 5, 100-byte ICMP Echos to 10.0.30.1, timeout is 2 seconds:
!!!!!
Success rate is 100 percent (5/5), round-trip min/avg/max = 81/116/125 ms
```

13.6　小结与思考

本章讲解了帧中继网络的工作原理及相关配置。重点介绍了帧中继的基本配置、DLCI静态映射配置、帧中继下 RIP 协议的配置及子接口配置。帧中继技术作为目前接入广域网应用最为广泛的技术,掌握其具体应用将有助于人们构建跨地域的网络互联。

【思考】

(1) 简述帧中继的 DLCI 与以太网 MAC 地址的相同与不同之处。

(2) 逆向 ARP 起到什么作用? 通常,为什么要关闭逆向 ARP?

(3) 帧中继静态映射配置命令中的 broadcast 起到什么作用? 不写有什么影响?

(4) 点到点子接口和点到多点子接口有何区别?

(5) 水平分割对配置帧中继下的 RIP 协议有何影响?

第14章

VLAN之间的通信

VLAN实现了第2层广播域的划分,不同VLAN的主机无法进行通信。但是现实中往往需要实现不同VLAN的主机通信,因此需要用到第3层设备,即通过路由器或者三层交换机来完成。路由器实现VLAN间的通信可以通过多臂路由和单臂路由两种方式。多臂路由需要占用较多的路由器物理接口,应用较少。单臂路由只需配置路由器子接口,可使用逻辑接口代替物理接口。三层交换机需要配置交换虚拟接口(Switch Virtual Interface,SVI)。在企业网络中应用较多的是单臂路由方式或者三层交换机方式。本章主要通过介绍以上3种不同方式的配置和应用学习和了解其优缺点,并能够在现实中选择合理的VLAN间通信技术。

14.1 多臂路由实现VLAN间互联

14.1.1 实验目的

(1) 了解多臂路由的工作原理。
(2) 熟悉并掌握多臂路由实现VLAN间的互联测试。

14.1.2 实验原理

1. VLAN通信的实现方法

由于每个VLAN都是独立的广播域,所以在默认情况下,不同VLAN中的计算机之间无法通信。将VLAN间路由定义为使用路由器从一个VLAN向另一个VLAN转发网络流量的过程。VLAN与网络中唯一的IP子网相关联。子网的这种配置为实现多VLAN环境中的路由过程提供了依据。

其一,传统网络通过多个VLAN将网络流量分割为不同的逻辑广播域。在这种情况下,不同的路由器物理接口被连接到不同的交换机物理端口,从而实现路由。交换机端口以接入模式连接到路由器。在接入模式中,各端口或接口需分配不同的静态VLAN,各交换机接口所分配的静态VLAN必须不同。这样,各路由器接口就能接收来自所连接的交换机接口的相关VLAN流量,而流量也能发送到与其他接口相连的其他VLAN。

其二,并非所有的VLAN间路由配置都要求多物理接口。许多路由器软件允许将路由器接口配置为中继链路,这是 VLAN 间路由的新应用方法。单臂路由器是通过单个物理接口在网络中的多个 VLAN 之间发送流量的路由器配置。路由器接口被配置为中继链路,并以中继模式连接到交换机端口。通过接收中继接口上来自相邻交换机的 VLAN 标记流量,以及通过子接口在 VLAN 之间进行内部路由,路由器便可实现 VLAN 间路由。随后,路由器会将发往目的 VLAN 的 VLAN 标记流量从同一物理接口转发出去。

其三,某些可执行第 3 层功能的交换机可代替专用路由器,执行网络中的基本路由。多层交换机可执行 VLAN 间路由。

以上就是实现不同 VLAN 间路由的 3 种方式。

2. 多臂路由实现 VLAN 通信的配置

传统路由要求路由器具有多个物理接口,以便进行 VLAN 间路由。路由器通过每个物理接口连接到唯一的 VLAN,从而实现路由。各接口配置一个 IP 地址,该 IP 地址与所连接的特定 VLAN 子网相关联。由于各物理接口配置了 IP 地址,各个 VLAN 相连的网络设备可通过连接到同一 VLAN 的物理接口与路由器通信。

使用物理接口的传统 VLAN 间路由方式的优点是管理简单,缺点是网络扩展难度大。每增加一个新的 VLAN,都需要消耗路由器的端口和交换机上的访问链接,而且还需要重新布设一条网线。随着网络中 VLAN 数量的增加,每个 VLAN 配置一个路由器接口的物理方式将受到路由器物理硬件的限制,而路由器用于连接不同 VLAN 的物理接口数量有限。拥有大量 VLAN 的大型网络必须使用 VLAN 中继将多个 VLAN 分配到单个路由器接口,以适应专用路由器的硬件制约条件。新建 VLAN 时,为了对应增加的 VLAN 所需的端口,就必须将路由器升级成带有多个 LAN 接口的高端产品,这部分成本及重新布线所带来的开销,都使得这种接线法不受欢迎。

多臂路由实现 VLAN 通信的配置命令及含义如表 14-1 所示。

表 14-1　多臂路由实现 VLAN 通信的配置命令及含义

命　令	含　义
Router(config)#**interface range** *interface-list*	用来绑定一组端口,并进入端口批量配置视图。 *interface-list* = {*interface-type interface-number* [**to** *interface-type interface-number*]}&<1-5>。其中, *interface-type interface-number* 表示端口类型和端口编号;&<1-5> 表示前面的参数最多可以输入 5 次;当使用 **to** 关键字指定端口范围时(形如 *interface-type interface-number*1 **to** *interface-type interface-number*2),**to** 关键字左边的端口(起始端口)和该关键字右边的端口(结束端口)必须位于同一接口卡或子卡上,并且起始端口的编号必须小于或等于结束端口的编号
Router(config-if)#**switchport access vlan** *vlan_id*	把端口加入到 VLAN
Router(config)#**interface vlan** *vlan_id*	进入 VLAN 接口配置模式

3．多臂路由的配置实例

多臂路由配置拓扑图如图 14-1 所示。

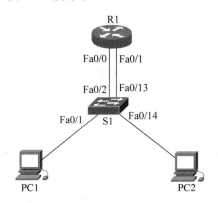

图 14-1　多臂路由配置拓扑图

IP 地址表如表 14-2 所示。

表 14-2　IP 地址表

设　　备	接　　口	IP 地址	子 网 掩 码
R1	Fa0/0	192.168.10.1	255.255.255.0
	Fa0/1	192.168.20.1	255.255.255.0
S1	Fa0/1-12(VLAN10)	192.168.10.254	255.255.255.0
	Fa0/13-24(VLAN20)	192.168.20.254	255.255.255.0
PC1	NIC	192.168.10.100	255.255.255.0
PC2	NIC	192.168.20.100	255.255.255.0

配置步骤如下：

（1）配置交换机 S1。

```
S1(config)# interface  range Fa0/1 - 12
S1(config- if)# switchport access vlan10
S1(config- if)# inter vlan10
S1(config- if)# ip add 192.168.10.254 255.255.255.0
S1(config- if)# no shut
S1(config- if)# interface  range Fa0/13 - 24
S1(config- if)# switchport access vlan20
S1(config- if)# inter vlan20
S1(config- if)# ip add 192.168.20.254 255.255.255.0
S1(config- if)# no shut
```

（2）配置路由器 R1。

```
R1(config)# interface Fa0/0
R1(config- if)# ip address 192.168.10.1 255.255.255.0
R1(config- if)# no shut
R1(config)# interface Fa0/1
```

R1(config - if)♯ ip address 192.168.20.1 255.255.255.0
R1(config - if)♯ no shut

（3）实验调试。

R1♯ show ip route
Codes: C - connected, S - static, I - IGRP, R - RIP, M - mobile, B - BGP
       D - EIGRP, EX - EIGRP external, O - OSPF, IA - OSPF inter area
       N1 - OSPF NSSA external type 1, N2 - OSPF NSSA external type 2
       E1 - OSPF external type 1, E2 - OSPF external type 2, E - EGP
       i - IS - IS, L1 - IS - IS level - 1, L2 - IS - IS level - 2, ia - IS - IS inter area
       * - candidate default, U - per - user static route, o - ODR
       P - periodic downloaded static route
Gateway of last resort is not set

C   192.168.10.0/24 is directly connected, FastEthernet0/0
C   192.168.20.0/24 is directly connected, FastEthernet0/1

可以看到，从 PC1 ping PC2，结果是通的。

PC > ping 192.168.20.100

Pinging 192.168.20.100 with 32 bytes of data:

Reply from 192.168.20.100: bytes = 32 time = 125ms TTL = 127
Reply from 192.168.20.100: bytes = 32 time = 125ms TTL = 127
Reply from 192.168.20.100: bytes = 32 time = 109ms TTL = 127
Reply from 192.168.20.100: bytes = 32 time = 125ms TTL = 127

Ping statistics for 192.168.20.100:
    Packets: Sent = 4, Received = 4, Lost = 0 (0 % loss),
Approximate round trip times in milli - seconds:
    Minimum = 109ms, Maximum = 125ms, Average = 121ms

14.1.3   实验任务

多臂路由的配置拓扑图如图 14-2 所示。

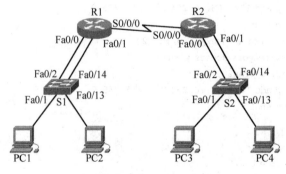

图 14-2   多臂路由的配置拓扑图

IP 地址表如表 14-3 所示。

表 14-3 IP 地址表

设　　备	接　　口	IP 地址	子 网 掩 码
R1	Fa0/0	192.168.10.1	255.255.255.0
	Fa0/1	192.168.20.1	255.255.255.0
	S0/0/0	172.16.1.1	255.255.255.252
R2	Fa0/0	192.168.30.1	255.255.255.0
	Fa0/1	192.168.40.1	255.255.255.0
	S0/0/0	172.16.1.2	255.255.255.252
S1	Fa0/1-12(VLAN10)	192.168.10.254	255.255.255.0
	Fa0/13-24(VLAN20)	192.168.20.254	255.255.255.0
S2	Fa0/1-12(VLAN30)	192.168.30.254	255.255.255.0
	Fa0/13-24(VLAN40)	192.168.40.254	255.255.255.0
PC1	NIC	192.168.10.100	255.255.255.0
PC2	NIC	192.168.20.100	255.255.255.0
PC3	NIC	192.168.30.100	255.255.255.0
PC4	NIC	192.168.40.100	255.255.255.0

实验要求：

（1）交换机 S1 上的端口 Fa0/1-12 属于 VLAN10，端口 Fa0/13-24 属于 VLAN20；交换机 S2 上的端口 Fa0/1-12 属于 VLAN30，端口 Fa0/13-24 属于 VLAN40。

（2）在路由器 R1 和 R2 上配置 RIP 动态路由协议，保证整个网络联通。

（3）测试各个 VLAN 之间的通信情况是否畅通。

14.2 单臂路由

14.2.1 实验目的

（1）了解单臂路由的原理。

（2）掌握 802.1q 子接口的配置。

（3）熟悉并掌握单臂路由的配置和调试。

14.2.2 实验原理

1. 路由器子接口配置

要克服基于路由器物理接口的 VLAN 间路由的硬件限制，需使用虚拟子接口和中继链路。子接口是基于软件的虚拟接口，可分配到各物理接口。每个子接口配置有自己的 IP、子网掩码和唯一的 VLAN 分配，使单个物理接口同时属于多个逻辑网络。这种方法适用于网络中有多个 VLAN 但只有少数路由器物理接口的 VLAN 间路由。由于这种方式是以在一个物理端口上设置多个逻辑子接口的方式实现网络扩展，因此网络扩展比较容易且成本较低,只是对路由器的配置复杂一些。

从功能上来说,使用单臂路由器模式配置 VLAN 间路由与使用传统路由模式相同,但这一模式使用单个接口的子接口执行路由,而不是使用物理接口。

单臂路由配置命令及含义如表 14-4 所示。

表 14-4　单臂路由配置命令及含义

命　　令	含　　义
Router(config-if)♯ **interface** *interface_id.Subinterface_id*	创建子接口
Router(config)♯ **encapsulation dot1q** *vlan_id*	封装子接口,vlan_id 表示为子接口分配的 vlan

2. 单臂路由的配置实例

单臂路由的配置拓扑图如图 14-3 所示。

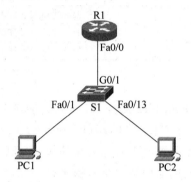

图 14-3　单臂路由的配置拓扑图

IP 地址表如表 14-5 所示。

表 14-5　IP 地址表

设　　备	接　　口	IP 地 址	子 网 掩 码
R1	Fa0/0.10	192.168.10.1	255.255.255.0
	Fa0/0.20	192.168.20.1	255.255.255.0
S1	Fa0/1-12(VLAN10)	192.168.10.254	255.255.255.0
	Fa0/13-24(VLAN20)	192.168.20.254	255.255.255.0
	G0/1(TRUNK)	…	…
PC1	NIC	192.168.10.100	255.255.255.0
PC2	NIC	192.168.20.100	255.255.255.0

配置步骤如下:

(1) 配置交换机 S1。

```
S1(config)♯ interface  range Fa0/1 - 12
S1(config - if)♯ switchport access vlan10
S1(config - if)♯ inter vlan10
S1(config - if)♯ ip add 192.168.10.254 255.255.255.0
```

```
S1(config-if)# no shut
S1(config-if)# interface  range Fa0/13-24
S1(config-if)# switchport access vlan20
S1(config-if)# inter vlan20
S1(config-if)# ip add 192.168.20.254 255.255.255.0
S1(config-if)# no shut
S1(config-if)# interface  G0/1
S1(config-if)# switchport trunk encapsulation dot1q   //如果是2层交换机,本句可省略
S1(config-if)# switchport mode trunk
```

（2）配置路由器 R1。

```
Router(config)# hostname R1
R1(config)# inter Fa0/0.10
R1(config-if)# encapsulation dot1q 10
R1(config-if)# ip address 192.168.10.1 255.255.255.0
R1(config-if)# encapsulation dot1q 20
R1(config-if)# ip address 192.168.20.1 255.255.255.0
R1(config-if)# exit
R1(config)# inter Fa0/0
R1(config-if)# no shut
```

（3）实验调试。

```
R1# show ip route
Codes: C-connected, S-static, I-IGRP, R-RIP, M-mobile, B-BGP
       D-EIGRP, EX-EIGRP external, O-OSPF, IA-OSPF inter area
       N1-OSPF NSSA external type 1, N2-OSPF NSSA external type 2
       E1-OSPF external type 1, E2-OSPF external type 2, E-EGP
       i-IS-IS, L1-IS-IS level-1, L2-IS-IS level-2, ia-IS-IS inter area
       *-candidate default, U-per-user static route, o-ODR
       P-periodic downloaded static route
Gateway of last resort is not set

C    192.168.10.0/24 is directly connected, FastEthernet0/0.10
C    192.168.20.0/24 is directly connected, FastEthernet0/0.20
```

从 PC1 ping PC2 的 IP。

```
PC> ping 192.168.20.100
Pinging 192.168.20.100 with 32 bytes of data:

Reply from 192.168.20.100: bytes=32 time=125ms TTL=127
Reply from 192.168.20.100: bytes=32 time=109ms TTL=127
Reply from 192.168.20.100: bytes=32 time=109ms TTL=127
Reply from 192.168.20.100: bytes=32 time=125ms TTL=127

Ping statistics for 192.168.20.100:
Packets: Sent=4, Received=4, Lost=0 (0% loss),
```

Approximate round trip times in milli-seconds:

Minimum = 109ms, Maximum = 125ms, Average = 117ms

14.2.3　实验任务

单臂路由的配置拓扑图如图 14-4 所示。

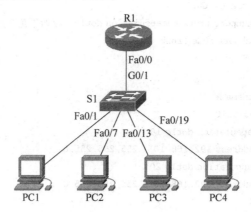

图 14-4　单臂路由的配置拓扑图

IP 地址表如表 14-6 所示。

表 14-6　IP 地址表

设　　备	接　　口	IP 地址	子 网 掩 码
R1	Fa0/0.10	192.168.10.1	255.255.255.0
	Fa0/0.20	192.168.20.1	255.255.255.0
	Fa0/0.30	192.168.30.1	255.255.255.0
	Fa0/0.40	192.168.40.1	255.255.255.0
S1	Fa0/1-6(VLAN10)	192.168.10.254	255.255.255.0
	Fa0/7-12(VLAN20)	192.168.20.254	255.255.255.0
	Fa0/13-18(VLAN30)	192.168.30.254	255.255.255.0
	Fa0/19-24(VLAN40)	192.168.40.254	255.255.255.0
	G0/1(TRUNK)	…	…
PC1	NIC	192.168.10.100	255.255.255.0
PC2	NIC	192.168.20.100	255.255.255.0
PC3	NIC	192.168.30.100	255.255.255.0
PC4	NIC	192.168.40.100	255.255.255.0

实验要求：

（1）交换机 S1 上的端口 Fa0/1-6 属于 VLAN10，端口 Fa0/7-12 属于 VLAN20，端口 Fa0/13-18 属于 VLAN30，端口 Fa0/19-24 属于 VLAN40。

（2）在路由器 R1 上配置单臂路由，保证整个网络联通。

（3）测试各个 VLAN 之间的通信情况是否畅通。

14.3　三层交换实现 VLAN 间路由

14.3.1　实验目的

(1) 了解三层交换的概念和原理。

(2) 掌握三层交换机 SVI 的配置。

(3) 熟悉并掌握三层交换的配置和调试。

14.3.2　实验原理

1. 三层交换机 SVI 的配置

目前市场上有许多三层以上的交换机,在这些交换机中,厂家通过硬件或软件将路由功能集成到交换机中。交换机主要用于园区网中,园区网中的路由比较简单,但要求数据交换的速度较快。通过单臂路由实现 VLAN 间的路由时转发速率较慢,因此在大型园区网中用交换机代替路由器已是不争的事实。实际上,在局域网内部多采用三层交换。三层交换机通常采用硬件来实现,其路由数据包的速率是普通路由器的几十倍。

三层交换机和每个 VLAN 都有一个虚拟的接口进行连接,称为交换机虚拟接口(SVI)。SVI 接口的名称为 VLAN 的名称,如 VLAN1 或 VLAN2。Cisco 交换机早年采用 NetFlow 三层交换技术,现在主要采用 Cisco 快速交换(Cisco Express Forwarding,CEF)交换方案。在 CEF 交换方案中,主要利用路由表形成转发信息库(FIB)。FIB 和路由表是同步的,因为 FIB 的查询是硬件化的,其查询速度很快。除了 FIB 外,还有邻接表(Adjacency Table),该表和 ARP 表类似,主要保存了第 2 层的封装信息。FIB 和邻接表都是数据转发之前就已经建立好的,一旦有数据要转发,交换机就能直接利用它们进行数据转发和封装,不需要查询路由表和发送 ARP 请求,所以 VLAN 间的路由速率大大提高。

三层交换机 SVI 的配置命令及功能如表 14-7 所示。

表 14-7　三层交换机 SVI 的配置命令及功能

命　　令	功　　能
Switch(config)♯ ip routing	开启交换机的路由功能
Swtich(config)♯ interface vlan vlan-id	创建和指定 VLAN 关联的 SVI 接口
Switch(config-if)♯ ip address ip-address mask	给 SVI 接口配置 IP
Switch(config)♯ router *ip_routing_protocol* <options>	配置三层交换机的动态路由协议

2. 三层交换机实现 VLAN 间通信的配置实例

三层交换实现 VLAN 间路由的配置拓扑图如图 14-5 所示。

IP 地址表如表 14-8 所示。

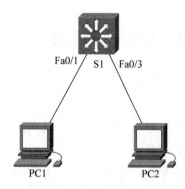

图 14-5　三层交换实现 VLAN 间路由的配置拓扑图

表 14-8　IP 地址表

设　备	接　口	IP 地址	子网掩码
S1	Fa0/1-12（vlan10）	192.168.10.1	255.255.255.0
	Fa0/13-24（vlan20）	192.168.20.1	255.255.255.0
PC1	NIC	192.168.10.100	255.255.255.0
PC2	NIC	192.168.20.100	255.255.255.0

本实验要求使用三层交换机将分属 VLAN10 和 VLAN20 的两台 PC 连接起来。
配置步骤如下：

（1）配置交换机 S1 的 VLAN。

```
Switch(config)#hostname S1
S1(config)#vlan10
S1(config-vlan)#exit
S1(config)#inter Fa0/1
S1(config-if)#switchport mode access
S1(config-if)#switchport access vlan10
S1(config-if)#inter Fa0/2
S1(config-if)#switchport mode access
S1(config-if)#switchport access vlan20
```

（2）配置交换机 S1 的三层交换功能。

```
S1(config)#ip routing
S1(config)#int vlan10
S1(config-if)#ip address 192.168.10.1 255.255.255.0
S1(config-if)#no shutdown
S1(config)#int vlan20
S1(config-if)#ip address 192.168.20.1 255.255.255.0
S1(config-if)#no shutdown
```

（3）实验调试。

① 首先检查 S1 上的路由表。

```
S1#show ip route
```

```
Codes: C - connected, S - static, I - IGRP, R - RIP, M - mobile, B - BGP
       D - EIGRP, EX - EIGRP external, O - OSPF, IA - OSPF inter area
       N1 - OSPF NSSA external type 1, N2 - OSPF NSSA external type 2
       E1 - OSPF external type 1, E2 - OSPF external type 2, E - EGP
       i - IS - IS, L1 - IS - IS level - 1, L2 - IS - IS level - 2, ia - IS - IS inter area
       * - candidate default, U - per - user static route, o - ODR
       P - periodic downloaded static route

Gateway of last resort is not set

C    192.168.10.0/24 is directly connected, vlan10
C    192.168.20.0/24 is directly connected, vlan20
```

② 其次测试 PC1 和 PC2 之间的通信是否正常。

```
PC > ping 192.168.20.100
Pinging 192.168.20.100 with 32 bytes of data:

Reply from 192.168.20.100: bytes = 32 time = 47ms TTL = 127
Reply from 192.168.20.100: bytes = 32 time = 63ms TTL = 127
Reply from 192.168.20.100: bytes = 32 time = 74ms TTL = 127
Reply from 192.168.20.100: bytes = 32 time = 33ms TTL = 127

Ping statistics for 192.168.20.100:
    Packets: Sent = 4, Received = 4, Lost = 0 (0 % loss),
Approximate round trip times in milli - seconds:
    Minimum = 33ms, Maximum = 74ms, Average = 54ms
```

14.3.3 实验任务

三层交换实现 VLAN 间路由的配置拓扑图如图 14-6 所示。

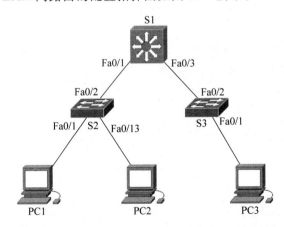

图 14-6 三层交换实现 VLAN 间路由的配置拓扑图

IP 地址表如表 14-9 所示。

表 14-9　IP 地址表

设　备	接　口	IP 地址	子网掩码
S1	VLAN10 SVI	192.168.10.1	255.255.255.0
	VLAN20 SVI	192.168.20.1	255.255.255.0
	VLAN30 SVI	192.168.30.1	255.255.255.0
S2	Fa0/1(VLAN10)	—	255.255.255.0
	Fa0/13(VLAN20)	—	255.255.255.0
S3	Fa0/1(VLAN30)	—	255.255.255.0
PC1	NIC	192.168.10.100	255.255.255.0
PC2	NIC	192.168.20.100	255.255.255.0
PC3	NIC	192.168.30.100	255.255.255.0

实验要求：

（1）交换机 S1 为三层交换机，通过 Fa0/1、Fa0/3 的端口连接 S2 和 S3。

（2）交换机 S2 端口 Fa0/1 属于 VLAN10，端口 Fa0/13 属于 VLAN20；交换机 S3 上端口 Fa0/1 属于 VLAN30。S2 和 S3 使用 Trunk 链路连接到 S1。

（3）配置三层交换机的 SVI 接口，实现各个 VLAN 互联。

14.4　小结与思考

　　VLAN 间路由是在不同 VLAN 之间通过一台专用路由器或多层交换机进行路由通信的过程。VLAN 间路由可实现在被 VLAN 边界隔离的设备之间的通信。使用外部路由器实现 VLAN 间路由，且路由器的子接口通过中继与第 2 层交换机相连的拓扑称为单臂路由器。这种方案的关键在于配置各逻辑子接口上的 IP 地址和相关 VLAN 编号。现代交换网络在多层交换机上使用交换机虚拟接口，以实现 VLAN 间路由。

　　两层交换机适用于使用单臂路由器的场景，而三层交换机则适用于 VLAN 间路由的多层交换方案。

【思考】

　　在什么环境中使用三层交换机来互联不同的 VLAN 效率会更高？在什么情况下必须使用路由器来互联不同的 VLAN 间的信息？

第15章

网关冗余与负载平衡

通常来说,主机通过默认网关与外部的网络联系,主机发送到外部网络的报文先发送给网关,再由网关传递给外网主机。如果网关出现故障,则主机和外部的通信将会被切断。可以通过添加多个网关来解决网络中断的问题,但是大部分主机只允许配置一个默认网关。当出现网关故障且需要管理员手工切换配置时,会过于复杂,且响应时间慢,安全性也较低。因此,计算机科学家开发了网关冗余协议,在不需要改变主机配置的情况下,通过使用多台路由器提供相同的网关 IP 地址,实现冗余。当其中的某台路由器出现故障时,其他路由器会自动接管网关服务,从而提供高容错性、稳定性和响应性。

本章主要介绍以下网关冗余协议。

(1) HSRP(Hot Standby Router Protocol):热备份路由器协议,Cisco 私有协议。

(2) VRRP(Virtual Router Redundancy Protocol):虚拟路由器冗余协议,国际通用协议。

(3) GLBP (Gateway Load Balancing Protocol):网关负载均衡协议,Cisco 私有协议,具有流量负载均衡的功能。

15.1 热备份路由器协议

15.1.1 实验目的

(1) 理解 HSRP 的工作原理。

(2) 掌握 HSRP 的配置。

(3) 观察 HSRP 状态信息,并在此基础上理解 HSRP 的用途。

15.1.2 实验原理

1. 网关冗余的用途

随着 Internet 的日益普及,用户对网络可靠性的需求越来越高,同时对网络的稳定性也提出了更高的要求。网络中的路由器运行动态路由协议,如 RIP、OSPF 可以实现网络路由的冗余备份,当主路由发生故障后,网络可以自动切换到其备份路由,以实现网络的连接。但是,如果作为整个网络核心和心脏的路由器发生致命性的故障,将会导致本地网络的瘫痪;如果是骨干路由器,影响的范围将更大,所造成的损失也是难以估计的。因此,人们想到了基于设备的备份结构,就像在服务器中为提高数据的安全性而采用双硬盘结构一样,所以对路由器采用热备份是提高网络可靠性的必然选择。在一个路由器完全不能工作的情况下,它的全部功能便被系统中的另一个备份路由器完全接管,直至出现问题的路由器恢复正常。

单网关的网络结构如图 15-1 所示。

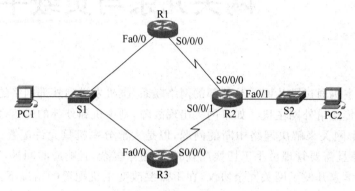

图 15-1　单网关的网络结构

具有网关冗余的网络结构如图 15-2 所示。

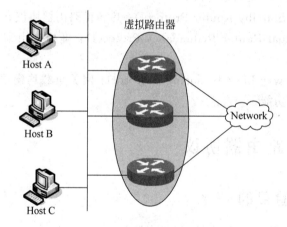

图 15-2　具有网关冗余的网络结构

HSRP 和 VRRP 是最常用的网关冗余技术,区别在于 HSRP 为 Cisco 的专用协议。VRRP 是国际上的标准,允许在不同厂商的设备之间运行。这两种协议的缺点是只能选定一个活动路由器,备用的路由器处于闲置状态,设备的潜能没有充分发挥出来。GLBP 则可以绑定多个 MAC 地址到虚拟 IP,从而允许客户端获得不同的虚拟 MAC 地址,通过不同的路由器转发数据,因为客户端利用的地址是解析到的虚拟 MAC 地址,而网关地址仍使用相同的虚拟 IP,因此不但实现了冗余,还能够负载均衡。

2. HSRP 的工作原理

实现 HSRP 的条件是系统中有多台路由器,它们组成一个热备份组,从而形成一个虚拟路由器。在任一时刻,一个组内只有一个路由器是活动的,并由它来转发数据包。如果活动路由器发生了故障,将选择一个备份路由器来替代活动路由器,但是从本网络内的主机看来,虚拟路由器没有改变,所以主机仍然保持连接,没有受到故障的影响,这样就较好地解决了路由器切换的问题。

HSRP 协议利用一个优先级方案来决定某个配置了 HSRP 协议的路由器成为默认的主动路由器。如果一个路由器的优先级比所有其他路由器的优先级高,则该路由器将成为主动路由器。路由器的默认优先级是 100,所以如果设置一个路由器的优先级高于 100,则该路由器将成为主动路由器。通过在设置了 HSRP 协议的路由器之间广播 HSRP 优先级,HSRP 协议选出当前的主动路由器。当在预先设定的一段时间内,主动路由器不能发送 Hello 消息时,优先级最高的备用路由器会变为主动路由器。路由器之间的包传输对网络上的所有主机来说都是透明的。

配置了 HSRP 协议的路由器交换以下 3 种多点广播消息。

(1) Hello：Hello 消息用于通知其他路由器发送路由器的 HSRP 优先级和状态信息,HSRP 路由器默认每 3 秒钟发送一个 Hello 消息。

(2) Coup：当一个备用路由器变为一个主动路由器时发送一个 Coup 消息。

(3) Resign：当主动路由器要宕机或者当有优先级更高的路由器发送 Hello 消息时,主动路由器发送一个 Resign 消息。

另外,配置了 HSRP 协议的路由器都将处于以下 6 种状态之一。

(1) Initial：HSRP 启动时的状态,HSRP 还没有运行,一般是在改变配置或端口刚刚启动时进入该状态。

(2) Learn：路由器已经得到了虚拟 IP 地址,但是它既不是活动路由器也不是等待路由器,它一直监听从活动路由器和等待路由器发来的 Hello 报文。

(3) Listen：路由器正在监听 Hello 消息。

(4) Speak：在该状态下,路由器定期发送 Hello 报文,并且积极参加活动路由器或等待路由器的竞选。

(5) Standby：当主动路由器失效时,路由器准备接管包传输功能。

(6) Active：路由器执行包传输功能。

3. HSRP 配置命令

热备份路由器协议(HSRP)的设计目标是支持特定情况下 IP 流量失败转移不会引起的混乱,并允许主机使用单路由器,以及即使在实际第一跳路由器使用失败的情形下仍能维护路由器间的连通性。换句话说,当源主机不能动态知道第一跳路由器的 IP 地址时,HSRP 协议能够保护第一跳路由器不出故障。

负责转发数据包的路由器称为主动路由器(Active Router)。一旦主动路由器出现了故障,HSRP 将激活备份路由器(Standby Routers),使其取代主动路由器。HSRP 提供了一种决定使用主动路由器还是备份路由器的机制,并指定一个虚拟的 IP 地址作为网络系统的默认网关地址。如果主动路由器出现故障,备份路由器(Standby Routers)会承接主动路由器的所有任务,从而不会出现主机连通中断现象。

HSRP 运行在 UDP 上,端口号为 1985。路由器转发协议数据包的源地址使用的是实际 IP 地址,而并非虚拟地址。正是基于这一点,HSRP 路由器间能相互识别。

HSRP 配置命令及功能如表 15-1 所示。

表 15-1　HSRP 配置命令及功能

命　　令	功　　能
Router(**config-if**)# **standby** group_number **ip** ip_address	设置 HSRP 组号和虚拟 IP 地址
Router(config-if)# **standby** group_number **priority** priority_value	配置 HSRP 的优先级,如果不设置该项,默认优先级为 100,该值越大,成为活动路由器的优先权越高
Router(config-if)# **standby** group_number **preempt**	该设置允许该路由器在优先级最高时成为活动路由器
Router(config-if)# **standby** group_number **timer** hello_time hold_Time	设置该路由器的 hello_time 和 hold_time
Router(config-if)# **standby** group_number **Authentication md5 key-string** password	配置认证密码,防止非法设备加入到 HSRP 组中,同一个组的密码必须一致
Router(config-if)# **standby** group_number **track** interface_id priority_value	表明跟踪的接口,如果该接口出故障了,则优先级降低该值。降低的值应该合适,从而使得其他路由器能成为活动路由器

4. HSRP 配置实例

HSRP 配置拓扑图如图 15-3 所示。

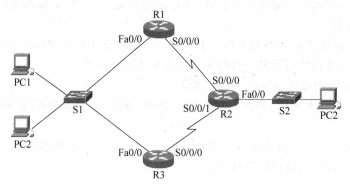

图 15-3　HSRP 的配置拓扑图

IP 地址表如表 15-2 所示。

表 15-2　IP 地址表

设备	接　　口	IP 地址	子 网 掩 码
R1	Fa0/0	192.168.13.1	255.255.255.0
	S0/0/0	192.168.12.1	255.255.255.0
R2	Fa0/1	172.16.1.1	255.255.255.0
	S0/0/0	192.168.12.2	255.255.255.0
	S0/0/1	192.168.23.2	255.255.255.0
R3	Fa0/0	192.168.13.3	255.255.255.0
	S0/0/0	192.168.23.3	255.255.255.0
PC1	NIC	192.168.13.100	255.255.255.0
PC2	NIC	172.16.1.100	255.255.255.0

配置步骤如下：

（1）配置 IP 和路由协议等。

R1(config)＃interface Fa0/0

R1(config－if)＃ip add 192.168.13.1 255.255.255.0

R1(config－if)＃no shut

R1(config－if)＃exit

R1(config)＃int S0/0/0

R1(config－if)＃ip add 192.168.12.1 255.255.255.0

R1(config－if)＃no shut

R1(config－if)＃exit

R1(config)＃router rip

R1(config－router)＃network 192.168.12.0

R1(config－router)＃network 192.168.13.0

R1(config－rotuer)＃passive－interface Fa0/0

//配置路由器 R1：把 Fa0/0 接口设置为被动接口，防止从该接口发送 rip 信息给 R3

R2(config)＃int Fa0/1

R2(config－if)＃ip add 172.16.1.1 255.255.255.0

R2(config－if)＃no shut

R2(config－if)＃exit

R2(config)＃int S0/0/0

R2(config－if)＃clock rate 128000

R2(config－if)＃ip add 192.168.12.2 255.255.255.0

R2(config－if)＃no shut

R2(config－if)＃exit

R2(config)＃int S0/0/1

R2(config－if)＃clock rate 128000

R2(config－if)＃ip add 192.168.23.2 255.255.255.0

R2(config－if)＃no shut

R2(config－if)＃exit

R2(config)＃router rip

R2(config－router)＃network 172.16.0.0

R2(config－router)＃network 192.168.23.0

R2(config－router)＃network 192.168.13.0

R2(config－router)＃passive－interface Fa0/0

//配置路由器 R2：把 Fa0/1 接口设置为被动接口，防止从该接口发送 rip 信息给 PC2

R3(config)＃int S0/0/0

R3(config－if)＃ip add 192.168.13.3 255.255.255.0

R3(config－if)＃no shut

R3(config－if)＃exit

R3(config)＃int S0/0/1

R3(config－if)＃ip add 192.168.23.3 255.255.255.0

R3(config－if)＃no shut

R3(config－if)＃exit

R3(config)＃router rip

R3(config－router)＃network 192.168.23.0

R3(config－router)＃network 192.168.12.0

R3(config－router)＃passive－interface Fa0/0

//配置路由器 R3：把 Fa0/0 接口设为被动接口，防止从该接口发送 rip 信息给 R1

（2）配置 HSRP。

```
R1(config)# int Fa0/0
R1(config-if)# standby 1 ip 192.168.13.254
```
//启用 HSRP 功能,并设置虚拟 IP 地址,1 为 standby 的组号,相同组号的路由器属于同一个 HSRP 组.
//所有属于同一个 HSRP 组的路由器的虚拟地址必须一致
```
R1(config-if)# standby 1 priority 120
```
//配置 HSRP 的优先级,如果不设置该项,默认优先级为 100,该值越大,成为活动路由器的优先权越高
```
R1(config-if)# standby 1 preempt
```
//该设置允许该路由器在优先级最高时成为活动路由器,如果不设置,即使该路由器权值最高,也不
//会成为活动路由器
```
R1(config-if)# standby 1 timers 3 10
```
//其中,3 为 hello_time,表示路由器每隔多长时间发送 Hello 信息,10 为 hold_time,表示在多长时
//间内同组的其他路由器没有收到活动路由器的信息则认为活动路由器出故障了。该设置的默认值
//分别为 3s 和 10s。如果要更改默认值,所有 HSRP 组的路由器的该项设置必须一致
```
R1(config-if)# standby 1 authentication md5 key-string cisco
```
//配置认证密码,防止非法设备加入到 HSRP 组中,同一个组的密码必须一致
```
R3(config)# int Fa0/0
R3(config-if)# standby 1 ip 192.168.13.254
R3(config-if)# standby 1 preempt
R3(config-if)# standby 1 timers 3 10
R3(config-if)# standby 1 authentication md5 key-string cisco
```
//没有配置优先级,默认为 100

（3）检查、测试 HSRP。

```
R1#:show standby brief
                        P indicates configured to preempt.
                        |
Interface   Grp  Pri P  State   Active        Standby          Virtual IP
Fa0/0        1   120 P  Active local         192.168.13.3   192.168.13.254
```
//以上表明 R1 是活动路由器,备份路由器为 R3(192.168.13.3)
```
R3# show standby brief
                        P indicates configured to preempt.
                        |
Interface   Grp  Pri P  State    Active         Standby          Virtual IP
Fa0/0        1   100 P  Standby  192.168.13.1   local        192.168.13.254
```
//以上表明 R3 是备份路由器,活动路由器为 R1(192.168.13.1)

① 在 PC1 上配置 IP 地址为 192.168.13.100/24,网关指向 192.168.13.254；在 PC2 上配置 IP 地址为 172.16.1.100/24,网关指向 172.16.1.1。在 PC1 上连续 ping PC2,在 R1 上关闭 Fa0/0 接口,观察 PC1 上 ping 的结果。

```
C:\> ping -t 172.16.1.100
Reply from 172.16.1.100; bytes = 32 time = 11ms TTL = 254
Reply from 172.16.1.100; bytes = 32 time = 11ms TTL = 254
Reply from 172.16.1.100; bytes = 32 time = 11ms TTL = 254
Reply from 172.16.1.100; bytes = 32 time = 11ms TTL = 254
Reply from 172.16.1.100; bytes = 32 time = 11ms TTL = 254
Reply from 172.16.1.100; bytes = 32 time = 11ms TTL = 254
   …
```

② 然后在 R1 上关闭 Fa0/0 接口,观察 PC1 上 ping 的结果。

```
C:\> ping - t 172.16.1.100
Reply from 172.16.1.100; bytes = 32 time = 11ms TTL = 254
Reply from 172.16.1.100; bytes = 32 time = 11ms TTL = 254
Reply from 172.16.1.100; bytes = 32 time = 11ms TTL = 254
Request timed out.
Reply from 172.16.1.100; bytes = 32 time = 11ms TTL = 254
Reply from 172.16.1.100; bytes = 32 time = 11ms TTL = 254
Reply from 172.16.1.100; bytes = 32 time = 11ms TTL = 254
Reply from 172.16.1.100; bytes = 32 time = 13ms TTL = 254
Reply from 172.16.1.100; bytes = 32 time = 13ms TTL = 254
```

③ 再从路由器 R3 上运行以下查看命令。

```
R3# show standby brief
                     P indicates configured to preempt.

Interface   Grp  Pri P  State     Active   Standby    Virtual IP
Fa0/0       1    100 P  Standby   local    Unknown    192.168.13.254
```
//以上可以看到,R1 出现故障时,R3 很快就替代了 R1,通信只受到短暂的影响

(4) 配置端口跟踪。

同上,在 PC1 上连续 ping PC2,在 R1 上关闭 S0/0/0 接口,观察 PC1 上 ping 的结果。

```
C:\> ping - t 172.16.1.100
Reply from 172.16.1.100; bytes = 32 time = 11ms TTL = 254
Reply from 172.16.1.100; bytes = 32 time = 11ms TTL = 254
Reply from 172.16.1.100; bytes = 32 time = 11ms TTL = 254
Request timed out
Request timed out
Request timed out
…
```
//PC1 无法 ping 通 PC2

```
R1#:show standby brief
                     P indicates configured to preempt.
                         |
Interface   Grp  Pri P  State  Active   Standby        Virtual IP
Fa0/0       1    120 P  Active local    192.168.13.3   192.168.13.254
```
//以上表明 R1 是活动路由器,备份路由器为 R3(192.168.13.3)
```
R3# show standby brief
                     P indicates configured to preempt.
                         |
Interface   Grp  Pri P  State     Active          Standby   Virtual IP
Fa0/0       1    100 P  Standby   192.168.13.1    local     192.168.12.254
```
//以上表明 R3 是备份路由器,活动路由器为 R1(192.168.13.1)

说明:在前面的配置环境中,S0/0/0 接口故障对于活动路由器的变化没有影响,R1 和 R3 之间的以太网没有问题,HSRP 的 Hello 包能够正常发送和接收。因此,R1 仍然是虚拟网关 192.168.13.254 的活动路由器,PC1 数据会发送给 R1,而由于 S0/0/0 接口的故障,R1 没有到达 PC2 所在网段的路由,这样会造成 PC1 无法 ping 通 PC2,此时可以配置端口

跟踪解决这个问题：

```
R1(config)# int Fa0/0
R1(config-if)# standby 1 track s0/0/0 30
```
//以上表明跟踪的是 S0/0/0 接口,如果该接口出故障了,则优先级降低 30,变成 120-30=90,刚好小于路由器 R3 的默认值 100,使得路由器 R3 成为活动路由器.注意：降低的值应该合适,以使得其他路由器能成为活动路由器

同样,按照前面的过程再在 PC1 上连续 ping PC2 上,在 R1 上关闭 S0/0/0 接口,观察 PC1 上 ping 的结果。

```
C:\> ping -t 172.16.1.100
Reply from 172.16.1.100; bytes = 32 time = 11ms TTL = 254
Reply from 172.16.1.100; bytes = 32 time = 11ms TTL = 254
Reply from 172.16.1.100; bytes = 32 time = 11ms TTL = 254
Request timed out.
Reply from 172.16.1.100; bytes = 32 time = 11ms TTL = 254
Reply from 172.16.1.100; bytes = 32 time = 12ms TTL = 254
Reply from 172.16.1.100; bytes = 32 time = 12ms TTL = 254
Reply from 172.16.1.100; bytes = 32 time = 13ms TTL = 254
Reply from 172.16.1.100; bytes = 32 time = 13ms TTL = 254
```

再从路由器 R3 上运行以下查看命令：

```
R3# show standby brief
                        P indicates configured to preempt.
                        |
Interface   Grp  Pri P  State     Active      Standby         Virtual IP
Fa0/0       1    100 P  Standby   local       192.168.13.1    192.168.13.254
```
//以上可以看到,R1 出故障时,R3 很快就替代了 R1,通信只受到短暂的影响

从路由器 R1 上运行以下查看命令：

```
R1#:show standby brief
                        P indicates configured to preempt.
                        |
Interface   Grp  Pri P  State     Active      Standby         Virtual IP
Fa0/0       1    90 P   Active    local       192.168.13.3    192.168.13.254
```
//以上表明,当 R1 的 S0/0/0 接口出故障时,R1 的优先级变为 90,低于 R3 的优先级,R1 变为备份路由器,
//活动路由器为 R3(192.168.12.3)

(5) 配置多个 HSRP 组。

之前的步骤已经虚拟了 192.168.12.254 网关,这个网关只能有一个活动路由器 R1,R3 是备份路由器,于是活动路由器 R1 将承担全部的数据流量。可以再创建一个 HSRP 组,虚拟出另一个网关 192.168.12.253,这时 R3 是活动路由器,R1 是备份路由器,让一部分计算机指向这个网关,这样就能做到负载平衡。以下是创建两个 HSRP 组的完整配置。

① R1 的配置：

```
R1(config)# interface Fa0/0
R1(config-if)# standby 1 ip 192.168.13.254
```

```
R1(config - if)♯standby 1 priority 120
R1(config - if)♯standby 1 preempt
R1(config - if)♯standby 1 authentication md5 key - string cisco
R1(config - if)♯standby 1 track S0/0/0 30
R1(config - if)♯standby 2 ip 192.168.13.253
R1(config - if)♯standby 2 priority 100        //优先级默认为100,本句可省略
R1(config - if)♯standby 2 preempt
R1(config - if)♯standby 2 authentication md5 key - string cisco
```

② R3 的配置：

```
R3(config)♯interface Fa0/0
R3(config - if)♯standby 1 ip 192.168.13.254
R3(config - if)♯standby 1 priority 100        //优先级默认为100,本句可省略
R3(config - if)♯standby 1 preempt
R3(config - if)♯standby 1 authentication md5 key - string cisco
R3(config - if)♯standby 2 ip 192.168.13.253
R3(config - if)♯standby 2 priority 120
R3(config - if)♯standby 2 preempt
R3(config - if)♯standby 2 authentication md5 key - string cisco
R3(config - if)♯standby 2 track S0/0/0 30
```

这里创建两个 HSRP 组,第一个组的 IP 为 192.168.13.254,活动路由器为 R1,这一部分计算机的网关指向 192.168.13.254。第二组的 IP 为 192.168.13.253,活动路由器为 R3,这一部分计算机的网关指向 192.168.13.253。这样,当网络全部正常时将一部分 PC 的网关设置为 192.168.13.254,这部分数据是 R1 转发的;其他 PC 的网关设置为 192.168.13.253,这部分数据是 R3 转发的。这相当于手工实现负载均衡,如果一个路由器出现问题,则另一个路由器就会成为两个 HSRP 组的活动路由器,承担全部的数据转发功能。但如果计算机的 IP 是通过 DHCP 分配的,则这种方式就不太方便使用了。

大家可以思考下,是否可以在 3 台甚至更多的路由器上创建 3 个甚至多个 HSRP 组。

15.1.3　实验任务

HSRP 的配置拓扑图如图 15-4 所示。

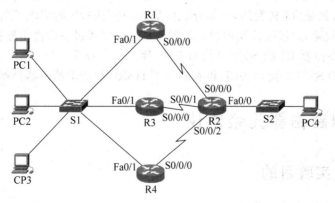

图 15-4　HSRP 的配置拓扑图

IP 地址表如表 15-3 所示。

表 15-3　IP 地址表

设　备	接　　口	IP 地址	子 网 掩 码
R1	Fa0/1	192.168.134.1	255.255.255.0
	S0/0/0	192.168.12.1	255.255.255.252
R2	Fa0/0	172.16.1.1	255.255.255.0
	S0/0/0	192.168.12.2	255.255.255.252
	S0/0/1	192.168.23.2	255.255.255.252
	S0/0/2	192.168.24.2	255.255.255.252
R3	Fa0/1	192.168.134.3	255.255.255.0
	S0/0/0	192.168.23.3	255.255.255.252
R4	Fa0/1	192.168.134.4	255.255.255.0
	S0/0/0	192.168.24.4	255.255.255.252
PC1	NIC	192.168.134.101	255.255.255.0
PC2	NIC	192.168.134.102	255.255.255.0
PC3	NIC	192.168.134.103	255.255.255.0
PC4	NIC	172.16.1.100	255.255.255.0

实验要求:

(1) 配置 HSRP 网关冗余协议,要求创建了 3 个 HSRP 组,第一个组的 IP 为 192.168.134.254,R1 的 Fa0/1 端口(优先级 150)和 R3 的 Fa0/1 端口(优先级 130)属于组 1,活动路由器为 R1,在组 1 中配置端口跟踪功能。如果 R1 的 S0/0/0 接口出故障了,优先级降低 30,使得备份路由器成为活动路由器,计算机 PC1 的网关指向 192.168.134.254。第二个组的 IP 为 192.168.134.253,R3 的 Fa0/1 端口(优先级 150)和 R4 的 Fa0/1 端口(优先级为默认优先级 100)属于组 2,活动路由器为 R3,在组 2 中配置端口跟踪功能。如果 R3 的 S0/0/0 接口出故障了,优先级降低 60,使得备份路由器成为活动路由器,计算机 PC2 的网关指向 192.168.134.253。第三个组的 IP 为 192.168.134.252,R4 的 S0/0/0 端口(优先级 150)和 R1 的 Fa0/1 端口(优先级 120)属于组 3,活动路由器为 R4,在组 3 中配置端口跟踪功能。如果 R4 的 S0/0/0 接口出故障了,优先级降低 40,使得备份路由器成为活动路由器,计算机 PC3 的网关指向 192.168.134.252。这样,如果网络全部正常,一部分数据是 R1 转发的,一部分数据是 R3 转发的,一部分数据是 R4 转发的,从而实现了负载平衡。一旦某个路由器出现了故障,经过故障路由器的数据流量还可以通过备份路由器转发。

(2) 首先将路由器 R1 的 S0/0/0 接口关闭,通过命令查看 3 组 HSRP 的活动路由器是哪个? 再将 R3 的 S0/0/0 接口关闭,再查看 3 组 HSRP 的活动路由器是哪个?

15.2　虚拟路由器冗余协议

15.2.1　实验目的

(1) 理解 VRRP 的工作原理。

(2) 掌握 VRRP 的配置和测试。

15.2.2 实验原理

1. VRRP 和 HSRP 的区别

VRRP 的工作原理和 HSRP 非常类似,不过 VRRP 是国际上的标准,允许在不同厂商的设备之间运行。HSRP 与 VRRP 的差别如下。

(1) 在功能上,VRRP 和 HSRP 非常相似,但是就安全而言,VRRP 的一个主要优势是,它允许参与 VRRP 组的设备间建立认证机制,并且不像 HSRP 那样要求虚拟路由器不能是其中一个路由器的 IP 地址,但是 VRRP 允许这种情况发生。

(2) 另外的一个不同是 VRRP 的状态比 HSRP 的要简单。HSRP 有 6 个状态即初始(Initial)状态、学习(Learn)状态、监听(Listen)状态、对话(Speak)状态、备份(Standby)状态、活动(Active)状态;VRRP 只有 3 个状态,即初始(Initialize)状态、主(Master)状态、备份(Backup)状态。

(3) HSRP 有 3 种报文,分别是呼叫(Hello)报文、告辞(Resign)报文、突变(Coup)报文;VRRP 只有一种报文,即 VRRP 广播报文。使用这些报文可以检测虚拟路由器的各种参数,还可以用于主路由器的选举。

(4) HSRP 将报文承载在 UDP 报文上,而 VRRP 承载在 TCP 报文上(HSRP 使用 UDP 1985 端口,向组播地址 224.0.0.2 发送 Hello 消息)。

(5) VRRP 包括 3 种主要的认证方式:无认证、简单的明文密码和使用 MD5 HMAC IP 认证的强认证,而 HSRP 不支持认证。

(6) VRRP 包括一个保护 VRRP 分组不会被另外一个远程网络添加内容的机制(设置 TTL 值=255,并在接受时检查),这限制了可以进行本地攻击的大部分缺陷。而另一方面,HSRP 在它的消息中使用的 TTL 值是 1。

2. VRRP 工作过程与配置

VRRP 是一种 LAN 接入设备容错协议,VRRP 将局域网的一组路由器(包括一个 Master 即活动路由器和若干个 Backup 即备份路由器)组织成一个虚拟路由器,称为一个备份组,如图 15-5 所示。

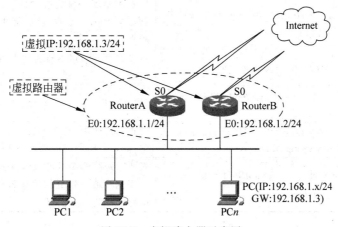

图 15-5 虚拟路由器示意图

图中，VRRP 将 RouterA 和 RouterB 组织成一个虚拟的路由器，这个虚拟的路由器拥有自己的 IP 地址 192.168.1.3，称为路由器的虚拟 IP 地址。同时，物理路由器 RouterA、RouterB 也有自己的 IP 地址（如 RouterA 的 IP 为 192.168.1.1，RouterB 的 IP 地址为 192.168.1.2）。局域网内的主机仅知道这个虚拟路由器的 IP 地址为 192.168.1.3，而并不知道备份组内具体路由器的 IP 地址。在配置时，将局域网主机的默认网关设置为该虚拟路由器的 IP 地址 192.168.1.3，于是，网络内的主机就通过这个虚拟的路由器来与其他网络进行通信，实际的数据处理由备份组内的 Master 路由器执行。如果备份组内的 Master 路由器出现故障，则备份组内的其他 Backup 路由器将会接替成为新的 Master，继续向网络内的主机提供路由服务，从而实现网络内的主机不间断地与外部网络进行通信。

VRRP 通过多台路由器实现冗余，任何时候只有一台路由器为主路由器，其他为备份路由器。路由器间的切换对用户是完全透明的，用户不必关心具体过程，只要把默认路由器设置为虚拟路由器的 IP 即可。路由器间的切换过程如下：

（1）VRRP 协议采用竞选的方法选择主路由器。比较各台路由器优先级的大小，优先级最高的为主路由器，状态变为 Master。若路由器的优先级相同，则比较网络接口的主 IP，主 IP 大的就成为主路由器，由它提供实际的路由服务。

（2）主路由器选出后，其他路由器作为备份路由器，并通过主路由器发出的 VRRP 报文监测主路由器的状态。当主路由器正常工作时，它会每隔一段时间发送一个 VRRP 组播报文，以通知备份路由器主路由器处于正常工作状态。如果组内的备份路由器长时间没有接收到来自主路由器的报文，则将自己的状态转换为 Master。当组内有多台备份路由器时，重复第 1 步的竞选过程。通过这样一个过程就会将优先级最高的路由器选成新的主路由器，从而实现 VRRP 的备份功能。

VRRP 的配置命令及功能如表 15-4 所示。

表 15-4　VRRP 的配置命令及功能

命　　令	功　　能
Router(config)# **track** target_id **interface** *interface_id* **line-protocol**	定义跟踪目标对应的接口
Router(config-if)# **vrrp** *group_number* **ip** *ip_address*	设置 VRRP 组号和虚拟 IP 地址
Router(config-if)# **vrrp** *group_number* **priority** *priority_value*	配置 VRRP 的优先级，如果不设置该项，默认优先级为 100，该值越大，成为主路由器的优先权越高
Router(config-if)# **vrrp** *group_number* **preempt**	该设置允许该路由器在优先级最高时成为主路由器
Router(config-if)# **vrrp** *group_number* **timer** *hello_time hold_Time*	设置该路由器的 hello_time 和 hold_time
Router(config-if)# **vrrp** *group_number* **Authentication md5 key-string** *password*	配置认证密码，防止非法设备加入到 HSRP 组中，同一个组的密码必须一致
Router(config-if)# **vrrp** *group_number* **track** target_id **decrement** *priority_value*	表明了跟踪的接口，如果该接口出故障了，优先级降低该值。降低的值应该合适，使得其他路由器能成为主路由器

3．VRRP 配置实例

VRRP 配置拓扑图如图 15-6 所示。

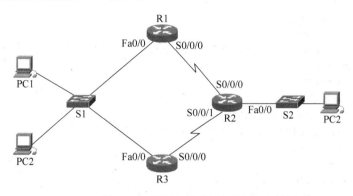

图 15-6　VRRP 的配置拓扑图

IP 地址表如表 15-5 所示。

表 15-5　IP 地址表

设　　备	接　　口	IP 地址	子网掩码
R1	Fa0/0	192.168.13.1	255.255.255.0
	S0/0/0	192.168.12.1	255.255.255.0
R2	Fa0/0	172.16.1.1	255.255.255.0
	S0/0/0	192.168.12.2	255.255.255.0
	S0/0/1	192.168.23.2	255.255.255.0
R3	Fa0/0	192.168.13.2	255.255.255.0
	S0/0/0	192.168.23.3	255.255.255.0
PC1	NIC	192.168.13.100	255.255.255.0
PC2	NIC	192.168.13.200	255.255.255.0
PC3	NIC	172.16.1.100	255.255.255.0

配置步骤如下：

（1）配置 IP 和路由协议等。

```
R1(config)#interface Fa0/0
R1(config-if)#ip add 192.168.13.1 255.255.255.0
R1(config-if)#no shut
R1(config-if)#exit
R1(config)#int S0/0/0
R1(config-if)#ip add 192.168.12.1 255.255.255.0
R1(config-if)#no shut
R1(config-if)#exit
R1(config)#router rip
R1(config-router)#network 192.168.12.0
R1(config-router)#network 192.168.13.0
R1(config-rotuer)#passive-interface Fa0/0
//配置路由器 R1：把 Fa0/0 接口设为被动接口,防止从该接口发送 rip 信息给 R3
```

```
R2(config)#int Fa0/0
R2(config-if)#ip add 172.16.1.1 255.255.255.0
R2(config-if)#no shut
R2(config-if)#exit
R2(config)#int S0/0/0
R2(config-if)#clock rate 128000
R2(config-if)#ip add 192.168.12.2 255.255.255.0
R2(config-if)#no shut
R2(config-if)#exit
R2(config)#int S0/0/1
R2(config-if)#clock rate 128000
R2(config-if)#ip add 192.168.23.2 255.255.255.0
R2(config-if)#no shut
R2(config-if)#exit
R2(config)#router rip
R2(config-router)#network 172.16.0.0
R2(config-router)#network 192.168.23.0
R2(config-router)#network 192.168.12.0
R2(config-router)#passive-interface Fa0/0
```
//配置路由器 R2: 把 Fa0/0 接口设为被动接口,防止从该接口发送 rip 信息给 R1
```
R3(config)#int Fa0/0
R3(config-if)#ip add 192.168.13.3 255.255.255.0
R3(config-if)#no shut
R3(config-if)#exit
R3(config)#int S0/0/0
R3(config-if)#iip add 192.168.23.3 255.255.255.0
R3(config-if)#no shut
R3(config-if)#exit
R3(config)#router rip
R3(config-router)#network 192.168.23.0
R3(config-router)#network 192.168.13.0
R3(config-router)#passive-interface Fa0/0
```
//配置路由器 R3: 把 Fa0/0 接口设为被动接口,防止从该接口发送 rip 信息给 PC3

(2) 配置多个 VRRP 组并跟踪接口。

在 R1 上配置:

```
R1(config)#track 100 interface S0/0/0 line-protocol
```
//VRRP 的端口跟踪和 HSRP 有些不同,需要在全局配置模式下先定义跟踪目标,再配置 VRRP 中的跟踪
//目标,这里定义目标 100 是 S0/0/0 接口
```
R1(config)#inter Fa0/0
R1(config-if)#vrrp 1 ip 192.168.13.254
R1(config-if)#vrrp 1 priority 120
R1(config-if)#vrrp 1 preempt
R1(config-if)#vrrp 1 authentication md5 key-string cisco
R1(config-if)#vrrp 1 track 100 decrement 30
```
//跟踪目标 100 定义的 S0/0/0 接口一旦接口出现故障,优先级降低 30
```
R1(config-if)#vrrp 2 ip 192.168.13.253
R1(config-if)#vrrp 2 preempt
R1(config-if)#vrrp 2 authentication md5 key-string cisco
```

在 R3 上配置：

```
R3 (config) # track 100 interface S0/0/0 line - protocol
//配置 VRRP 中的跟踪目标,这里定义目标 100 是 S0/0/0 接口
R3 (config) # interface Fa0/0
R3 (config - if) # vrrp 1 ip 192.168.13.254
R3 (config - if) # vrrp 1 preempt
R3 (config - if) # vrrp 1 authentication md5 key - string cisco
R3 (config - if) # vrrp 2 ip 192.168.13.253
R3 (config - if) # vrrp 2 priority 120
R3 (config - if) # vrrp 2 preempt
R3 (config - if) # vrrp 2 authentication md5 key - string cisco
R3 (config - if) # vrrp 2 track 100 decrement 30
//跟踪目标 100 定义的 S0/0/0 接口一旦接口出现故障,优先级降低 30
```

（3）检查、测试 VRRP。

```
R1 # show vrrp brief
Interface        Grp  Pri Time  Own  Pre  State   Master addr      Group addr
Fa0/0            1    120 3531  Y    Master       192.168.13.1     192.168.13.254
Fa0/0            2    100 3609  Y    Backup       192.168.13.3     192.168.13.253
//以上表明,R1 是 192.168.13.254 虚拟网关的 Master 路由器,是 192.168.13.253 虚拟网关的
//Backup 路由器
R3 # show vrrp brief
Interface        Grp  Pri Time  Own  Pre  State   Master addr      Group addr
Fa0/0            1    100 3609  Y    Backup       192.168.13.1     192.168.13.254
Fa0/0            2    120 3531  Y    Master       192.168.13.3     192.168.13.253
//以上表明,R2 是 192.168.13.253 虚拟网关的 Master 路由器,是 192.168.13.254 虚拟网关的
//Backup 路由器
```

在 PC1 上配置 IP 地址为 192.168.13.100/24,网关指向 192.168.13.254；在 PC2 上配置 IP 地址为 192.168.13.200/24,网关指向 192.168.13.253；在 PC3 上配置 IP 地址为 172.16.1.100/24,网关指向 172.16.1.1。

在 PC1 上连续 ping PC3。

```
C:\> ping - t 172.16.1.100
Reply from 172.16.1.100; bytes = 32 time = 11ms TTL = 254
Reply from 172.16.1.100; bytes = 32 time = 11ms TTL = 254
Reply from 172.16.1.100; bytes = 32 time = 11ms TTL = 254
Reply from 172.16.1.100; bytes = 32 time = 11ms TTL = 254
Reply from 172.16.1.100; bytes = 32 time = 11ms TTL = 254
Reply from 172.16.1.100; bytes = 32 time = 11ms TTL = 254
…
```

在 PC2 上连续 ping PC3。

```
C:\> ping - t 172.16.1.100
Reply from 172.16.1.100; bytes = 32 time = 11ms TTL = 254
Reply from 172.16.1.100; bytes = 32 time = 11ms TTL = 254
Reply from 172.16.1.100; bytes = 32 time = 11ms TTL = 254
Reply from 172.16.1.100; bytes = 32 time = 11ms TTL = 254
```

```
Reply from 172.16.1.100; bytes = 32 time = 11ms TTL = 254
Reply from 172.16.1.100; bytes = 32 time = 11ms TTL = 254
…
```

可见网络通畅，然后在 R1 上关闭 S0/0/0 接口，观察 PC1 上 ping PC3 的结果。

```
C:\> ping − t 172.16.1.100
Reply from 172.16.1.100; bytes = 32 time = 11ms TTL = 254
Reply from 172.16.1.100; bytes = 32 time = 11ms TTL = 254
Reply from 172.16.1.100; bytes = 32 time = 11ms TTL = 254
Request timed out.
Reply from 172.16.1.100; bytes = 32 time = 11ms TTL = 254
Reply from 172.16.1.100; bytes = 32 time = 11ms TTL = 254
Reply from 172.16.1.100; bytes = 32 time = 11ms TTL = 254
Reply from 172.16.1.100; bytes = 32 time = 13ms TTL = 254
Reply from 172.16.1.100; bytes = 32 time = 13ms TTL = 254
```
//以上可以看到，R1 出故障时，R3 很快就替代了 R1，通信只受到短暂的影响，在 PC2 上 ping PC3 的情
//况也类似

再分别在 R1 和 R3 上查看 VRRP 的情况。

```
R1 # show vrrp brief
Interface        Grp  Pri Time  Own  Pre State   Master addr      Group addr
Fa0/0            1    90 3531   Y    Backup      192.168.13.3     192.168.13.254
Fa0/0            2    100 3609  Y    Backup      192.168.13.3     192.168.13.253
```
//以上表明，R1 是 192.168.13.253 虚拟网关和 192.168.13.254 虚拟网关的 Backup 路由器
```
R3 # show vrrp brief
Interface        Grp  Pri Time  Own  Pre State   Master addr      Group addr
Fa0/0            1    100 3609  Y    Master      192.168.13.3     192.168.13.254
Fa0/0            2    120 3531  Y    Master      192.168.13.3     192.168.13.253
```
//以上表明，R3 是 192.168.13.253 虚拟网关和 192.168.13.254 虚拟网关的 Master 路由器

15.2.3　实验任务

VRRP 的配置拓扑图如图 15-7 所示。

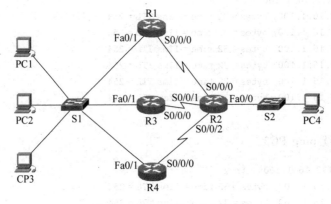

图 15-7　VRRP 的配置拓扑图

IP 地址表如表 15-6 所示。

表 15-6 IP 地址表

设备	接口	IP 地址	子网掩码
R1	Fa0/1	192.168.134.1	255.255.255.0
	S0/0/0	192.168.12.1	255.255.255.252
R2	Fa0/0	172.16.1.1	255.255.255.0
	S0/0/0	192.168.12.2	255.255.255.252
	S0/0/1	192.168.23.2	255.255.255.252
	S0/0/2	192.168.24.2	255.255.255.252
R3	Fa0/1	192.168.134.3	255.255.255.0
	S0/0/0	192.168.23.3	255.255.255.252
R4	Fa0/1	192.168.134.4	255.255.255.0
	S0/0/0	192.168.24.4	255.255.255.252
PC1	NIC	192.168.134.101	255.255.255.0
PC2	NIC	192.168.134.102	255.255.255.0
PC3	NIC	192.168.134.103	255.255.255.0
PC4	NIC	172.16.1.100	255.255.255.0

实验要求：

(1) 配置 VRRP 网关冗余协议,要求创建了 3 个 VRRP 组,第一个组的 IP 为 192.168.134.254,R1 的 Fa0/1 端口(优先级 150)和 R3 的 Fa0/1 端口(优先级 130)属于组 1,活动路由器为 R1,在组 1 中配置端口跟踪功能。如果 R1 的 S0/0/0 接口出故障了,优先级降低 30,使得备份路由器成为活动路由器,计算机 PC1 的网关指向 192.168.134.254。第二个组的 IP 为 192.168.134.253,R3 的 Fa0/1 端口(优先级 150)和 R4 的 Fa0/1 端口(优先级为默认优先级 100)属于组 2,活动路由器为 R3,在组 2 中配置端口跟踪功能。如果 R2 的 S0/0/0 接口出故障了,优先级降低 60,使得备份路由器成为活动路由器,计算机 PC2 的网关指向 192.168.134.253。第三个组的 IP 为 192.168.134.252,R4 的 Fa0/0 端口(优先级 150)和 R1 的 Fa0/1 端口(优先级 120)属于组 3,活动路由器为 R4,在组 3 中配置端口跟踪功能。如果 R4 的 S0/0/0 接口出故障了,优先级降低 40,使得备份路由器成为活动路由器,计算机 PC3 的网关指向 192.168.134.252。这样,如果网络全部正常,一部分数据是 R1 转发的,一部分数据是 R3 转发的,一部分数据是 R4 转发的,实现了负载平衡。一旦某个路由器出现故障,经过故障路由器的数据流量还可以通过备份路由器转发。

(2) 首先将路由器 R1 的 S0/0/0 接口关闭,通过命令查看 3 组 HSRP 的活动路由器是哪个? 再将 R3 的 S0/0/0 接口关闭,再查看 3 组 HSRP 的活动路由器是哪个?

15.3 网关负载平衡协议

15.3.1 实验目的

(1) 理解 GLBP 的工作原理。
(2) 掌握 GLBP 的配置和测试。

15.3.2　实验原理

1. GLBP 简介

GLBP(网关负载平衡协议)是 Cisco 私有协议,弥补了现有的冗余路由器协议的局限性。设计 GLBP 的目的是自动选择和同时使用多个可用的网关。与 HSRP、VRRP 不同的是,GLBP 可充分利用资源,同时无须配置多个组和管理多个默认网关配置。

GLBP 组中最多可以有 4 台路由器作为 IP 默认网关,这些网关被称为活跃虚拟转发器(Active Virtual Forwarder,AVF)。GLBP 自动管理虚拟 MAC 地址的分配、决定谁负责处理转发工作(这是区别于 HSRP 和 VRRP 的关键,在 GLBP 中有一个虚拟 IP,但对应多个虚拟 MAC)。

GLBP 的负载均衡可以通过以下 3 种方式来实现。

(1) 加权负载均衡算法:前往 AVF 的流量取决于包含该 AVF 网关通告的权重值。

(2) 主机相关负载均衡:确保主机始终使用同一个虚拟 MAC 地址。

(3) 循环负载均衡算法:在解析虚拟 IP 地址的应答中,将包含各个虚拟转发器的 MAC,以此让主机将数据发送到不同的路由器上,从而实现了网关负载均衡。

默认情况下,GLBP 以循环方式根据源主机来均衡负载。

2. GLBP 配置命令

HSSP 和 VRRP 能实现网关冗余,然而,如果要实现负载平衡,需要创建多个组,并让客户端指向不同的网关。GLBP 也是 Cisco 的专有协议,不仅提供了冗余网关功能,还在各网关之间提供负载均衡。GLBP 也是由多个路由器组成一个组,虚拟出一个网关。GLBP 选举出一个 AVG(Avtive Virtual Gateway),AVG 不是负责转发数据的。AVG 最多分配 4 个 MAC 地址给一个虚拟网关,并在计算机进行 ARP 请求时用不同的 MAC 进行响应,这样计算机实际就把数据发送给不同的路由器了,从而实现负载平衡。在 GLBP 中,真正负责转发数据的是 AVF,GLBP 会控制 GLBP 组中的哪个路由器是哪个 MAC 地址的活动路由器。

AVG 的选举和 HRSP 中活动路由器的选举非常类似,优先级最高的路由器成为 AVG,次之的为 Babckup AVG,其余的为监听状态。一个 GLBP 组只能有一个 AVG 和一个 Backup AVG,主 AVG 失败,备份 AVG 顶上。一台路由器可以同时是 AVG 和 AVF。AVF 是某些 MAC 的活动路由器,也就是说,如果计算机把数据发往这个 MAC,它将接收。当某个 MAC 的活动路由器出现故障时,其他 AVF 将成为该 MAC 地址新的活动路由器,从而实现冗余功能。GLBP 的负载平衡策略可以根据主机简单进行轮询,或者根据路由器的权重平衡,默认是轮询方式。

GLBP 的配置命令及功能如表 15-7 所示。

表 15-7 GLBP 的配置命令及功能

命　令	功　能
Router(**config-if**)＃ **glbp** *group_number* **ip** *ip_address*	设置 GLBP 组号和虚拟 IP 地址
Router（config-if）＃ **glbp** *group＿number* **priority** *priority_value*	配置 GLBP 的优先级,如果不设置该项,默认优先级为 100,该值越大,成为活动路由器的优先权越高
Router(config-if)＃ **glbp** *group_number* **preempt**	该设置允许该路由器在优先级是最高时成为活动路由器
Router(config-if)＃ **glbp** *group_number* **timer** *hello_time hold_Time*	设置该路由器的 hello_time 和 hold_time
Router(config-if)＃ **glbp** *group_number* **Authentication md**5 **key-string** *password*	配置认证密码,防止非法设备加入到 GLBP 组中,同一个组的密码必须一致

3. GLBP 配置实例

GLBP 的配置拓扑图如图 15-8 所示。

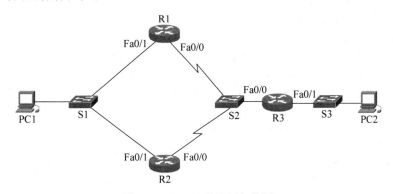

图 15-8 GLBP 的配置拓扑图

IP 地址表如表 15-8 所示。

表 15-8 IP 地址表

设备	接　口	IP 地址	子 网 掩 码
R1	Fa0/0	192.168.12.1	255.255.255.0
	Fa0/1	192.168.123.1	255.255.255.0
R2	Fa0/0	192.168.12.2	255.255.255.0
	Fa0/1	192.168.123.2	255.255.255.0
R3	Fa0/1	192.168.123.3	255.255.255.0
	Fa0/0	172.16.1.1	255.255.255.0
PC1	NIC	192.168.12.100	255.255.255.0
PC2	NIC	172.16.1.100	255.255.255.0

配置步骤如下：

（1）配置 IP 地址和路由协议等。

R1(config)＃ interface Fa0/0

```
R1(config-if)# ip add 192.168.12.1 255.255.255.0
R1(config-if)#no shut
R1(config-if)#exit
R1(config)# inter Fa0/1
R1(config-if)# ip add 192.168.123.1 255.255.255.0
R1(config-if)#no shut
R1(config-if)#exit
R1(config)# router rip
R1(config-router)# network 192.168.12.0
R1(config-router)# network 192.168.123.0
R1(config-router)# passive-interface Fa0/0
R2(config)# int Fa0/0
R2(config-if)# ip add 192.168.12.2 255.255.255.0
R2(config-if)#no shut
R2(config-if)#exit
R2(config)# int Fa0/1
R2(config-if)# ip add 192.168.123.2 255.255.255.0
R2(config-if)#no shut
R2(config-if)#exit
R2(config)# router rip
R2(config-router)# network 192.168.12.0
R2(config-router)# network 192.168.123.0
R2(config-router)# passive-interface Fa0/0
R3(config)# int Fa0/1
R3(config-if)# ip add 172.16.1.1 255.255.255.0
R3(config-if)#no shut
R3(config-if)#exit
R3(config)# int Fa0/0
R3(config-if)# ip add 192.168.123.3 255.255.255.0
R3(config-if)#no shut
R3(config-if)#exit
R3(config)# router rip
R3(config-router)# network 192.168.123.0
R3(config-router)# network 172.16.0.0
```

（2）配置 GLBP。

```
R1(config)# interface Fa0/0
R1(config-if)# glbp 1 ip 192.168.12.254
                //和 HSRP 类似,创建 GLBP 组,虚拟网关的 IP 为 192.168.12.254
R1(config-if)# glbp 1 priority 200
                //配置优先级,优先级高的路由器成为 AVG,默认为 100
R1(config-if)# glbp 1 preempt
                //配置 AVG 抢占,否则即使优先级再高,也不会成为 avg
R1(config-if)# glbp 1 authentication md5 key-string cisco
                //配置认证,防止非法设备接入
R2(config)# int Fa0/0
R2(config-if)# glbp 1 ip 192.168.12.254
```

//和 HSRP 类似,创建 GLBP 组,虚拟网关的 IP 为 192.168.12.254

R2(config – if)♯ glbp 1 priority 180

//配置优先级,优先级高的路由器成为 AVG,默认为 100

R2(config – if)♯ glbp 1 preempt

//配置 AVG 抢占,否则即使优先级再高,也不会成为 avg

R2(config – if)♯ glbp 1 authentication md5 key – string cisco

//配置认证,防止非法设备接入

（3）查看 GLBP 信息。

R1♯ show glbp

FastEthernet0/0 – Group 1

State is Active

  1 state change, last state change 00:00:47

  Virtual IP address is 192.168.12.254   //虚拟的网关 IP

Hello time 3 sec, hold time 10 sec

  Next hello sent in 0.736 secs

Redirect time 600 sec, forwarder timeout 14400 sec

Authentication MD5, key – string

Preemption enabled, min delay 0 sec

Active is local   //说明 R1 是活动 AVG

Standby is 192.168.12.2, priority 180 (expires in 8.352 sec)   //说明 R2 是备份 AVG

Priority 200 (configured)

Weighting 100 (default 100), thresholds: lower 1, upper 100

Load balancing: round – robin

Group members: //以下显示 GLBP 组中的成员

  04c5.a43f.e4e0 (192.168.12.2) authenticated

  04c5.a4b3.bba0 (192.168.12.1) local

There are 2 forwarders (1 active)

Forwarder 1

  State is Active

    1 state change, last state change 00:00:36

  MAC address is 0007.b400.0101 (default)//虚拟网关的其中一个 Mac,说明 R1 是 0007.b400.0101

//的活动路由器,也就是说,如果计算机把数据发往 0007.b400.0101,将由 R1 接收数据,再进行转发

  Owner ID is 04c5.a4b3.bba0

  Redirection enabled

  Preemption enabled, min delay 30 sec

  Active is local, weighting 100

Forwarder 2

  State is Listen

  MAC address is 0007.b400.0102 (learnt)   //虚拟网关的另外一个 Mac

  Owner ID is 04c5.a43f.e4e0

  Redirection enabled, 599.744 sec remaining (maximum 600 sec)

  Time to live: 14399.744 sec (maximum 14400 sec)

  Preemption enabled, min delay 30 sec

  Active is 192.168.12.2 (primary), weighting 100 (expires in 10.656 sec)

R2♯show glbp

FastEthernet0/0 — Group 1

    State is Standby

      1 state change, last state change 00:26:41

    Virtual IP address is 192.168.12.254   //虚拟的网关 IP 地址

    Hello time 3 sec, hold time 10 sec

      Next hello sent in 1.056 secs

    Redirect time 600 sec, forwarder timeout 14400 sec

    Authentication MD5, key — string

    Preemption enabled, min delay 0 sec

    Active is 192.168.12.1, priority 200 (expires in 8.896 sec) //说明 R1 是活动 AVG

    Standby is local   //说明 R2 是备份 AVG

    Priority 180 (configured)

    Weighting 100 (default 100), thresholds: lower 1, upper 100

    Load balancing: round — robin

    Group members: //以下显示 GLBP 组中的成员

      04c5.a43f.e4e0 (192.168.12.2) local

      04c5.a4b3.bba0 (192.168.12.1) authenticated

    There are 2 forwarders (1 active)

Forwarder 1

    State is Listen

    MAC address is 0007.b400.0101 (learnt)   //虚拟网关的另外一个 Mac

    Owner ID is 04c5.a4b3.bba0

    Time to live: 14397.664 sec (maximum 14400 sec)

    Preemption enabled, min delay 30 sec

    Active is 192.168.12.1 (primary), weighting 100 (expires in 10.368 sec)

Forwarder 2

    State is Active

      1 state change, last state change 00:26:46

    MAC address is 0007.b400.0102 (default) //虚拟网关的其中一个 Mac,说明 R2 是 0007.b400.0102

//的活动路由器,也就是说,如果计算机把数据发往 0007.b400.0102,将由 R2 接收数据,再进行转发

    Owner ID is 04c5.a43f.e4e0

    Preemption enabled, min delay 30 sec

    Active is local, weighting 100

（4）检查 GLBP 的负载平衡功能。

在 PC1 上配置 IP,网关指向 192.168.12.254,并进行以下操作:

① 在 PC1 上 ping 172.16.1.100,然后使用 arp -a 命令查看网关 192.168.12.254 的 MAC 地址。

```
C:\> arp — a
Interface:192.168.12.100 --- 0x03
    Internet Address      Physical Address          Type
    192.168.12.254        00 — 07 — b4 — 00 — 01 — 01     dynamic
```
//以上表明,PC1 的 ARP 请求获得网关(192.168.1.254)的 MAC 为 00 — 07 — b4 — 00 — 01 — 01

② 然后在 PC1 上使用 arp -d 命令删除 ARP 缓冲表。

③ 接着在 PC1 上 ping 172.16.1.100,然后使用 arp -a 命令查看网关 192.168.12.254

的 MAC 地址。

```
C:\> arp - a
Interface;192.168.1.100 --- 0x03
   Internet Address      Physical Address        Type
   192.168.12.254       00 - 07 - b4 - 00 - 01 - 02     dynamic
```
//以上表明,PC1 的再次 ARP 请求获得网关(192.168.1.254)的 MAC 为 00 - 07 - b4 - 00 - 01 - 02,也就
//是说,在 GLBP 响应 ARP 请求时,每次会用不同的 MAC 响应,从而实现负载平衡

说明:默认时,GLBP 的负载平衡策略是轮询方式,可以在接口下使用 glbp 1 load-balancing 命令修改,该命令有以下选项。

- host-dependent:根据不同主机的源 MAC 地址进行平衡。
- round-robin:轮询方式,即每响应一次 ARP 请求,轮换一个地址。
- weighted:根据路由器的权重分配,权重高的被分配的可能性越大。

(5) 检查 GLBP 的冗余功能。

① 首先在 PC1 上用 arp -a 命令确认 192.168.1.254 的 MAC 地址是什么,从而确定出当前空间是哪个路由器在实际转发数据。在这里,192.168.1.254 的 MAC 地址为 00-07-b4-00-01-01,是 R1 在转发数据。

② 然后在 PC1 上连续 ping PC2,并在 R1 上关闭 Fa0/0 接口,观察 PC1 的通信情况。

```
C:\> ping - t 172.16.1.100
Reply from 172.16.1.100; bytes = 32 time < 1ms TTL = 254
Reply from 172.16.1.100; bytes = 32 time < 1ms TTL = 254
Reply from 172.16.1.100; bytes = 32 time < 1ms TTL = 254
Request timed out.
Request timed out.
Reply from 172.16.1.100; bytes = 32 time < 1ms TTL = 254
Reply from 172.16.1.100; bytes = 32 time < 1ms TTL = 254
Reply from 172.16.1.100; bytes = 32 time < 1ms TTL = 254
```
//可以看到,R1 出故障后,其他路由器很快接替了它的工作,计算机的通信只受到短暂的影响.因此
GLBP 不仅有负载平衡的能力,也有冗余的能力

15.3.3 实验任务

GLBP 的配置拓扑图如图 15-9 所示。

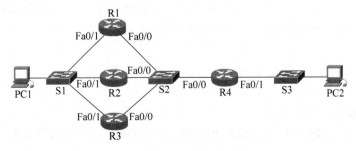

图 15-9 GLBP 的配置拓扑图

IP 地址表如表 15-9 所示。

表 15-9   IP 地址表

设备	接口	IP 地址	子网掩码
R1	Fa0/0	192.168.100.1	255.255.255.0
	Fa0/1	192.168.10.1	255.255.255.0
R2	Fa0/0	192.168.100.2	255.255.255.0
	Fa0/1	192.168.10.2	255.255.255.0
R3	Fa0/0	192.168.100.3	255.255.255.0
	Fa0/1	192.168.10.3	255.255.255.0
R4	Fa0/0	192.168.100.4	255.255.255.0
	Fa0/1	172.16.1.1	255.255.255.0
PC1	NIC	192.168.10.100	255.255.255.0
PC2	NIC	172.16.1.100	255.255.255.0

实验要求：

（1）配置 GLBP 负载均衡协议，已知 R1 的优先级为 220，R2 的优先级为 200，R3 的优先级为 180，要求 PC1、PC2、PC3 采用轮询的方式在路由器 R1、R2、R3 上进行负载均衡。

（2）查看路由器 R1、R2、R3 的 GLBP 信息，记录 R1、R2、R3 的对应网关的 MAC。

（3）假如采用根据路由器的权重进行负载均衡，该怎么做？

15.4   小结与思考

为了保障网络的稳定性，避免因网络设备故障而导致网络瘫痪，在 OSI/RM 的二层，交换机厂商开发出了 STP 及 PVST 等技术，实现交换机的冗余备份和负载均衡，因此在 OSI/RM 第三层就有 HSRP（思科私有协议）和 VRRP（IEEE 标准）。不过正常情况下，HSRP 和 VRRP 只有冗余备份的功能，而要实现负载均衡的功能，只有创建多个备份组，以及两个或多个虚拟网关，让局域内的 PC 配置不同的网关，从而实现负载均衡的功能，这样在操作上就显得比较麻烦。

思科公司开发的 GLBP 技术由多个路由器组成一个备份组，将每台路由器的 MAC 地址（最多 4 个）加入备份组，成为虚拟网关的 MAC 地址组。当局域网内的 PC 请求网关 ARP 响应时，虚拟网关的 MAC 地址组中 MAC 地址轮流响应，从而实现流量根据第二层的网关 MAC 地址走不同的真实路由器，从而实现负载均衡。

【思考】

（1）与设置多个网关相比，HSRP 和 VRRP 有什么优点？

（2）能否让一个路由器同时属于多个 HSRP（VRRP）组？假如可以，一个路由器能否同时在多个组里都处于 Active 状态？

（3）在动态路由协议 RIP、OSPF、EIGRP 中也有负载均衡技术，请问它们和 GLBP 负载均衡有什么异同？

第16章

GRE协议

GRE(Generic Routing Encapsulation)协议的中文为通用路由封装协议,是广泛应用的一种隧道协议。由于 GRE 协议简单,因此在 VPN 组网中被广为采用。GRE 提供了从一种协议网络穿越另一种协议网络的报文封装,例如,组播数据穿越不支持组播的网或者 IPv6 报文穿越 IPv4 网络。通过建立 GRE 隧道隐藏原来协议的报文内容而达到封装的目的,到达隧道的另一端后解封装并还原为原来的报文。本章将介绍 GRE 的工作原理及 GRE 隧道的配置和应用。

16.1 GRE 协议的基本理论与配置

16.1.1 实验目的

(1) 理解隧道协议原理与用途。
(2) 掌握 GRE 协议对报文的封装和解封过程。
(3) 掌握 GRE 协议的基本配置。
(4) 了解 GRE 协议应用。

16.1.2 实验原理

1. 隧道技术

隧道(Tunnel)是一种封装技术,可利用一种网络协议传输另一种网络协议,将其他协议产生的数据封装在它自己的报文中,在其网络中传输,如图 16-1 所示。隧道在源端封装原始报文,在目的端解封装报文,还原得到原始报文。报文在隧道中传输时,隐藏了原始报文的内容。隧道协议是规定隧道的建立、维护和删除,以及规定原始报文的封装、传输和解封装等方面的规则。

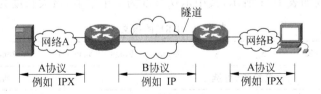

图 16-1　隧道的协议穿越

隧道根据工作的层次可分为第二层隧道和第三层隧道。第二层隧道常用的协议有 PPTP、L2TP;第三层隧道常用的协议有 GRE、IPSec。

GRE 相对于其他隧道协议,具有以下特点:

(1) 机制简单,对隧道两端设备的 CPU 负担小;

(2) 不提供数据的加密;

(3) 不对数据源进行验证;

(4) 不保证报文正确到达目的地;

(5) 不提供流量控制和 QoS 特性;

(6) 多协议的本地网可以通过单一协议的骨干网实现传输;

(7) 将一些不能连续的子网连接起来,用于组建 VPN。

2. GRE 的工作原理

GRE 最早由 Cisco 和 Net Smiths 公司制定并提交给 IETF,标号为 RFC 1701、RFC 1702,目前的最新版本为 GREv2,标号为 RFC 2784。GRE 可对某些网络层协议(如 IP、IPX、AppleTalk 等)的数据报文进行封装,使这些被封装的数据报文能够在另一个网络层(如 IP)中传输。最新版本的 GRE 已经可以支持第二层数据帧封装,如 PPP 帧、MPLS 等。

GRE 对报文的封装过程如图 16-2 所示。

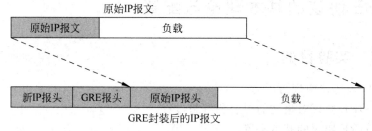

图 16-2　GRE 对报文封装过程

当报文需要隧道接口处理时,在网络层会添加 GRE 报头和新 IP 报头,其中,新 IP 报头的源 IP 是隧道源端的 IP,目的 IP 是隧道目的端的 IP。GRE 报头的长度为 4~20 字节,根据实际配置而定。封装处理完成后,再进行 IP 转发。

解封装过程如下:当 GRE 报文到达隧道另一端,路由器检查到外层 IP 报文头部的协议号是 47 时,将进行 GRE 解封装处理,还原原来的报文。

GRE 处理可以封装 IP 报文,还可以封装其他的协议报文,像 IPX、PPP、MPLS 等。

3. GRE 的报文格式

GRE 报文结构如表 16-1 所示,其中默认长度为 4 个字节,最大长度为 20 字节。

表 16-1　GRE 的报文结构

C	R	K	S	s	Recur	Flags	Version	Protocol Type 协议类型
校验和(可选)							偏移位(可选)	
Key(可选)								
序列号(可选)								
路由(可选)								
负载(可选)								

其中前面 5 位为标志位,C 表示 CheckSum 是否有效,R 表示 Offset、Routing 是否有效,K 表示是否存在 Key 域,S 表示是否出现 Sequence Number 域。

Protocol Type 为两个字节,指出 GRE 原始报文的协议类型。其中,0X0800 表示 IP,0X8137 表示 IPX 协议。

一个具体的 GRE 报文如图 16-3 所示,可以看到 GRE 报文封装的报文类型为 IP 协议类型。

```
▷ Frame 25: 138 bytes on wire (1104 bits), 138 bytes captured (1104 bits)
▷ Ethernet II, Src: c0:02:14:c0:00:00 (c0:02:14:c0:00:00), Dst: Cisco_0c:7c:c1 (00:22:90:0c:7c:c1)
▷ Internet Protocol Version 4, Src: 192.168.1.200 (192.168.1.200), Dst: 192.168.1.100 (192.168.1.100)
▽ Generic Routing Encapsulation (IP)
  ▴ Flags and Version: 0x0000
      0... .... .... .... = Checksum Bit: No
      .0.. .... .... .... = Routing Bit: No
      ..0. .... .... .... = Key Bit: No
      ...0 .... .... .... = Sequence Number Bit: No
      .... 0... .... .... = Strict Source Route Bit: No
      .... .000 .... .... = Recursion control: 0
      .... .... 0000 0... = Flags (Reserved): 0
      .... .... .... .000 = Version: GRE (0)
    Protocol Type: IP (0x0800)
▷ Internet Protocol Version 4, Src: 10.2.2.2 (10.2.2.2), Dst: 10.1.1.2 (10.1.1.2)
▷ Internet Control Message Protocol
```

图 16-3　具体的 GRE 报文

4. GRE 的配置命令

GRE 隧道的配置步骤如下:

(1) 创建 Tunnel 接口。

Router(config)# interface Tunnel0　　　　　　　　//创建 Tunnel0 接口

(2) 配置 Tunnel 接口的 IP。

Router(config)#ip address 1.1.1.1 255.255.255.0 //配置隧道接口的 IP

(3) 配置隧道的源 IP 和目的 IP。

Router(config)# tunnel source Fa0/0　　　　　　//Tunnel 口的源地址为隧道物理接口,也
　　　　　　　　　　　　　　　　　　　　　　//可以使用 IP 形式表示

Router(config)# tunnel destination 200.200.200.2　//Tunnel 口的目的地址

(4) 配置到对方网络的静态路由。

Router(config)# ip route 10.10.20.0 255.255.255.0 1.1.1.2
　　　　　　　　　　　//网络号为对方物理网络的网络号,下一跳地址为对方 Tunnel 口的 IP

5. GRE 的配置实例

实验拓扑图如图 16-4 所示。

图 16-4　GRE 隧道拓扑图

IP 地址表如表 16-2 所示。

表 16-2   GRE 隧道 IP 地址表

设　备	接　　口	IP 地址	子网掩码
R1	Fa0/0	172.16.10.1	/24
	Fa0/1	200.20.20.1	/24
	Tunnel0	10.0.0.1	/24
R2	Fa0/0	172.16.20.1	/24
	Fa0/1	200.20.20.2	/24
	Tunnel0	10.0.0.2	/24
PC1	NIC	172.16.10.10	/24
PC2	NIC	172.16.20.10	/24

背景说明：PC1 和 PC2 是属于同一企业的不同子部门,内部 PC 使用私有地址,R1 和 R2 分别作为两个子部门的网关。外网接口使用公有地址,现在需要建立一条 R1 到 R2 之间的隧道,使得 PC1 可以 PC2 进行通信。

配置步骤如下：

（1）配置 R1。

```
R1(config) # interface Fa0/1
R1(config - if) # ip address 200.20.20.1 255.255.255.0
R1(config - if) # no shutdown
R1(config - if) #  interface Fa0/0
R1(config - if) # ip address 172.16.10.1 255.255.255.0
R1(config - if) # no shutdown
R1(config) # ip route 0.0.0.0 0.0.0.0 200.20.20.2     //配置到隧道另外一个接口的路由
```

注意：该实验中可以不配置,但是隧道的接口往往是跨网络的,必须具有到达另外一个隧道接口的路由。

```
R1(config) # interface tunnel0                    //创建 Tunnel0 接口
R1(config - if) # ip address 10.0.0.1 255.255.255.0   //配置 Tunnel0 接口的 IP,该地址可自由
//选择,但是一个隧道的两个 Tunnel 接口地址必须在同一网段
R1(config - if) # tunnel source Fa0/1             //配置隧道的源地址
    R1(config - if) # tunnel destination 200.20.20.2   //配置隧道的目的地址
R1(config) # ip route 172.16.20.0 255.255.255.0 10.0.0.2     //配置到对方内网的静态路由,下
//一跳地址为对方 Tunnel 口的 IP,即告诉路由器将到达 172.16.20.0/24 的报文往 Tunnel0 进行转发
```

（2）配置 R2。

```
R2(config) # interface Fa0/1
R2(config - if) # ip address 200.20.20.2 255.255.255.0
R2(config - if) # no shutdown
R2(config - if) #  interface Fa0/0
R2(config - if) # ip address 172.16.20.1 255.255.255.0
R2(config - if) # no shutdown
R2(config) # ip route 0.0.0.0 0.0.0.0 200.20.20.1     //配置到隧道另外一个接口的路由
```

R2(config)♯ interface tunnel0　　　　　　　　　　//创建 Tunnel0 接口
R2(config‐if)♯ip address 10.0.0.2 255.255.255.0　//配置 Tunnel0 IP,与对端 IP 在同一子网
R2(config‐if)♯tunnel source Fa0/1　　　　　　　//配置隧道的源地址
R2(config‐if)♯tunnel destination 200.20.20.1　　　//配置隧道的目的地址
R2(config)♯ip route 172.16.10.0 255.255.255.0 10.0.0.1　　//配置到对方内网的静态路由

（3）查看结果与测试。

R1♯sh interfaces tunnel0
Tunnel0 is up, line protocol is up (connected)
　Hardware is Tunnel
　Internet address is 10.0.0.1/24
　MTU 17916 bytes, BW 100 Kbit/sec, DLY 50000 usec,
　　reliability 255/255, txload 1/255, rxload 1/255
　Encapsulation TUNNEL, loopback not set
　Keepalive not set
　Tunnel source 200.20.20.1 (FastEthernet0/1), destination 200.20.20.2
　Tunnel protocol/transport GRE/IP
　　Key disabled, sequencing disabled
　　Checksumming of packets disabled
　Tunnel TTL 255
…　//省略无关内容

① 查看 R1 的路由表。

R1♯show ip route
　　　10.0.0.0/24 is subnetted, 1 subnets
C　　　10.0.0.0 is directly connected, Tunnel0
　　　172.16.0.0/24 is subnetted, 2 subnets
C　　　172.16.10.0 is directly connected, FastEthernet0/0
S　　　172.16.20.0 [1/0] via 10.0.0.2
C　　200.20.20.0/24 is directly connected, FastEthernet0/1
S＊　0.0.0.0/0 [1/0] via 200.20.20.2

② 测试 PC1 和 PC2 的连通性。

PC＞ping 172.16.20.10
Pinging 172.16.20.10 with 32 bytes of data:
Request timed out.
Reply from 172.16.20.10: bytes = 32 time = 156ms TTL = 126
Reply from 172.16.20.10: bytes = 32 time = 156ms TTL = 126
Reply from 172.16.20.10: bytes = 32 time = 156ms TTL = 126

在 R2♯debug ip packet 也可以观察到隧道对报文的封装和解封装。

16.1.3　实验任务

GRE 实验网络拓扑图如图 16-5 所示。

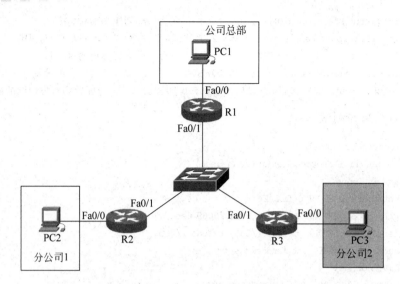

图 16-5 GRE 实验网络拓扑图

IP 地址表如表 16-3 所示。

表 16-3 GRE 实验 IP 地址表

设备	接 口	IP 地址	子 网 掩 码
R1	Fa0/0	10.10.10.1	/24
	Fa0/1	210.10.10.1	/24
R2	Fa0/0	10.10.20.1	/24
	Fa0/1	210.10.10.2	/24
R3	Fa0/0	10.10.30.1	/24
	Fa0/1	210.10.10.3	/24
PC1	NIC	10.10.10.10	/24
PC2	NIC	10.10.20.10	/24
PC3	NIC	10.10.30.10	/24

背景描述:某公司的网络由公司总部、分公司 1 和分公司 2 组成,公司总部的网络为 10.10.10.0/24,分公司 1 的网络为 10.10.20.0/24,分公司 2 的网络为 10.10.30.0/24。在 3 个部分的边缘路由器上配置 GRE 隧道,实现公司总部和两个分公司的互联,要求公司总部可以与各个分公司互访,但分公司之间不能互相访问(需要在总部建立两条分别到各个分公司的隧道)。

实验要求:

(1) 配置路由器各个接口的 IP,配置各个主机 IP,分别测试主机与其网关的通信。

(2) 在 R1、R2 和 R3 的外网接口上分别配置 ACL,禁止转发目的地址为私有地址的报文,记录配置命令。

(3) 在 R1 上配置到 R2 和 R3 隧道。记录各个路由器使用的配置命令。

(4) 结果测试:测试 PC1→PC2,PC1→PC3,PC3→PC2 的通信情况。

16.2　小结与思考

本章主要介绍了隧道的概念和用途,介绍了 GRE 协议的工作过程和报文格式,并针对实际应用讲解了 GRE 协议的基本配置。

【思考】

(1) 查阅资料,列举常见的隧道应用案例。

(2) 简述 GRE 协议和其他隧道协议的区别。

(3) Tunnel 接口配置的 IP 起到什么作用?

(4) 报文在隧道中传输时,其源 IP 和目的 IP 地址分别是什么?

第17章

IPv6技术

IPv6 是 IP 协议的第 6 版本,是 IETF 设计的用于替代现行版本 IPv4 的下一代的互联网协议。IPv6 具有更大的地址空间,可以改善服务质量(QoS),有更好的安全性保证。目前已经存在两个公用的 IPv6 实现网络,一个是 6bone,用做测试 IPv6 问题的测试床;另一个是 6REN,为各组织接口提供可运行的 IPv6 网络。随着 IPv6 网络的流行,IPv6 技术将不断地被人们理解和熟悉。本章主要介绍 IPv6 协议的基本特性、IPv6 地址的特点与配置、IPv6 的静态路由配置、动态路由协议 RIPng 和 OSPFv3 协议的配置,同时也将介绍 IPv4 网络向 IPv6 网络过渡阶段的相关解决方案。

17.1   IPv6 地址与 IPv6 静态路由

17.1.1   实验目的

(1) 了解 IPv6 和 IPv4 协议的区别。

(2) 了解 IPv6 地址的结构与分类。

(3) 掌握 IPv6 地址的配置方式。

(4) 掌握 IPv6 静态路由的配置。

17.1.2   实验原理

1. IPv6 的起源

IPv4 是在 20 世纪 70 年代被设计的,采用 32 位的 IP 地址,能提供的地址空间为 2^{32}(约 40 亿)个唯一地址,但是除了组播、测试还有特殊的 IP 地址外,只有 37 亿个地址是可以分配的。

到了 20 世纪 90 年代,IP 地址耗尽的问题逐渐显示出来,在解决 IP 地址耗尽的问题时,相继出现了下面的措施:

(1) 采用无分类编址 CIDR 技术。

(2) 采用地址转换 NAT 技术,节省全局 IP。

(3) 采用 IPv6 技术。

在上述 3 种技术中,只有 IPv6 才是最终的解决方案。由于人口的日益增多、移动设备的广泛普及、交通工具的联网需求、消费电子产品的增加,加速了 IPv4 地址的消耗,据相关报告预测,IPv4 地址会在 2013 年耗尽。图 17-1 所示是 IPv4 地址在 2010 年 12 月的分配统计图,其中黑色的是还没有分配出去的地址块。

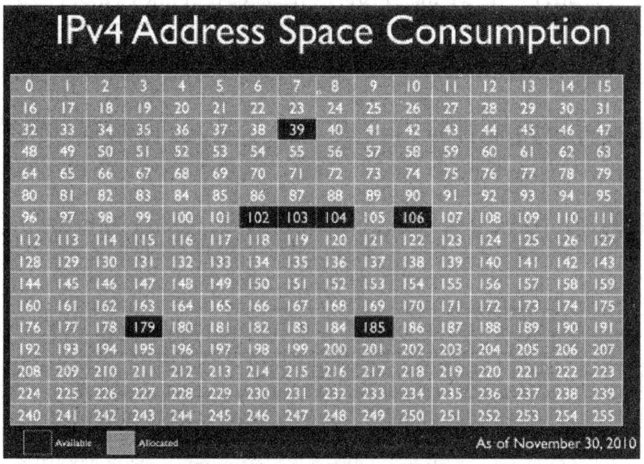

图 17-1　IPv4 地址空间分配图

IPv6 最初在 1992 年被制定出来,主要具有以下特点:

(1) 具有 128 位的地址空间、结构化的路由层次。每个 IPv6 地址有 128 位,是 IPv4 地址长度的 4 倍。这使得 IPv6 的地址空间高达 2^128,是 IPv4 的 2^96 倍,这是个庞大的数字,足以为地球上的每粒沙子分配一个 IP 地址。

(2) 简化的包头结构。IPv6 的固定首部为 40 字节,只含有 8 个必要字段。

(3) 增加安全特性的支持。支持 IPSec 身份验证(AH)和数据加密(ESP);增加流标记,支持更多的 QoS 选择。

(4) 对移动特性的支持。

(5) 自动配置特性,即插即用。

2．IPv6 地址结构

IPv6 地址为 128 位,地址空间超过 3.4×10^{38}。IPv6 地址采用十六进制的表示方法,类似网卡物理地址表示方式,如图 17-2 所示。

| A524 | 75D3 | 2C80 | DD02 | 0029 | EC7A | 002B | EA73 |

图 17-2　IPv6 地址结构图

IPv6 地址:A524:72D3:2C80:DD02:0029:EC7A:002B:EA73,一共有 8 个字段,每个地址占 2 个字节,共 16 位,彼此之间使用冒号分隔开。

为了简化 IPv6 地址标记,可以采用以下办法:

(1) 每个字段中的前导零可省略。例如,字段 09C2 等效于 9C2,字段 0000 等效于 0。

例如,4031:0000:E30F:0000:0000:09C0:176A:630B 等效于 4031:0:E30F:0:0:9C0:176A:630B,如图 17-3 所示。

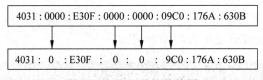

图 17-3　IPv6 地址的缩写

（2）连续的零字段可用两个冒号"∶∶"表示。不过，这种缩写方法在一个地址中只能使用一次。

例如，4031∶0∶E30F∶0∶0∶9C0∶176A∶630B 等效于 4031∶0∶E30F∶∶9C0∶176A∶630B，如图 17-4 所示。

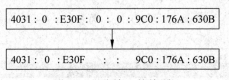

图 17-4　连续 0 的缩写

因此，IPv6 地址 4031∶0000∶E30F∶0000∶0000∶09C0∶176A∶630B 最后可以缩写为 4031∶0∶E30F∶∶9C0∶176A∶630B。

3. IPv6 地址的表示方式

IPv6 地址可以采用以下两种方式表示：

（1）IPv4 和 IPv6 混合表示方式。格式为 x∶x∶x∶x∶x∶x∶d.d.d.d。

例如，IP 地址 2001∶0∶C03∶FF02∶1200∶A056∶192.168.12.100 是合法的 IPv6 地址。

（2）IPv6 地址/网络前缀长度表示方式。

例如，表示网络前缀为 60 位的 IPv6 地址 20AB∶0000∶0000∶0CD3∶0000∶0000∶0000∶0000 可以表示为以下方式：

20AB∶∶CD3∶0∶0∶0∶0/60（正确）

20AB∶∶CD3/60（正确）

下面是 IPv6 地址的表示例子：

- 2031∶0000∶130F∶0000∶0000∶09C0∶876A∶130B 可表示为 2031∶0∶130F∶∶9C0∶876A∶130B，不能表示为 2031∶∶130F∶9C0∶876A∶130B。
- FF01∶0∶0∶0∶0∶0∶0∶1 可以缩写为 FF01∶∶1。
- 0∶0∶0∶0∶0∶0∶0∶1 可以缩写为∶∶1。
- 0∶0∶0∶0∶0∶0∶0∶0 可以缩写为∶∶，在表示 IPv6 默认路由时会用到。

4. IPv6 的单播地址

IPv6 的全球单播地址由 64 位子网前缀和 64 位接口 ID 构成。子网前缀相当于 IPv4 地址中的网络号，接口 ID 相当于 IPv4 地址中的主机号。子网前缀由 48 位全球路由前缀和 16 位子网 ID 构成，如图 17-5 所示。子网前缀由 ISP 分配得到，接口 ID 可以通过手工指定或者由物理地址映射得到。

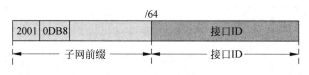

图 17-5　IPv6 地址结构

（1）EUI-64 地址生成方式。

IEEE 提供一种由 MAC 地址自动生成接口 ID 的方法，简称为 EUI-64。通过 EUI-64 方法，可以将 48 位的物理 MAC 地址自动生成 IPv6 下的接口 ID。

（2）EUI-64 地址生成过程。

① 在 MAC 地址的中间，也就是 24bit 中间插入两个字节，分别为 FF 和 FE，如图 17-6 所示。

② 将左边的第一个字节的第 7 位由 0 改为 1。

下面以 00-90-27-17-FC-0F 为例进行介绍，转换步骤如下：

① 取 00-90-27 的前 24 位，置于 IPv6 接口 ID 的前 24 位。取 17-FC-0F 的后 24 位，使其成为 IPv6 接口 ID 的最后 24 位。

② 中间 16 位置为 FFFE。

③ 将最左边的第 7 位由 0 变为 1，即第一字节由 00 变为 02。

④ 最终得到的 IPv6 的接口 ID 为 0290:27FF:FE17:FC0F。

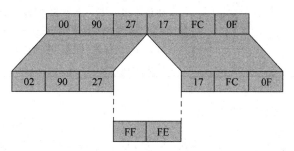

图 17-6　EUI-64 地址生成过程

5. IPv6 报文格式

IPv6 报文封装过程如图 17-7 所示。

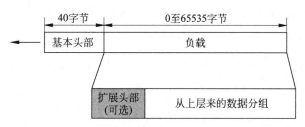

图 17-7　IPv6 报文封装过程

其中，40 字节为 IPv6 包头固定长度，整个报文的最大数据长度为 65535 字节。

IPv6 报头结构如图 17-8 所示。

图 17-8 IPv6 报头结构

其中,IPv6 报头和 IPv4 报头字段的主要区别如表 17-1 所示。

表 17-1 IPv6、IPv4 报头字段的区别

字 段 名	区 别
取消字段	HLEN(头部长度字段)、 Checksum(校验和字段)
替换字段	ToS 字段→数据流类型和流标号字段 总长度字段→有效载荷长度字段 协议字段→下一个首部字段 TTL 字段→跳数限制字段
扩展首部中实现	分片字段(标识/标志/片偏移)、 选项字段

6. IPv6 接口地址配置

IPv6 接口地址可以使用 ipv6 address 配置,从而可以完整指定 128 的 IPv6 地址,也可以通过 eui 方式指定使用的 64 位前缀。

配置步骤如下:

(1) 配置完整 IPv6 地址。

```
R1(config)#int Fa0/0                          //进入接口配置模式
R1(config-if)#ipv6 address 2001::1/64         //配置 IPv6 地址为 2001::1/64,网络前缀为 64 位
```

(2) 指定 EUI 方式。

```
R1(config)#int Fa0/1                          //进入接口配置模式
R1(config-if)#ipv6 address 2002::/64 eui-64   //配置 IPv6 地址的网络前缀为 64 位,
//2002::/64,后面 24 位通过 eui 的方式生成
```

(3) 查看生成的 IPv6 地址。

```
R1#show interfaces Fa0/1                      //查看接口 Fa0/1 的配置信息
FastEthernet0/1 is up, line protocol is up
Hardware is Gt96k FE, address is c000.0e94.0001 (bia c000.0e94.0001)
```

可以看到 Fa0/1 的 MAC 地址为 **c000.0e94.0001**,因此通过 eui 生成的 IPv6 地址后 64 位为 **C200.0eff.fe94.0001**,所以最终的 IPv6 地址应该为 **2002::C200.0eff.fe94.0001**。

使用 R1#sh ipv6 interface brief 查看各个接口的 IPv6 地址配置,可以看到是符合的。

```
FastEthernet0/1          [up/up]
    FE80::C200:EFF:FE94:1
    2002::C200:EFF:FE94:1                           //和手工计算得到的地址一致
```

7. IPv6 静态路由配置

IPv6 静态路由配置和 IPv4 静态路由配置类似,可以使用本地出口或者下一跳地址。在配置静态路由之前要先启动 IPv6 的路由功能,该功能默认是关闭的。

```
R1(config)#ipv6 unicast-routing              //启动 IPv6 的单播路由功能
```

配置静态路由:

```
R1(config)#ipv6 route 2003::/64 Fa0/1(或者下一跳的 IPv6 地址)
```

查看路由表:

```
R1#sh ipv6 route
```

8. 配置实例

说明:配置 R1、R2、R3、R4 的 IPv6 网络,使得 R1、R4 能够相互通信。
IPv6 静态路由配置网络拓扑图如图 17-9 所示。

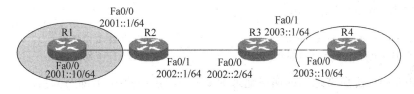

图 17-9   IPv6 静态路由配置网络拓扑图

配置步骤如下:
(1)配置路由器接口的 IPv6 地址。
① 配置 R1。

```
R1(config)#int Fa0/0                    //进入 Fa0/0 接口配置模式
R1(config-if)#ipv6 address 2001::10/64  //配置接口的 IPv6 地址
R1(config-if)#no shutdown               //激活该接口
```

② 配置 R2。

```
R2(config)#int Fa0/0                    //进入 Fa0/0 接口配置模式
R2(config-if)#ipv6 address 2001::1/64   //配置接口的 IPv6 地址
R2(config-if)#no shutdown               //激活接口

R2(config)#int Fa0/1                    //进入 Fa0/1 接口配置模式
```

```
R2(config-if)♯ipv6 address 2002::1/64          //配置接口的 IPv6 地址
R2(config-if)♯no shutdown                      //激活接口
```

③ 配置 R3。

```
R3(config)♯int Fa0/0                           //进入 Fa0/0 接口配置模式
R3(config-if)♯ipv6 address 2002::2/64          //配置接口的 IPv6 地址
R3(config-if)♯no shutdown                      //激活接口

R3(config)♯int Fa0/1
R3(config-if)♯ipv6 address 2003::1/64
R3(config-if)♯no shutdown
```

④ 配置 R4。

```
R4(config)♯int Fa0/0
R4(config-if)♯ipv6 address 2003::10/64
R4(config-if)♯no shutdown
```

(2) 配置静态路由。
① 配置 R2。

```
R2(config)♯ipv6 unicast-routing               //启动 IPv6 单播路由
R2(config)♯ipv6 route 2003::/64 2002::2/64     //配置到 R4 网络的静态路由
```

② 配置 R3。

```
R3(config)♯ipv6 unicast-routing               //启动 IPv6 单播路由
R3(config)♯ipv6 route 2001::/64 2002::1/64     //配置到 R1 网络的静态路由
```

③ 配置 R1 和 R4 默认路由。

```
R1(config)♯ipv6 unicast-routing               //启动 IPv6 单播路由
R1(config)♯ipv6 route ::/0 2001::1             //配置 IPv6 默认路由
```

注：IPv6 中匹配所有地址的网络地址为 0:0:0:0:0:0:0:0/0,缩写为::/0。

```
R4(config)♯ipv6 unicast-routing               //启动 IPv6 单播路由
R4(config)♯ipv6 route ::/0 2003::1             //配置 IPv6 默认路由
```

(3) 结果与测试。
① R1 到 R4 的通信测试。

```
R1♯ping ipv6 2003::10                          //使用 IPv6 的 Ping 命令
Type escape sequence to abort.
Sending 5, 100-byte ICMP Echos to 2003::10, timeout is 2 seconds:
!!!!!
Success rate is 100 percent (5/5), round-trip min/avg/max = 104/170/260 ms
```

可以看到,R1 和 R4 能相互通信,静态路由配置成功。
② 查看 R1 的路由表。

```
R2♯sh ipv6 route
IPv6 Routing Table - 5 entries
```

…//部分内容省略

```
S    ::/0 [1/0]                          //默认路由,下一跳地址为 2000::1,即 R2 的 Fa0/0 接口
     via 2001::1
C    2001::/64 [0/0]                      //Fa0/0 接口的直连路由
     via ::, FastEthernet0/0
L    2001::10/128 [0/0]
     via ::, FastEthernet0/0
L    FE80::/10 [0/0]
     via ::, Null0
L    FF00::/8 [0/0]
     via ::, Null0
```

③ 查看 R2 的路由表。

```
R2# sh ipv6 route                         //查看 IPv6 的路由表
IPv6 Routing Table - 9 entries
…//部分内容省略
C    2001::/64 [0/0]
     via ::, FastEthernet0/0
L    2001::/128 [0/0]
     via ::, FastEthernet0/0
L    2001::1/128 [0/0]
     via ::, FastEthernet0/0
C    2002::/64 [0/0]
     via ::, FastEthernet0/1
L    2002::1/128 [0/0]
     via ::, FastEthernet0/1
L    2002::C200:EFF:FE94:1/128 [0/0]
     via ::, FastEthernet0/1
//到 R4 网络的静态路由,下一跳地址为 2002::2,即 R3 的 Fa0/0 接口
S    2003::/64 [1/0]
     via 2002::2
L    FE80::/10 [0/0]
     via ::, Null0
L    FF00::/8 [0/0]
     via ::, Null0
```

17.1.3 实验任务

网络拓扑图如图 17-10 所示。

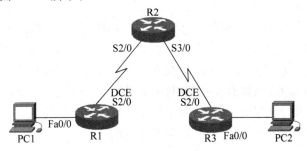

图 17-10 IPv6 配置实验拓扑图

IP 地址表如表 17-2 所示。

表 17-2　IPv6 配置实验地址表

设　备	接　　口	IP 地址	子 网 掩 码
R1	Fa0/0	2000::1	/64
	S2/0	3000::2	/64
R2	S2/0	3000::1	/64
	S3/0	4000::1	/64
R3	Fa0/0	5000::2	/64
	S2/0	4000::2	/64
PC1	NIC	2000::10	/64
PC2	NIC	5000::10	/64

实验要求：

(1) 按照拓扑图和地址表配置每台主机和路由器的 IPv6 地址。

(2) 配置 IPv6 的静态路由。

- 为 R1、R3 配置默认路由。
- 将 R2 配置到 PC1、PC2 网络的静态路由。

(3) 结果与测试。

- 分别记录查看到的 R1、R2、R3 的路由表。
- 测试 PC1 到 PC2 的连通性。

17.2　RIPng 的配置

17.2.1　实验目的

(1) 理解 RIPng 的工作原理。

(2) 理解 RIPng 和 RIP 协议的区别。

(3) 掌握 RIPng 的基本配置。

17.2.2　实验原理

1. RIPng 简介

RIPng(RIP next generation)是 IPv6 网络中对 RIPv2 协议的扩展。RIPng 仍然属于基于距离矢量算法的路由协议。距离矢量算法也称为 Ford-Fulkerson 算法。

RIPng 和 RIP 协议一样，属于 IGP 协议的一种，具有如下限制：

(1) 网络的最长路径(网络直径)不能超过 15 跳。

(2) 协议根据"计数到无穷大"来解决某些不正常的路由情况。

(3) 协议使用固定的"度量值"来比较可选路由项。

RIPng 对 RIP 协议的修改和扩展如表 17-3 所示。

表 17-3　RIPng 对 RIP 协议的扩展表

序号	项　目	修 改 内 容
1	UDP 端口号	使用 UDP 的 521 端口发送和接收路由信息
2	目的组播地址	使用 FF02::9 作为链路本地范围内的 RIPng 路由器组播地址
3	前缀长度	目的地址使用 128 位的前缀长度
4	源地址	使用链路本地地址 FE80::/10 作为源地址,发送 RIPng 路由信息以更新报文
5	下一跳地址	使用 IPv6 地址

2. RIPng 的工作过程

RIPng 使用 UDP 的 521 端口号发送和接收数据报。RIPng 报文大致可分为两类:选路信息报文和用于请求信息的报文。它们都使用相同的格式,由固定的首部和路由表项 RTE(Route Table Entry)组成。其中,路由表项可以有多个。PIPng 报文结构图如图 17-11 所示。

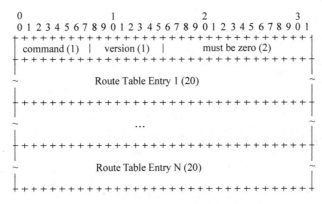

图 17-11　RIPng 报文结构图

首部包括命令字段和版本号字段。其中,命令号 1 表示请求部分或全部选路信息,命令号 2 表示响应,其中包含一个或多个 RTE。版本号字段包含了协议的版本号,目前的版本号值为 1。

报文的剩余部分是一个 RTE 序列,每个 RTE 的长度为 20 字节,其中每一个 RTE 由目的 IPv6 前缀、路由标记、前缀的有效长度及到目的网络的度量值四部分组成,如图 17-12 所示。

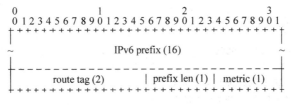

图 17-12　路由表项 RTE 结构图

IPv6 的地址前缀为 128 位,因此在 RTE 中占用 16 字节。

路由标记字段(route tag)是从 RIP 中保留下来的,其最主要的用途是对外部路由做标志,以区分内部路由和外部路由,供外部网关路由协议(如 EGP 或 BGP)使用。

前缀长度字段(prefix len)指明了前缀中有效位的长度,IPv6 中使用前缀长度的概念代替 IPv4 中的子网掩码。

网络度量值字段(metric)指明了到目的网络的花费,由于 RIPng 的最大工作直径为 15 跳,因此该字段可以为 1~15 之间的任意值,16 意味着目的地不可达。

RIPng 的报文分析如图 17-13 所示。

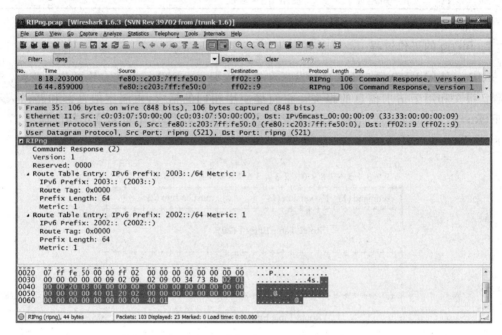

图 17-13　RIPng 报文分析

分析结果如下。

网络层:(IPv6)
　　　　源 IP 地址 —— fe80::c203::7ff::fe50::0
　　　　目的 IP 地址—— ff02::9
传输层:(UDP)
　　　　源端口 —— 521
　　　　目的端口 —— 521
应用层:(RIPng)
　　RIPng 头部:
　　　Command(命令):2　响应报文
　　　Version(版本):1
　　　Reversed(保留字段):0000
　　　RTE(路由表项)1
　　　　IPv6 Prefix(IPv6 网络前缀):2003::
　　　　Route Tag(路由标签):0000 来源于 IGP
　　　　Prefix Length(网络前缀长度):64
　　　　Metric(度量值):1

```
RTE(路由表项)2
    IPv6 Prefix(IPv6 网络前缀): 2003::
    Route Tag(路由标签): 0000 来源于 IGP
    Prefix Length(网络前缀长度): 64
    Metric(度量值): 1
```

RIPng 和 RIP 协议一样,使用水平分割技术、毒性逆转技术、触发更新技术来解决路由环路问题。

RIPng 和 RIP 协议一样,使用定时器来实现路由表的更新、报文的发送。RIPng 中使用的定时器主要有以下 3 个:

(1)定期广播定时器。此定时器在 Cisco 路由器中被设置成 $25\sim35s$ 之间的任一随机数,目的是为了避免网络上所有路由器同时发送更新报文产生的广播风暴。利用随机间隔可以均衡通信量,从而减少路由器之间发生冲突的可能性。

(2)截止期定时器。此定时器用来管理路由的有效性。该定时器被设定为 180s,如果在 180s 之内收到该路由的更新报文,定时器将复位。如果一条路由在 180s 内未得到相关报文的更新,则该条路由不再有效,将跳数设置为 16,表示终点不可达,但仍保留在路由表中,以便通知其他路由器这条路由已经失效。

(3)无用信息收集定时器。如果有关某一条路由的信息无效,则无用信息收集定时器就将该路由设置为 120s,在这段时间内,这些路由仍然会被路由器周期性地广播,当计数为零时,这个路由便从路由表中清除。

3. RIPng 配置步骤

RIPng 的配置步骤如表 17-4 所示。

表 17-4 RIPng 的配置步骤

步骤	过 程	命 令
1	启动 IPv6 单播路由功能	Router(config)♯ipv6 unicast-routing
2	启动 RIPng 路由协议	Router(config)♯ipv6 router rip *name*
3	在相应的接口启动 RIPng 路由协议	Router(config-if)♯ipv6 rip *name* enable
4	检查路由表	Router♯ show ipv6 route

注意:RIPng 不需要使用 network x.x.x.x 命令进行网络宣告,而是通过在相应的接口使用 ipv6 rip xxx eanable 启动 RIPng 协议。

4. RIPng 配置实例

RIPng 配置拓扑图如图 17-14 所示。

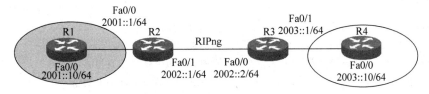

图 17-14 RIPng 配置实例网络拓扑图

说明：在 R2、R3 中配置 RIPng 路由协议，使 R1 和 R4 的网络能够相互通信。

配置步骤如下：

（1）配置路由器的 IP 地址。

① 配置 R1。

```
R1(config)＃int Fa0/0                    //进入 Fa0/0 接口配置模式
R1(config－if)＃ipv6 address 2001::10/64  //配置接口的 IPv6 地址
R1(config－if)＃no shutdown               //激活接口
```

② 配置 R2。

```
R2(config)＃int Fa0/0                    //进入到 Fa0/0 接口配置模式
R2(config－if)＃ipv6 address 2001::1/64   //配置接口的 IPv6 地址
R2(config－if)＃no shutdown               //激活接口

R2(config)＃int Fa0/1                    //进入 Fa0/1 接口配置模式
R2(config－if)＃ipv6 address 2002::1/64   //配置接口的 IPv6 地址
R2(config－if)＃no shutdown               //激活接口
```

③ 配置 R3。

```
R3(config)＃int Fa0/0                    //进入 Fa0/0 接口配置模式
R3(config－if)＃ipv6 address 2002::2/64   //配置接口的 IPv6 地址
R3(config－if)＃no shutdown               //激活接口
R3(config)＃int Fa0/1
R3(config－if)＃ipv6 address 2003::1/64
R3(config－if)＃no shutdown               //激活接口
```

④ 配置 R4。

```
R4(config)＃int Fa0/0
R4(config－if)＃ipv6 address 2003::10/64
R4(config－if)＃no shutdown               //激活接口
```

（2）配置 R1、R4 的默认网关。

```
R1(config)＃ipv6 unicast－routing        //启动 IPv6 单播路由
R1(config)＃ipv6 route ::/0 2001::1      //配置 IPv6 默认路由
R4(config)＃ipv6 unicast－routing        //启动 IPv6 单播路由
R4(config)＃ipv6 route ::/0 2003::1      //配置 IPv6 默认路由
```

（3）配置 R2、R3 上的 RIPng 协议。

① 配置 R2。

```
R2(config)＃ipv6 unicast－routing        //启动 IPv6 单播路由
R2(config)＃ipv6 router rip RIPV6        //启动 RIPng 协议,名称为 RIPV6
R2(config)＃interface Fa0/0              //进入 Fa0/0 接口配置模式
R2(config－if)＃ipv6 rip RIPV6 enable     //在接口激活 RIPng 路由协议
R2(config－if)＃int Fa0/1                //进入 Fa0/1 接口配置模式
R2(config－if)＃ipv6 rip RIPV6 enable     //在接口激活 RIPng 路由协议
```

② 配置 R3。

```
R3(config)♯ipv6 unicast - routing          //启动 IPv6 单播路由
R3(config)♯ipv6 router rip RIPv6           //启动 RIPng 协议并命名为 RIPv6(名称只是本地有效)
R3(config-rtr)♯int Fa0/0                    //进入 Fa0/0 接口配置模式
R3(config-if)♯ipv6 rip RIPv6 enable        //在接口激活 RIPng 路由协议
R3(config-if)♯int Fa0/1                     //进入到 Fa0/1 接口配置模式
R3(config-if)♯ipv6 rip RIPv6 enable        //在接口激活 RIPng 路由协议
```

（4）检查 R2 和 R3 的路由表。

① 检查路由协议的配置。

```
R2♯sh ipv6 protocols                       //查看 IPv6 路由协议的配置信息
   IPv6 Routing Protocol is "connected"    //配置直连路由
   IPv6 Routing Protocol is "static"       //配置静态路由
   IPv6 Routing Protocol is "rip RIPv6"    //RIPng 路由,以下是参与 RIPng 的接口
     Interfaces:
         FastEthernet0/1
         FastEthernet0/0
     Redistribution:
         None
```

② 检查路由表。

```
R2♯show ipv6 route                         //查看 R2 的路由表信息
   IPv6 Routing Table - 7 entries          //--共有 7 个路由项
   …//部分内容省略
   C    2001::/64 [0/0]
        via ::, FastEthernet0/0
   L    2001::1/128 [0/0]
        via ::, FastEthernet0/0
   C    2002::/64 [0/0]
        via ::, FastEthernet0/1
   L    2002::1/128 [0/0]
        via ::, FastEthernet0/1
   R    2003::/64 [120/2]
        via FE80::C203:7FF:FE50:0, FastEthernet0/1
```

R 表示该路由来源于 RIPng 协议；2003::/64 表示目的网络地址；[120/2]中的 120 表示管理距离为 120,2 表示度量值为 2,即是跳数为 2。

FE80::C203:7FF:FE50:0 表示下一跳接口的 IPv6 地址,采用链路本地地址的表示形式,FE80::是私有地址网络前缀,后面是由接口的 MAC 地址通过 EUI-64 方式产生的。FastEthernet0/1 表示本路由器转发 IPv6 报文的出口。

```
   L    FE80::/10 [0/0]
        via ::, Null0
   L    FF00::/8 [0/0]
        via ::, Null0
```

（5）测试 R1 和 R4 的连通性。

R1＃ping ipv6 2003::10
Type escape sequence to abort.
Sending 5, 100 - byte ICMP Echos to 2003::10, timeout is 2 seconds:
!!!!!
Success rate is 100 percent (5/5), round - trip min/avg/max = 84/131/236 ms

17.2.3 实验任务

网络拓扑图如图 17-15 所示。

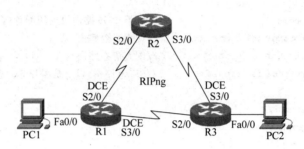

图 17-15 RIPng 配置实验拓扑图

IP 地址表如表 17-5 所示。

表 17-5 RIPng 配置实验 IP 地址表

设 备	接 口	IP 地 址	子 网 掩 码
	Fa0/0	2000::1	/64
R1	S2/0（DCE）	3000::2	/64
	S3/0（DCE）	6000::2	/64
R2	S2/0	3000::1	/64
	S3/0	4000::1	/64
	S3/0（DCE）	4000::2	/64
R3	S2/0	6000::1	/64
	Fa0/0	5000::2	/64
PC1	NIC	2000::10	/64
PC2	NIC	5000::10	/64

实验要求：

（1）按照拓扑图和地址表配置每台主机和路由器的 IPv6 地址。

（2）在 R1、R2、R3 配置 RIPng 路由协议，使 PC1 和 PC2 能够相互通信。

注意：在 R1、R3 的相应接口启动 RIPng 路由，在以太网接口不启动 RIPng 路由。

（3）结果与测试。

分别记录查看到的 R1、R2、R3 的路由表。

（4）测试 PC1 到 PC2 的连通性。

17.3 OSPFv3 的配置

17.3.1 实验目的

（1）了解 OSPFv3 协议的工作原理。

（2）了解 OSPFv3 协议与 OSPF 协议的区别。

（3）掌握 OSPFv3 的基本配置。

（4）掌握 OSPFv3 单区域的配置。

17.3.2 实验原理

1. OSPFv3 简介

OSPFv3 路由协议是 IETF 在保留了 OSPF 协议优点的基础上针对 IPv6 的网络特点修改而成的，定义域为 RFC 2740。由于 RIPng 容易产生路由环路且收敛慢，所以在中大型规模的 IPv6 网络中，OSPFv3 协议成了主流的路由协议。

OSPFv3 协议和 OSPFv2 协议在工作机制上大致相同，协议的基本思路如下：在自治系统中，每一台运行 OSPF 的路由器收集的接口/邻接信息称为链路状态，通过 Flooding（泛洪）算法在整个系统广播自己的链路状态信息，从而在整个系统内部维护一个同步的链路状态数据库。根据链路状态数据库，路由器计算出以自己为根，其他网络结点为叶的最短的路径树，从而计算出自己到达系统内部各部分的最佳路由。

关于 OSPFv2 协议工作的详细过程，可以参考 OSPF 协议章节。

2. OSPFv3 和 OSPFv2 协议比较

OSPFv3 和 OSPFv2 协议的相同点如表 17-6 所示。

表 17-6 OSPFv3 和 OSPFv2 协议相同点

序号	相同点	内容
1	路由计算方法相同	都使用最短路径优先 SPF 算法
2	路由器类型相同	包含内部路由器（internal router）、骨干路由器（backbone router）、区域边界路由器（area border router）和自治系统边界路由器（autonomous system boundary router）等
3	支持的区域类型相同	包括骨干区域、标准区域、末节区域、NSSA 和完全末节区域
4	DR 选举机制相同	DR 和 BDR 的选举过程相同
5	网络类型相同	包括点到点链路、点到多点链路、多路访问、NBMA 链路和虚拟链路

续表

序号	相 同 点	内 容
6	邻居和邻居形成机制相同	OSPF 路由器启动后,便会通过 OSPF 接口向外发送 Hello 报文,收到 Hello 报文的 OSPF 路由器会检查报文中所定义的参数,如果双方一致就会形成邻居关系。形成邻居关系的双方不一定都能形成邻接关系,这要根据网络类型而定,只有当双方成功交换 DBD 报文,交换 LSA 并达到 LSDB 的同步之后,才会形成真正意义上的邻接关系
7	LSA 的传播和老化机制相同	使用泛洪机制和区域分层方法
8	基本数据包类型相同	都使用 Hello、DBD、LSR、LSU 和 LSA 这 5 种类型报文

OSPFv3 与 OSPFv2 相比,主要有下面的区别。

(1) OSPFv3 使用基于链路取代 OSPFv2 的基于网络。

在 OSPFv2 协议中,两台路由器要形成邻居并交换路由信息的前提是,两台路由器的相邻接口必须在同一网络。OSPFv3 是基于链路的,几个 IP 子网可以属于同一个链路,即使两个接口不属于同一子网,只要是在同一链路上,就能够相互通信。

(2) OSPFv3 使用 Router ID 唯一标识邻居。

在 OSPFv2 中,当网络类型为点到点或者通过虚连接与邻居相连时,通过 Router ID 来标识邻居路由器。当网络类型为广播或 NBMA 时,可以通过邻居接口的 IP 来标识邻居路由器。但是 OSPFv3 取消了这种复杂性,对于任何网络类型,只能通过 Router ID 来唯一标识邻居。

(3) OSPFv3 链路多实例复用。

OSPFv3 支持链路多实例复用,一条链路上可以运行多个 OSPF 实例(instance)。例如,可以使用两个实例让一条链路运行在两个区域内。OSPFv2 不支持链路多实例复用。

3. OSPFv3 的配置命令

OSPFv3 的配置命令如表 17-7 所示。

表 17-7　OSPFv3 的配置步骤

步骤	过　　程	命　　令
1	启动 IPv6 单播路由功能	Router(config)#ipv6 unicast-routing
2	配置接口的 IPv6 地址	Router(config-if)# ipv6 address *xxxx::x/prefix-length*
3	启动 OSPFv3	Router(config)# ipv6 router ospf *process-id*
4	设置路由器 ID	Router(config-rtr)# router-id *x.x.x.x*
5	在接口上启动 OSPFv3 协议	Router(config-if)#ipv6 ospf *process-id* area *area-id* [*instance instance-id*]
6	检查路由表	Router# show ipv6 route

注意:OSPFv3 和 RIPng 相似,不用宣告网络,只需在接口启动相应的 OSPFv3 进程即可。

17.3.3　实验任务

网络拓扑图如图 17-16 所示。

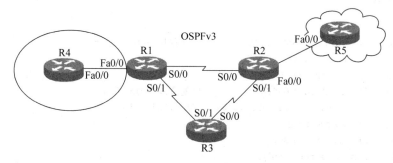

图 17-16　OSPFv3 网络配置拓扑图

IP 地址表如表 17-8 所示。

表 17-8　OSPFv3 网络配置 IP 地址表

设备	接　口	IP 地址	子网掩码
R1	Fa0/0	3000::1	/64
	S0/0（DCE）	2000::1	/64
	S0/1（DCE）	2001::1	/64
R2	S0/0	2000::2	/64
	S0/1	2002::2	/64
	Fa0/0	4000::1	/64
R3	S0/0（DCE）	2002::1	/64
	S0/1	2001::2	/64
R4	Fa0/0	3000::10	/64
R5	Fa0/0	4000::10	/64

背景说明：R1、R2、R3、R4 为内部网络，同在一个 Area 0 中，R5 为网络通往 Internet 的网关。在 Area 0 中配置 OSPFv3，使得 Area 0 网络互通，在 R2 中向其他路由器注入默认路由，要求 R4 能 ping 通 R5。

配置步骤如下：

（1）配置 R4。

```
R4(config)♯interface Fa0/0
R4(config-if)♯ipv6 add 3000::10/64        //配置接口 IPv6 地址
R4(config-if)♯no shutdown
R4(config)♯ipv6 unicast-routing           //启动 IPv6 单播转发
R4(config)♯ipv6 route ::/0 3000::1        //配置默认路由
```

（2）配置 R5。

```
R5(config)♯ interface Fa0/0
R5(config-if)♯ipv6 add 4000::10/6          //配置接口 IPv6 地址
```

```
R5(config - if) # no shutdown
R5(config) # ipv6 unicast - routing          //启动 IPv6 单播转发
R5(config) # ipv6 route 3000::/64 4000::1    //配置一条静态路由到 R4
```

（3）配置 R1。

```
R1(config) # int Fa0/0
R1(config - if) # ipv6 add 3000::1/64        //配置接口 IPv6 地址
R1(config - if) # no shutdown
R1(config - if) # interface s0/0
R1(config - if) # clock rate 64000           //配置 DCE 时钟频率
R1(config - if) # ipv6 address 2000::1/64    //配置接口 IPv6 地址
R1(config - if) # no shutdown
R1(config - if) # interface s0/1
R1(config - if) # clock rate 64000
R1(config - if) # ipv6 address 2001::1/64    //配置接口 IPv6 地址
R1(config - if) # no shutdown

R1(config) # ipv6 unicast - routing          //启动 IPv6 单播转发
R1(config) # ipv6 router ospf 1              //创建 OSPF 路由进程,进程 ID 为 1
R1(config - rtr) # router - id 1.1.1.1       //配置 router - id
R1(config - rtr) # passive - interface Fa0/0 //配置被动接口

R1(config) # interface s0/1
R1(config - if) # ipv6 ospf 1 area 0         //在该接口启动 OSPF 进程 1
R1(config) # interface s0/1
R1(config - if) # ipv6 ospf 1 area 0         //在该接口启动 OSPF 进程 1

R1(config) # interface Fa0/0
R1(config - if) # ipv6 ospf 1 area 0         //在该接口启动 OSPF 进程 1
```

（4）配置 R3。

```
R3(config) # interface s0/1
R3(config - if) # ipv6 address 2001::2/64    //配置接口 IPv6 地址
R3(config - if) # no shutdown
R3(config) # interface s0/1
R3(config - if) # clock rate 64000
R3(config - if) # ipv6 address 2002::1/64    //配置接口 IPv6 地址
R3(config - if) # no shutdown

R3(config) # ipv6 unicast - routing          //启动 IPv6 单播转发
R3(config) # ipv6 router ospf 1              //创建 OSPF 路由进程,进程 ID 为 1
R3(config - rtr) # router - id 3.3.3.3       //配置 router - id
R3(config) # interface s0/1
R3(config - if) # ipv6 ospf 1 area 0         //在该接口启动 OSPF 进程 1
R3(config) # interface s0/0
R3(config - if) # ipv6 ospf 1 area 0         //在该接口启动 OSPF 进程 1
```

（5）配置 R2。

```
R2(config) # interface s0/0
```

R2(config-if)♯ipv6 address 2000:2/64　　//配置 S0/0 接口的 IPv6 地址

R2(config-if)♯no shutdown

R2(config-if)♯ interface s0/1

R2(config-if)♯ipv6 address 2002::2/64　　//配置 S0/1 接口的 IPv6 地址

R2(config-if)♯no shutdown

R2(config)♯ interface Fa0/0

R2(config-if)♯ipv6 address 4000::1/64　　//配置 Fa0/0 接口的 IPv6 地址

R2(config-if)♯no shutdown

R2(config)♯ipv6 unicast-routing　　　　//启动 IPv6 单播转发

R2(config)♯ipv6 route ::/0 4000::10　　//配置默认路由

R2(config)♯ipv6 router ospf 1　　　　//创建 OSPF 进程,ID 为 1

R2(config-rtr)♯router-id 2.2.2.2　　//配置 router-id

R2(config-rtr)♯default-information originate　　//注入默认路由

R2(config)♯ interface s0/1

R2(config-if)♯ipv6 ospf 1 area 0　　//在接口启用 OSPF 进程 1

R2(config)♯ interface s0/1

R2(config-if)♯ipv6 ospf 1 area 0　　//在接口启用 OSPF 进程 1

（6）结果检查与调试。

① 查看 R1 的 OSPF 邻居表。

```
R1♯show ipv6 ospf neighbor
  Neighbor ID   Pri  State     Dead Time  Interface ID  Interface
  3.3.3.3        1   FULL/ -   00:00:30   7             Serial0/1
  2.2.2.2        1   FULL/ -   00:00:37   6             Serial0/0
```

② 查看 R1 的路由表。

```
R1♯show ipv6 route
  IPv6 Routing Table - 9 entries
  ···//部分内容省略
  C   2000::/64 [0/0]                //直连路由
      via ::, Serial0/0
  L   2000::1/128 [0/0]
      via ::, Serial0/0
  C   2001::/64 [0/0]                //直连路由
      via ::, Serial0/1
  L   2001::1/128 [0/0]
      via ::, Serial0/1
  O   2002::/64 [110/128]            //OSPFv3 学习到的路由
      via FE80::C202:6FF:FE94:0, Serial0/0
      via FE80::C203:6FF:FE94:0, Serial0/1
  C   3000::/64 [0/0]                //直连路由
      via ::, FastEthernet0/0
  OE2 ::/0 [110/1], tag 1
      via FE80::C202:6FF:FE94:0, Serial0/0
```

说明：该路由来自于 R2 的默认路由注入。

③ 查看 R2 的路由表。

```
R2♯sh IPv6 route
```

```
S     ::/0 [1/0]
      via 4000::10
O     2001::/64 [110/128]
      via FE80::C201:6FF:FE94:0, Serial0/0
      via FE80::C203:6FF:FE94:0, Serial0/1
O     3000::/64 [110/74]
      via FE80::C201:6FF:FE94:0, Serial0/0
…//省略其他无关的路由
```

④ 测试 R4 到 R5 的通信。

```
R4♯ping ipv6 4000::10
Type escape sequence to abort.
Sending 5, 100 - byte ICMP Echos to 4000::10, timeout is 2 seconds:
!!!!!
Success rate is 100 percent (5/5), round - trip min/avg/max = 68/108/156 ms
```

17.4 IPv4 向 IPv6 过渡的方案

17.4.1 实验目的

（1）了解 IPv4 向 IPv6 过渡的解决方案。
（2）理解 IPv4 和 IPv6 共存网络的过渡过程。
（3）掌握双栈配置。
（4）掌握常见的隧道技术配置。

17.4.2 实验原理

1. IPv4 向 IPv6 的过渡阶段

IPv6 技术虽然相比 IPv4 具有很大的优势，但是由于 IPv4 已相当成熟并部署广泛，无法在短期内将 IPv4 网络迁移到 IPv6 网络，因此注定 IPv4 和 IPv6 网络要共存相当长的一段时期。要完成 IPv4 网络向 IPv6 的过渡，大概主要分为以下 3 个阶段：

（1）网络部分终端设备采用 IPv6，边缘网络部署 IPv6，而核心主干网以 IPv4 为主的 IPv6 孤岛阶段。该阶段的主要的特征是，IPv6 孤岛要穿越 IPv4 主干网络进行通信。

（2）随着 IPv6 的部署，主干网逐渐完成向 IPv6 的迁移，但是边缘网络仍然存在部分的 IPv4 的孤岛。该阶段特征就是，IPv4 的网络孤岛需要穿越 IPv6 的主干网进行通信。

（3）随着 IPv6 的广泛应用，会逐步取代 IPv4 网络，使整个互联网成为 IPv6 网络。

在前两个阶段中，IPv4 和 IPv6 共存的网络通信中主要使用双栈技术、隧道技术和 NAT-PT 技术，如图 17-17 所示。

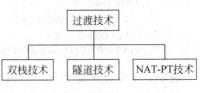

图 17-17 IPv4 向 IPv6 的主要过渡技术

2．IPv4/IPv6 双栈技术

双栈技术是一种较简单的过渡技术，它要求结点是 IPv4/IPv6 双栈结点，这些结点既可以与 IPv4 结点通信，也可以与 IPv6 结点通信。通常情况，也要求网络中的路由器为双栈路由器，工作原理如图 17-18 所示。

优点如下：

双栈策略的优点是容易部署，易于理解，网络规划简单，可以充分发挥 IPv6 协议的所有优点（如安全性、路由约束、流的支持等方面）。

缺点如下：

对网络设备的性能要求较高，其不但要支持

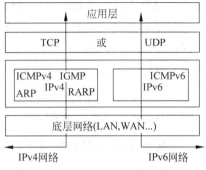

图 17-18 双栈技术工作原理

IPv4 路由协议，而且要支持 IPv6 路由协议，需要维护大量的协议和数据。双栈技术的升级改造将涉及网络中的所有网络设备，投资大、建设周期长。

配置步骤如下：

（1）在每个接口配置 IPv4 地址和 IPv6 地址。

```
Router(conf-if)# ip address 192.168.1.1 255.255.255.0  //配置接口 IPv4 地址
Router(conf-if)# ipv6 address 2002::10/64              //配置接口 IPv6 地址
```

（2）在路由器上启用 IPv6 路由功能。

```
Router(config)# ip routing              //启用 IPv4 路由，默认已经启动
Router(config)# ipv6 unicat-routing     //启动 IPv6 路由，需要路由器 IOS 支持
```

3．隧道技术

隧道技术是指一种技术（协议）或者策略的两个或多个子网穿过另一种技术（协议）或者策略的网络互联的实现。隧道技术可将 IPv6 孤岛或者 IPv4 孤岛互相连接起来，主要有两种情况：一种是隧道的两端是 IPv6 孤岛，需要穿越 IPv4 网络；另一种是隧道的两端是 IPv4 孤岛，需要穿越 IPv6 网络。无论哪种情况，都需要在隧道的入口对报文进行重新封装，然后把封装过的报文通过中间网络送到隧道出口，在隧道的出口对报文进行解封装，再将恢复后的报文转发到目的地，工作过程如图 17-19 所示。

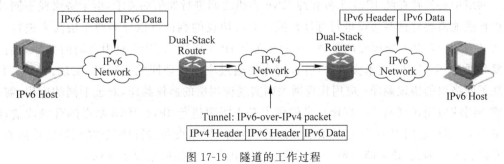

图 17-19 隧道的工作过程

　　常见的隧道技术有 GRE 隧道、IPv6 over IPv4 手工配置隧道、6PE/6VPE 隧道、6to4 隧道、ISATAP 隧道等几种。

　　隧道技术能够充分利用现有的网络投资,因此在过渡初期是一种方便的选择。但是,在隧道的入口处会进行负载协议数据包的拆分,在隧道出口处会进行负载协议数据包的重组,这就增加了隧道出入口的实现复杂度,不利于大规模的应用。

　　IPv6 over IPv4 隧道的配置步骤如下,其中网关路由器必须运行双栈:

　　(1) 创建 Tunnel 接口,配置隧道两端的 IP。

```
Router(conf)# interface tunnel0
Router(conf-if)# ipv6 address 3000::10/64
```

　　(2) 配置 Tunnel 接口的模式。

```
Router(config-if)# tunnel mode ?
cayman   Cayman TunnelTalk AppleTalk encapsulation
dvmrp    DVMRP multicast tunnel
eon      EON compatible CLNS tunnel
gre      generic route encapsulation protocol
ipip     IP over IP encapsulation
ipsec    IPSec tunnel encapsulation
iptalk   Apple IPTalk encapsulation
ipv6     Generic packet tunneling in IPv6
ipv6ip   IPv6 over IP encapsulation              //实现 IPv4 对 IPv6 的封装
mpls     MPLS encapsulations
nos      IP over IP encapsulation (KA9Q/NOS compatible)
```

　　(3) 配置 Tunnel 接口的源地址和目的地址。

```
Router (config-if)# tunnel source   192.168.1.10
Router (config-if)# tunnel destination   192.168.2.10
```

　　(4) 配置到对方网络的路由。

```
Router(config)# ipv6 route 2000::/64 tunnel0
                      //配置到对方 IPv6 孤岛网络的路由经过 Tunnel0 接口
```

4. 报文头部转换技术(NAT-PT)

　　网络中必然存在纯 IPv4 主机和纯 IPv6 主机之间进行通信的需求,由于协议栈不同,因此很自然地需要对这些协议进行翻译转换。对应协议的翻译可以分为两个层面来进行,一方面是 IPv4 与 IPv6 协议层的翻译,另一方面是 IPv4 应用与 IPv6 应用之间的翻译。前者主要是通过 NAT-PT 技术实现的,后者则主要通过应用代理网关 ALG 来实现。NAT-PT 实现了网络层的协议翻译;应用代理网关则实现应用层的协议翻译,对于不同的应用,需要配置不同的应用代理网关。翻译技术的优点是不需要进行 IPv4、IPv6 结点的升级改造,缺点是 IPv4 结点访问 IPv6 结点的实现方法比较复杂,网络设备进行协议转换、地址转换的处理开销较大。因此,该策略一般是在其他互通方式无法使用的情况下使用。

17.4.3　实验任务

1．双栈配置

IPv4、IPv6 双栈实验拓扑图如图 17-20 所示。

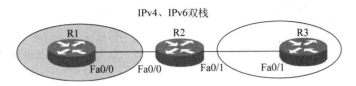

图 17-20　IPv4、IPv6 双栈实验拓扑图

背景说明：R1 和 R3 相当于安装双协议栈的主机，R2 为配置双协议栈的路由器。完成
R1、R2、R3 的双栈配置，使得 R1 ping 通 R3。

地址分配表如表 17-9 所示。

表 17-9　IPv4、IPv6 双栈地址表

设备	接　　口	IP 地址	子网掩码
R1	Fa0/0（IPv4）	192.168.1.10	/24
	Fa0/0（IPv6）	2001::10	/64
R2	Fa0/0（IPv4）	192.168.1.1	/24
	Fa0/0（IPv6）	2001::1	/64
	Fa0/1（IPv4）	192.168.2.1	/24
	Fa0/1（IPv6）	2002::1	/64
R3	Fa0/1（IPv4）	192.168.2.10	/24
	Fa0/1（IPv6）	2002::10	/64

配置步骤如下：

（1）配置 R1。

```
R1(config)＃interface FastEthernet0/0
R1(config－if)＃ip address 192.168.1.10 255.255.255.0
R1(config－if)＃ipv6 address 2001::10/64
R1(config－if)＃ipv6 enable        //启动 IPv6,会在接口自动创建一个 IPv6 的地址,该命令为可选
R1(config)＃ ipv6 unicast－routing
R1(config)＃ ip route 0.0.0.0 0.0.0.0 192.168.1.1        //配置 IPv4 的默认路由
R1(config)＃ ipv6 route ::/0 2001::1        //配置 IPv4 的默认路由
```

（2）配置 R2。

```
R2(config)＃ interface FastEthernet0/0
R2(config－if)＃ ip address 192.168.1.1 255.255.255.0
R2(config－if)＃ ipv6 address 2001::1/64
R2(config－if)＃ ipv6 enable
R2(config)＃ipv6 unicast－routing
R2(config)＃ interface FastEthernet0/1
R2(config－if)＃ ip address 192.168.2.1 255.255.255.0
R2(config－if)＃ ipv6 address 2002::1/64
```

R2(config – if)♯ ipv6 enable

（3）配置 R3。

R3(config)♯ interface FastEthernet0/1
R3(config – if)♯ ip address 192.168.2.10 255.255.255.0
R3(config – if)♯ ipv6 address 2002::10/64
R3(config – if)♯ ipv6 enable
R3(config)♯ ipv6 unicast – routing
R3(config)♯ ip route 0.0.0.0 0.0.0.0 192.168.2.1   //配置 IPv4 的默认路由
R3(config –)♯ ipv6 route ::/0 2002::1   //配置 IPv6 的默认路由

（4）测试结果。

① IPv4 网络测试。

R1♯ ping 192.168.2.10
Type escape sequence to abort.
Sending 5, 100 – byte ICMP Echos to 192.168.2.10, timeout is 2 seconds:
!!!!!
Success rate is 100 percent (5/5), round – trip min/avg/max = 88/133/272 ms

② IPv6 网络测试。

R1♯ ping ipv6 2002::10
Type escape sequence to abort.
Sending 5, 100 – byte ICMP Echos to 2002::10, timeout is 2 seconds:
!!!!!
Success rate is 100 percent (5/5), round – trip min/avg/max = 56/99/256 ms

2. 隧道配置

网络拓扑图如图 17-21 所示。

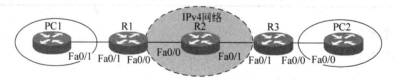

图 17-21　IPv6 隧道实验拓扑图

网络设备接口的 IP 地址表如表 17-10 所示。

表 17-10　IPv6 隧道配置地址表

设　备	接　　口	IP 地址	子网掩码
R1	Fa0/0	192.168.1.10	/24
	Fa0/1	2001::1	/64
R2	Fa0/0	192.168.1.1	/24
	Fa0/1	192.168.2.1	/24
R3	Fa0/1	192.168.2.10	/24
	Fa0/0	4000::1	/64
PC1	NIC	2000::10	/64
PC2	NIC	4000::10	/64

背景说明：PC1 和 PC2 分别是位于两个相隔的 IPv6 网络孤岛的主机，R1 和 R3 是 IPv6 孤岛网络的网关，其中 R1 和 R3 之间的网络为 IPv4 网络。

配置要求：在 R1 和 R3 之间创建隧道，使得 PC1 和 PC2 能够相互通信。

配置步骤如下：

（1）配置 R1。

```
R1(config)#interface FastEthernet0/0
R1(config-if))#ip address 192.168.1.10 255.255.255.0
R1(config-if))#no shutdown
R1(config)#interface FastEthernet0/1
R1(config-if))#ipv6 address 2000::1/64
R1(config-if))#no shutdown

R1(config)#interface Tunnel0                           //创建 Tunnel0 接口
R1(config-if))#ipv6 address 3000::10/64                //配置 Tunnel0 接口的 IPv6 地址
R1(config-if))#tunnel source Fa0/0                     //指定隧道的源地址
//或者使用 Fa0/0 的 IP 作为源地址 tunnel source 192.168.1.10
R1(config-if))#tunnel destination 192.168.2.10         //指定隧道的目的地址
R1(config-if))#tunnel mode ipv6ip                      //配置隧道的模式
R1(config)#ipv6 unicast-routing                        //启动 IPv6 单播路由
R1(config)#ipv6 route 4000::/64 tunnel0                //配置到对方 IPv6 网络的路由
R1(config)#ip route 0.0.0.0 0.0.0.0 192.168.1.1        //配置默认路由
```

（2）配置 R2。

```
R2(config)#interface FastEthernet0/0
R2(config-if)#ip address 192.168.1.1 255.255.255.0
R2(config)#no shutdown
R2(config)# interface FastEthernet0/1
R2(config-if)#ip address 192.168.2.1 255.255.255.0
R2(config)#no shutdown
```

（3）配置 R3。

```
R3(config)#interface FastEthernet0/1
R3(config-if))#ip address 192.168.2.10 255.255.255.0
R3(config-if))#no shutdown
R3(config)#interface FastEthernet0/0
R3(config-if))#ipv6 address 4000::1/64
R3(config-if))#no shutdown

R3(config)#interface tunnel0                           //创建 Tunnel0 接口
R3(config-if))#ipv6 address 3000::20/64                //配置 Tunnel0 接口的 IPv6 地址
R3(config-if))#tunnel source Fa0/1                     //指定隧道的源地址
//或者使用 Fa0/1 的 IP 地址作为源地址 tunnel source 192.168.2.10
R3(config-if))#tunnel destination 192.168.1.10         //指定隧道的目的地址
R3(config-if))#tunnel mode ipv6ip                      //配置隧道的模式
R3(config)#ipv6 unicast-routing                        //启动 IPv6 单播路由
```

```
R3(config)♯ipv6 route 2000::/64 tunnel0          //配置到对方 IPv6 网络的路由
R3(config)♯ip route 0.0.0.0 0.0.0.0 192.168.2.1   //配置默认路由
```

（4）配置 PC1 和 PC2。

在 PC1 和 PC2 上的以太网接口配置 IPv6 地址，并启动路由器的 IPv6 单播功能，配置默认网关即可，和前面配置类似，此处不再详细介绍。

（5）结果与测试。

① PC1 ping PC2。

```
PC1♯ping ipv6 4000::10
Type escape sequence to abort.
Sending 5, 100 - byte ICMP Echos to 4000::10, timeout is 2 seconds:
!!!!!
Success rate is 100 percent (5/5), round - trip min/avg/max = 196/316/424 ms
```

② 在 R2 的接口捕获 PC1 到 PC2 的报文，IPv6 隧道报文分析如图 17-22 所示。

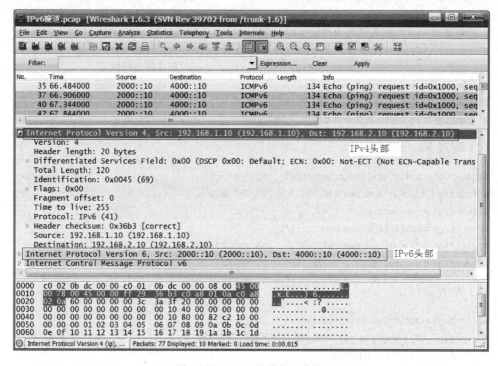

图 17-22　IPv6 隧道报文分析

从图 17-22 可以看到，IPv6 的报文的确被封装到了 IPv4 的报文中。

17.5　小结与思考

本章主要介绍 IPv6 技术的基本知识，IPv6 下的动态路由协议 RIPng、OSPFv3，IPv4 向 IPv6 的过渡技术。

IPv6 的基础包括了 IPv6 地址的结构、表示方式及 IPv6 接口地址的配置。

在配置 RIPng 协议的时候,要注意两点:一是使用 ipv6 unicast-route 命令全局启动 IPv6 单播路由;二是要在每个要启动 RIPng 协议的接口上使用 ipv6 rip RIPng-name enable 命令激活该接口的 RIPng 协议。

介绍了 OSPFv3 和 OSPFv2 的相同点和不同点,以及 OSPFv3 的配置。

IPv4 向 IPv6 过渡的常用技术:双栈技术、隧道技术和 NAT-PT 翻译技术,并对 3 种技术的优缺点进行了比较。

【思考】

(1) IPv6 的主机 ID 一共有多少位? 如何得到主机 ID?

(2) 如何启用路由器的 IPv6 的单播路由功能?

(3) IPv4 向 IPv6 过渡的技术有几种? 如何根据实际的情况选择不同的过渡方案?

第18章

路由器的安全

路由器作为网络互联的基石,容易遭受到各种各样的网络攻击。路由器的安全关系着整个网络的安全。本章主要介绍路由器常用的安全访问控制,重点介绍 SSH 安全接入的配置,同时也将介绍路由器密码恢复和路由器 IOS 恢复常用知识。

18.1　路由器的安全访问

18.1.1　实验目的

(1) 了解路由器的安全访问配置。
(2) 掌握 SSH 协议访问路由器的配置。

18.1.2　实验原理

1. 网络攻击的类型

网络攻击的类型主要有以下 4 种。

(1) 侦察。

侦察是指未经授权的搜索和映射系统、服务或漏洞。此类攻击也称为信息收集,大多数情况下,它充当其他类型攻击的先导。侦察类似于小偷伺机寻找容易下手的住宅,例如无人居住的住宅、容易打开的门或窗户等。

(2) 访问。

访问是指入侵者获取本来不具备访问权限(账户或密码)的设备的访问权。入侵者进入或访问系统后往往会运行某种黑客程序、脚本或工具,以利用目标系统或应用程序的已知漏洞展开攻击。

(3) 拒绝服务。

拒绝服务(DoS)是指攻击者通过禁用或破坏网络、系统或服务来拒绝为特定用户提供服务的一种攻击方式。DoS 攻击可使系统崩溃或将系统性能降低至无法使用的状态。但是,DoS 也可以只是简单地删除或破坏信息。大多数情况下,执行此类攻击只需简单地运行黑客程序或脚本即可。因此,DoS 攻击成为最令人惧怕的攻击方式。

(4) 蠕虫、病毒和特洛伊木马。

有时,主机上会被装上恶意软件,这些软件会破坏系统、自我复制,或拒绝对网络、系统或服务的访问。此类软件通常称为蠕虫、病毒或特洛伊木马。

2．路由器在网络安全中的作用

路由器扮演着以下角色：

- 通告网络并过滤网络使用者。
- 提供对网段和子网的访问。

因为路由器是通往其他网络的网关，所以它们是明显的攻击目标，容易遭受各种各样的攻击。如果攻击者能够侵入并访问路由器，则整个网络都将面临威胁，所以了解路由器在网络中所扮演的角色可以帮助用户了解路由器的漏洞所在。

要确保网络安全，最关键的是为网络边界上的路由器提供安全保护。保护路由器安全需从以下方面着手：

（1）物理安全。为确保物理安全，需将路由器放置在上锁的房间内，且只允许授权人员进入该房间。用于连接路由器的物理设备应该放置在上锁的设备间内，或者交由可信人员保管，以免设备遭到破坏。

（2）随时更新路由器 IOS。操作系统的安全功能随时间的推移而不断发展。但是，最新版本的操作系统可能不是最稳定的版本。要使操作系统具有最佳安全性能，需使用能够满足用户网络需要的最新稳定版本。

（3）备份路由器配置和 IOS。确保手头始终拥有配置和现有 IOS 的备份副本，以便应对路由器发生故障的情况。在 TFTP 服务器上妥善保存路由器操作系统映像和路由器配置文件的副本，以作备份之用。

（4）加固路由器以避免未使用的端口和服务遭到滥用。尽可能加强路由器的安全性，默认情况下，路由器上启用了许多服务，实际上，其中的许多服务都没有必要，而且还可能被攻击者利用以收集信息或进行探查。用户应该禁用不必要的服务以加强路由器配置的安全性。

3．保护路由器安全的步骤

（1）管理路由器安全。

确保基本路由器安全的方法是配置口令。口令是控制安全访问路由器的最基本要素。创建复杂口令的一种方法是使用密码短语。密码短语是指使用句子或短语作为口令，此方法安全性较高。密码短语应足够长，应难以被猜中，但易于记忆和准确输入。默认情况下，当在路由器中输入口令时，Cisco IOS 软件会以明文形式保存口令，而这样并不安全，因为当用户查看路由器配置时，任何从身后经过的人都可以看到口令。配置文件中的所有口令都应该加密。Cisco IOS 提供两种保护口令的方法：

- 7 类方案的简单加密。它使用 Cisco 定义的加密算法，通过简单加密算法隐藏口令。
- 5 类方案的复杂加密。它使用更加安全的 MD5 哈希算法。

（2）保护对路由器的远程管理访问。

以前，人们使用 Telnet 通过 TCP 端口 23 配置路由器远程管理访问。但是，Telnet 被开发出时还不存在网络安全威胁。因此，所有 Telnet 流量都以明文形式发送。如今，SSH已取代 Telnet 成为执行远程路由器管理的最佳做法。SSH 连接能够加强隐私性和会话完整性。SSH 使用 TCP 端口 22。除加密连接外,它提供的功能与出站 Telnet 连接类似。SSH 使用身份验证和加密在非安全网络中进行安全通信。

(3) 使用日志记录路由器的活动。

日志可用于检验路由器是否正常工作或路由器是否已遭到攻击。在某些情况下,日志能够显示出企图对路由器或受保护的网络进行探测或攻击的类型。路由器支持不同级别的日志记录。这些级别从 0~7,一共 8 个级别。其中,0 为紧急情况,表示系统不稳定;7 为调试消息,包含所有路由器信息。

(4) 保护易受攻击的路由器服务和接口。

如表 18-1 所示,Cisco 路由器支持第 2、3、4 和 7 层上的大量网络服务。其中的部分服务属于应用层协议,用于允许用户和主机进程连接到路由器。其他服务则是用于支持传统或特定配置的自动进程和设置,这些服务具有潜在的安全风险。用户可以限制或禁用其中某些服务以提升安全性,同时不会影响路由器的正常使用。路由器上应部署常规安全措施,以便为网络所需的流量和协议提供支持。

表 18-1 易受攻击的路由器服务

功　能	描　述	默　认	建　议
CDP 协议	运行在 Cisco 设备之间的第 2 层专有协议	启用	CDP 很少用到;建议将其禁用
TCP 服务	标准 TCP 网络服务	IOS 版本>=11.3:禁用	建议将其禁用
UDP 服务	标准 UDP 网络服务	IOS 版本>=11.3:禁用	建议将其禁用
HTTP 服务	某些 Cisco IOS 设备允许通过 Web 进行配置	具体依设备而定	若未使用,则明确禁用此功能,否则需限制访问权
BOOTP 服务	允许其他路由器从此设备启动的一项服务	启用	此功能很少用,而且可能带来安全隐患,将其禁用
配置自动加载	路由器会尝试通过 TFTP 加载配置	禁用	此功能很少用到,若未使用,则将其禁用
IP 源路由	允许数据包指明自己的路由	启用	此功能容易被攻击者利用,建议将其禁用
代理 ARP	路由器会作为第 2 层地址解析的代理	启用	除非路由器用做 LAN 网桥,否则禁用此服务
IP 定向广播	数据包可以识别广播的目标 LAN	IOS 版本>=11.3:禁用	定向广播可能被用于攻击,将其禁用
无类路由行为	路由器会转发没有具体路由的数据包	启用	某些攻击会利用此功能,若网络不需要,则将其禁用
IP 不可达通知	路由器会明确通知发送方错误的 IP 地址	启用	可能被用于网络映射,在通往不受信任网络的接口上禁用此功能
IP 掩码应答	路由器会针对 ICMP 掩码请求发出接口的 IP 地址掩码作为应答	禁用	可能被用于 IP 地址映射,在通往不受信任网络的接口上禁用此功能
IP 重定向	对于所路由的某些 IP 数据包,路由器会发出 ICMP 重定向消息	启用	若未使用,则明确禁用此功能,否则需限制访问权

续表

功 能	描 述	默 认	建 议
NTP 服务	路由器可以作为其他设备和主机的时间服务器	启用(若配置了 NTP)	若未使用,则明确禁用此功能,否则需限制访问权
SNMP 服务	路由器支持 SNMP 远程查询和配置	启用	若未使用,则明确禁用此功能,否则需限制访问权
DNS 服务	路由器可以执行 DNS 域名解析	启用(广播)	明确设置 DNS 服务器地址,或者禁用 DNS

(5)保护路由协议。

保护路由表最好的方法就是启用路由协议的认证功能。除了 RIPv1 和 IGRP 不支持认证功能外,其他路由协议如 RIPv2、EIGRP、OSPF、BGP 等都支持认证。

(6)控制并过滤网络流量。

使用 ACL 可以控制和过滤网络中的流量。

4. 路由器安全的配置实例

路由器安全配置拓扑图如图 18-1 所示。

IP 地址表如表 18-2 所示。

图 18-1 路由器安全配置拓扑图

表 18-2 IP 地址表

设 备	接 口	IP 地 址	子 网 掩 码
R1	Fa0/0	172.16.1.1	255.255.255.0
PC1	NIC	172.16.1.100	255.255.255.0

下面逐步来实现路由器的安全访问,配置步骤如下:

(1)按照表 18-2 的地址表来配置相关设备的 IP 地址。

```
R1(config)♯inter Fa0/0
R1(config-if)♯ip add 172.16.1.1 255.255.255.0
R1(config-if)♯no shut
R1(config-if)♯exit
```

(2)配置密码。

```
R1(config)♯enbale password cisco
R1(config)♯username Teacher password cisco123
R1(config)♯do sh run
***//省略部分输出***
boot-start-marker
boot-end-marker
enable password cisco                          //使用 enable password 命令会显示出这些口令的内容
no aaa new-model
ip source-route
ip cef
--More--
*Apr 24 09:06:28.093: %SYS-5-CONFIG_I: Configured from console!
```

multilink bundle – name authenticated
license udi pid CISCO2811 sn FGL152010EZ
username teacher password 0 cisco123   //使用 **username** username **password**
//password命令也会显示出这些口令的内容,运行配置中显示的 0,表示口令没有被隐藏
*** 以下省略部分输出 ***

R1(config)＃no enable password cisco
R1(config)＃ enable secret cisco
R1(config)＃do sh run
*** 以上省略部分输出 ***
boot – start – marker
boot – end – marker
enable secret 5 ＄1＄c7ct＄lg3qwWix6qFNvTRc3Laoc0
//5 说明使用的是 5 类方案的复杂加密
no aaa new – model
ip source – route
ip cef
–– More ––
* Apr 24 09:06:28.093: % SYS – 5 – CONFIG_I: Configured from console！
multilink bundle – name authenticated
license udi pid CISCO2811 sn FGL152010EZ
username teacher password 0 cisco123
*** 以下省略部分输出 ***

R1(config)＃ service password – encryption
R1(config)＃do sh run
*** 以上省略部分输出 ***
boot – start – marker
boot – end – marker
enable secret 5 ＄1＄c7ct＄lg3qwWix6qFNvTRc3Laoc0
no aaa new – model
ip source – route
ip cef
–– More ––
* Apr 24 09:06:28.093: % SYS – 5 – CONFIG_I: Configured from console！
multilink bundle – name authenticated
license udi pid CISCO2811 sn FGL152010EZ
username teacher password 7 030752180500701E1D
//7 说明进行的是 7 类方案的简单加密
*** 以下省略部分输出 ***

说明:

① 使用 enable password 或 **username** *username* **password** *password* 命令配置的口令不隐藏,明文显示出来。

② 使用 service password-encryption 命令后,对使用 eanble password 或 **username** *username* **password** *password* 命令的配置口令进行 7 类方案的简单加密。

③ 使用 eanble secret 或 **username** *username* **secret** *password* 命令的配置口令进行 5 类方案的简单加密。

（3）配置 Console 和 SSH 登录。

```
R1(config)#line console 0
R1(config-line)#password cisco              //配置 Console 登录密码
R1(config-line)#login
R1(config-line)#exit
R1(config)#hostname SSH                     //配置路由器主机名
SSH(config)#ip domain-name lab.cisco.com    //配置域名
SSH(config)#crypto keygenerate rsa          //产生 RSA 加密密钥
The name for the keys will be: R1.lab.cisco.com
Choose the size of the key modulus in the range of 360 to 2048 for your
    General Purpose Keys. Choosing a key modulus greater than 512 may take
    a few minutes.

How many bits in the modulus [512]:        //此处设定密钥系数长度,默认为512,回车即可
% Generating 512 bit RSA keys, keys will be non-exportable...[OK]
*Apr 24 11:03:28.305: RSA key size needs to be atleast 768 bits for ssh version 2
*Apr 24 11:03:28.305: %SSH-5-ENABLED: SSH 1.5 has been enabled
SSH(config)#aaa new-model
SSH(config)#aaa authentication AAA_LAB local
//定义一个登录的认证方法,名为 AAA_LAB,从本地认证用户信息
SSH(config)#security passwords min-length 8    //设置密码的最小长度为 8
SSH(config)#username student secret cisco@123  //设置学生登录用户名和密码
SSH(config)#username teacher secret cisco@456  //设置教师登录用户名和密码
R1(config)#access-list 10 permit 172.16.1.0 0.0.0.255
//定义 ACL10,允许 172.16.1.0/24 网段的计算机通过
SSH(config)# service tcp-keepalives-in
//路由器如果没有收到远程系统的响应,会自动关闭链接
SSH(config)#line vty 0 4
SSH(config-line)#transport input ssh        //只允许用户通过 SSH 远程登录到路由器
SSH(config-line)# access-class 10 in        //应用 ACL10 在 VTY 接口
SSH(config-line)# exec-timeout 2 30
//配置超时时间,当用户在 2 分 30 秒内没有任何输入时,将被自动注销
SSH(config-line)# login authentication AAA_LAB  //配置 vty 的登录认证方法
SSH(config-line)#exit
SSH(config)#ip ssh time-out 15              //启用超时验证,将 SSH 超时设置为 15s
SSH(config)#ip ssh authentication-retries 3
                                           //启用身份验证重试次数,将重试次数设置为 3 次
SSH(config)# login block-for 60 attempts 3 within 30
//在 30s 之内连续登录 3 次失败后,要等待 60s(安静期),才能再次登录,这样可防止暴力破解
SSH(config)# login delay 5                  //用户登录成功后,5s 后才能再次进行登录
SSH(config)#access-list 20 permit 172.16.1.0 0.0.0.15
SSH(config)# login quiet-mode access-class 20
//在前面的配置中,用户多次输错密码,路由器将进入一个安静期,禁止登录.但本条命令设置了例外
//的情况,安静期内 ACL20 指定的计算机仍可登录
SSH(config)#login on-failure log            //登录失败会在日志中记录
SSH(config)#login on-success log            //登录成功会在日志中记录

SSH(config)#show login
    A login delay of 5 seconds is applied.
```

　　Quiet – Mode access list 10 is applied.

　　All successful login is logged.

　　All failed login is logged.

　　Router enabled to watch for login Attacks.

　　If more than 3 login failures occur in 30 seconds or less,

　　logins will be disabled for 60 seconds.

　　Router presently in Normal – Mode.

　　Current Watch Window

　　　　Time remaining: 16 seconds.

　　　　Login failures for current window: 0.

　　Total login failures: 0.

　//以上显示和 login 有关的全部配置情况

说明:

① 在 SSH 远程登录中,**aaa authentication** authentication_name **local** 配置方法可以区分不同的用户,如果不需要区分不同的用户,可以采用 Console 登录的方法。

② 如果需要 SSH 和 Telnet 同时支持,可以采用 **transport input all** 命令。

③ 在 SSH 和 Telnet 远程登录中,只允许使用标准 ACL,不允许使用扩展 ACL。

(4) 从 PC1 上,SSH 远程登录到路由器 SSH 上。

在 PC1 上打开 SecureCRT,选择"文件"→"快速连接"命令打开如图 18-2 所示的对话框。

图 18-2 　"快速连接"对话框

　　在"协议"下拉列表框中选择 SSH2 选项,在"主机名"文本框中输入路由器 Fa0/0 的 IP "172.16.1.1",在"用户名"文本框中输入用户名"student",其他选项默认,最后单击"连接"按钮,打开如图 18-3 所示的对话框。

　　单击"接受并保存"按钮,接受并保存对方的 KEY,接着在如图 18-4 所示的对话框中输入用户名和密码即可,成功连接到路由器上的界面如图 18-5 所示。

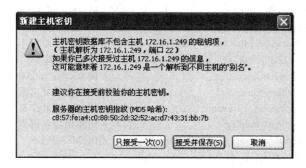

图 18-3 "新建主机密钥"对话框

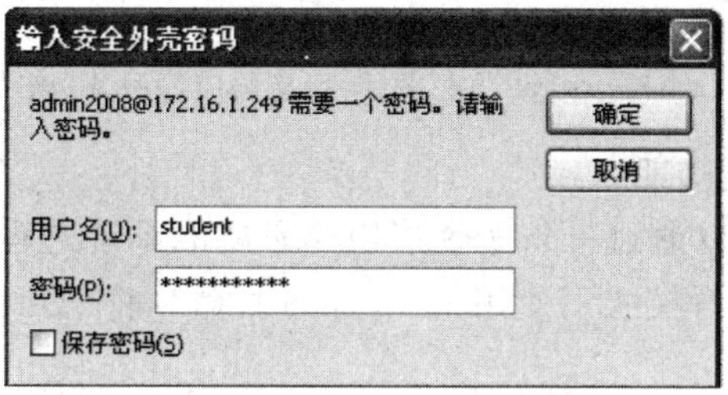

图 18-4 "输入安全外壳密码"对话框

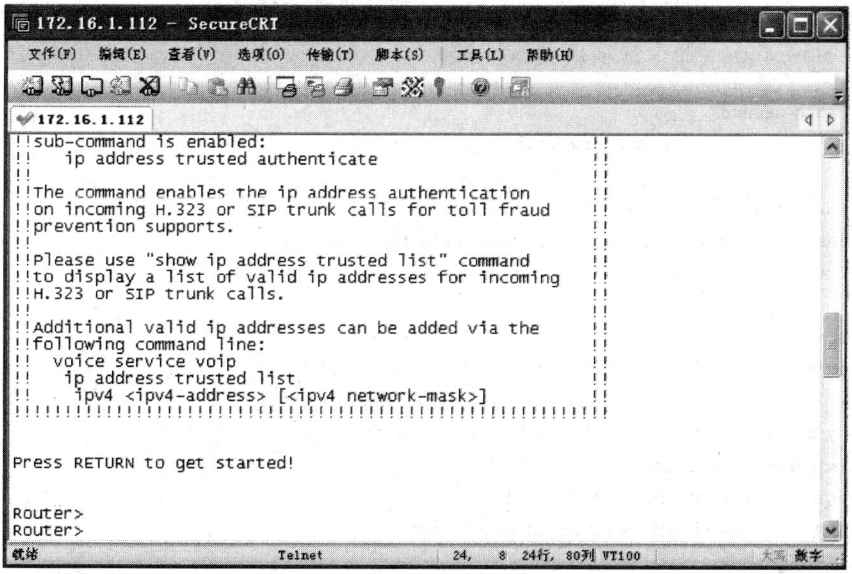

图 18-5 SSH 成功登录到路由器的界面

（5）关闭不必要的服务。

在不影响人们正常使用的前提下，为了安全可以把一些不需要的服务关闭，以保证路由器的安全。

```
SSH (config)＃no cdp run            //关闭 CDP 邻居发现协议
SSH (config)＃no ip source－route    //关闭 IP 源路由服务
```

```
SSH (config)#no ip http server                      //关闭 HTTP 服务
SSH (config)#no service tcp-small-servers           //关闭 TCP 端口号小于或等于 19 的服务
SSH (config)# no service udp-small-servers          //关闭 UDP 端口号小于或等于 19 的服务
SSH (config)#no ip bootp server                     //关闭 BOOTP 服务
SSH (config)#no service dhcp                         //关闭 DHCP 服务,DHCP 用于为用户分配 IP
SSH (config)#no ip name-server                       //删除配置的域名服务器
SSH (config)#no ip domain-lookup                     //关闭 DNS 域名解析功能
SSH (config)#no service config                       //关闭路由器在网络查找配置文件的功能
SSH (config)#no snmp-server                           //关闭 SNMP 服务
SSH (config)# inter Fa0/0
SSH (config-if)#no ip proxy-arp                       //关闭 ARP 代理服务
SSH (config-if)#no ip directed-broadcast             //关闭直播服务
SSH (config-if)#no ip unreachables       //关闭 IP 不可达服务,使得路由器在转发数据包时即使
//查不到路由表,也不从接口反馈"目的不可达"数据包
SSH (config-if)#no ip mask-rely           //关闭 IP 掩码应答服务,该功能用于响应用户请求 IP 掩码
```

（6）使用 AutoSecure 功能。

Cisco AutoSecure 可以通过一条命令禁用非必要的系统进程和服务,消除潜在的安全威胁。用户可以在特权执行模式下使用 auto secure 命令将 AutoSecureone 配置为以下两种模式之一。

- 交互模式:该模式会提示用于启用和禁用服务及其他安全功能的选项,是默认模式。
- 非交互模式:该模式使用推荐的 Cisco 默认设置自动执行 auto secure 命令,可以使用 no-interact 命令选项启用该模式。

```
SSH # auto secure
            --- AutoSecure Configuration ---

 *** AutoSecure configuration enhances the security of
the router, but it will not make it absolutely resistant
to all security attacks ***

AutoSecure will modify the configuration of your device.
All configuration changes will be shown. For a detailed
explanation of how the configuration changes enhance security
and any possible side effects, please refer to Cisco.com for
Autosecure documentation.
At any prompt you may enter '?' for help.
Use ctrl-c to abort this session at any prompt.
//以上为提示信息
Gathering information about the router for AutoSecure   //收集信息

Is this router connected to internet? [no]: yes        //询问路由器是否连接到互联网
Enter the number of interfaces facing the internet [1]:

Interface            IP-Address      OK? Method Status              Protocol
FastEthernet0/0      172.16.1.1      YES manual up                  up
FastEthernet0/1      unassigned      YES unset administratively down down
Serial0/0/0          192.168.12.1    YES manual up                  up
```

```
Serial0/0/1              unassigned        YES unset administratively down down
Loopback0                1.1.1.1           YES manual up                      up
Enter the interface name that is facing the internet: serial0/0/0
```
//以上先显示路由器的全部接口,再选择哪个接口连接到互联网
```
Securing Management plane services...

Disabling service finger
Disabling service pad
Disabling udp & tcp small servers
Enabling service password encryption
Enabling service tcp - keepalives - in
Enabling service tcp - keepalives - out
Disabling the cdp protocol

Disabling the bootp server
Disabling the http server
Disabling the finger service
Disabling source routing
Disabling gratuitous arp
```
//以上显示关闭和打开的路由器上的服务
```
Here is a sample Security Banner to be shown
at every access to device. Modify it to suit your
enterprise requirements.

Authorized Access only
    This system is the property of So - & - So - Enterprise.
    UNAUTHORIZED ACCESS TO THIS DEVICE IS PROHIBITED.
    You must have explicit permission to access this
    device. All activities performed on this device
    are logged. Any violations of access policy will result
    in disciplinary action.

Enter the security banner {Put the banner between
k and k, where k is any character}:
k this is cisco lab k                       //k 和 k 之间的字符在提示输入用户名和密码前出现
Enable secret is either not configured or
is the same as enable password
Enter the new enable secret:                //输入路由器的 enable 密码,密码是 5 类方案的复杂加密
% Password too short - must be at least 6 characters. Password configuration failed
```
//提示路由器的密码长度不够,要重新输入
```
Enter the new enable secret:
Confirm the enable secret :
Enter the new enable password:              //输入路由器的 enable 密码,密码不经过加密
Confirm the enable password:

Configuration of local user database
Enter the username: admin                   //输入路由器的本地用户名
Enter the password:                         //输入路由器与本地用户名对应的密码
Confirm the password:
Configuring AAA local authentication
Configuring Console, Aux and VTY lines for
```

local authentication, exec - timeout, and transport
Securing device against Login Attacks
Configure the following parameters

Blocking Period when Login Attack detected: 90
//设定用户连续登录失败后禁止登录多长时间
Maximum Login failures with the device: 3
//设定用户连续登录多少次失败后禁止登录
Maximum time period for crossing the failed login attempts: 60
//设定用户多长时间内连续登录失败后禁止登录
Configure SSH server? [yes]:   //是否配置 SSH
Enter the domain - name: cisco.com   //配置域名

Configuring interface specific AutoSecure services
Disabling the following ip services on all interfaces:

no ip redirects
no ip proxy - arp
no ip unreachables
no ip directed - broadcast
no ip mask - reply
//以上配置在接口上应用
Disabling mop on Ethernet interfaces

Securing Forwarding plane services...

Enabling CEF (This might impact the memory requirements for your platform)
Enabling unicast rpf on all interfaces connected
to internet

Configure CBAC Firewall feature? [yes/no]: yes   //是否配置 CBAC

This is the configuration generated: //以下是已经生成的配置

no service finger
no service pad
no service udp - small - servers
no service tcp - small - servers
service password - encryption
service tcp - keepalives - in
service tcp - keepalives - out
no cdp run
no ip bootp server
no ip http server
no ip finger
no ip source - route
no ip gratuitous - arps
no ip identd
banner motd ^C this is cisco lab ^C
security passwords min - length 6
security authentication failure rate 10 log

```
enable secret 5 $ 1 $ /bmb $ iMEaabASvYnlWoojUDCgf1
enable password 7 03550A5A575E70
username admin password 7 110A1016141D5A5E57
aaa new - model
aaa authentication login local_auth local
line con 0
 login authentication local_auth
 exec - timeout 5 0
 transport output telnet
line aux 0
 login authentication local_auth
 exec - timeout 10 0
 transport output telnet
line vty 0 4
 login authentication local_auth
 transport input telnet
line tty 1
 login authentication local_auth
 exec - timeout 15 0
login block - for 90 attempts 3 within 60
ip domain - name cisco.com
crypto key generate rsa general - keys modulus 1024
ip ssh time - out 60
ip ssh authentication - retries 2
line vty 0 4
 transport input ssh telnet
service timestamps debug datetime msec localtime show - timezone
service timestamps log datetime msec localtime show - timezone
logging facility local2
logging trap debugging
service sequence - numbers
logging console critical
logging buffered
interface FastEthernet0/0
 no ip redirects
 no ip proxy - arp
 no ip unreachables
 no ip directed - broadcast
 no ip mask - reply
 no mop enabled
interface FastEthernet0/1
 no ip redirects
 no ip proxy - arp
 no ip unreachables
 no ip directed - broadcast
 no ip mask - reply
 no mop enabled
interface Serial0/0/0
 no ip redirects
 no ip proxy - arp
 no ip unreachables
```

```
    no ip directed - broadcast
    no ip mask - reply
interface Serial0/0/1
    no ip redirects
    no ip proxy - arp
    no ip unreachables
    no ip directed - broadcast
    no ip mask - reply
ip cef
access - list 100 permit udp any any eq bootpc
interface Serial0/0/0
    ip verify unicast source reachable - via rx allow - default 100
ip inspect audit - trail
ip inspect dns - timeout 7
ip inspect tcp idle - time 14400
ip inspect udp idle - time 1800
ip inspect name autosec_inspect cuseeme timeout 3600
ip inspect name autosec_inspect ftp timeout 3600
ip inspect name autosec_inspect http timeout 3600
ip inspect name autosec_inspect rcmd timeout 3600
ip inspect name autosec_inspect realaudio timeout 3600
ip inspect name autosec_inspect smtp timeout 3600
ip inspect name autosec_inspect tftp timeout 30
ip inspect name autosec_inspect udp timeout 15
ip inspect name autosec_inspect tcp timeout 3600
ip access - list extended autosec_firewall_acl
    permit udp any any eq bootpc
    deny ip any any
interface Serial0/0/0
    ip inspect autosec_inspect out
    ip access - group autosec_firewall_acl in
!
end
```

Apply this configuration to running - config? [yes]: yes　　　　　//是否保存配置

Applying the config generated to running - config　　　　　//正在保存配置
The name for the keys will be: r1.cisco.com

% The key modulus size is 1024bits
% Generating 1024 bit RSA keys, keys will be non - exportable...[OK] //生成 RSA key

```
SSH#
000077: * Apr 25 05:37:14.950 UTC: % AUTOSEC - 1 - MODIFIED: AutoSecure configuration has been
Modified on this device
```

（7）产生路由器日志。

```
SSH (config) # logging on              //打开路由器日志,默认为打开
SSH (config) # logging console         //路由器日志在控制台显示,默认为打开
```

SSH (config)♯logging buffered
//把路由器日志记录在内存中
SSH (config)♯logging host 192.168.12.2
//把路由器日志记录发到专门的日志服务器,服务器地址为192.168.12.2
SSH (config)♯logging trap debugging
//指定把比 7:Debugging 等级还严重的信息记录在日志里面.日志消息的级别: 0——紧急
(Emergencies),1——告警(Alerts),2——严重的(Critical),3——错误(Errors),4——警告
(Warnings),5——通知(Notifications),6——信息(Informational),7——调试(Debugging)
SSH (config)♯logging origin-id ip   //路由器发送日志时,将 IP 作为 ID
SSH (config)♯logging facility local4
//配置系统日志设备为 local4,一半交换机配置为5,路由器配置为4
SSH (config)♯logging source-interface Fa0/0   //日志发出源 IP 地址
SSH (config)♯ service timestamps log   //指定日志记录中加上时间戳
SSH (config)♯ service timestamps log datetime
//指定日志记录中的时间采用绝对时间(年、月、日、时、分、秒、毫秒)
//之后用 show logging 命令查看日志的配置情况:
SSH ♯show logging
Syslog logging: enabled (12 messages dropped, 1 messages rate-limited,
                    0 flushes, 0 overruns, xml disabled, filtering disabled)
//以上是发送到 syslog 服务器上的日志情况
No Active Message Discriminator.

No Inactive Message Discriminator.

    Console logging: level debugging, 71 messages logged, xml disabled,
                          filtering disabled
//以上是发送到控制台上的日志情况
    Monitor logging: level debugging, 0 messages logged, xml disabled,
                          filtering disabled
//以上是发送到终端上的日志情况
    Buffer logging: level debugging, 9 messages logged, xml disabled,
                          filtering disabled
//以上是发送到内存的日志情况
    Logging Exception size (4096 bytes)
    Count and timestamp logging messages: disabled
    Persistent logging: disabled

No active filter modules.

ESM: 0 messages dropped

    Trap logging: level debugging, 91 message lines logged
        Logging to 192.168.12.2 (udp port 514, audit disabled,
            authentication disabled, encryption disabled, link up),
            9 message lines logged,
            0 message lines rate-limited,
            0 message lines dropped-by-MD,
            xml disabled, sequence number disabled
            filtering disabled

Log Buffer (4096 bytes):

000089: * Apr 25 06:47:17.486 UTC: % SYS-5-CONFIG_I: Configured from console by admin
on console

000090: * Apr 25 06:47:18.486 UTC: % SYS - 6 - LOGGINGHOST_STARTSTOP: Logging to host 192.168.
12.2 port 514 started - CLI initiated
000091: * Apr 25 06:57:02.062 UTC: % SYS - 5 - CONFIG_I: Configured from console by admin
on console
000092: * Apr 25 06:59:10.894 UTC: % SEC_LOGIN - 4 - LOGIN_FAILED: Login failed [user:]
[Source: 0.0.0.0] [localport: 0] [Reason: Login Authentication Failed] at 06:59:10 UTC Wed Apr
25 2012
000093: * Apr 25 06:59:20.722 UTC: % SEC_LOGIN - 5 - LOGIN_SUCCESS: Login Success [user:
admin] [Source: 0.0.0.0] [localport: 0] at 06:59:20 UTC Wed Apr 25 2012
000094: * Apr 25 06:59:57.102 UTC: % SYS - 5 - CONFIG_I: Configured from console by admin
on console
000095: * Apr 25 07:00:12.050 UTC: % SEC_LOGIN - 5 - LOGIN_SUCCESS: Login Success [user:
admin] [Source: 0.0.0.0] [localport: 0] at 07:00:12 UTC Wed Apr 25 2012
000096: * Apr 25 07:29:27.774 UTC: % SEC_LOGIN - 4 - LOGIN_FAILED: Login failed [user:]
[Source: 0.0.0.0] [localport: 0] [Reason: Login Authentication Failed] at 07:29:27 UTC Wed Apr
25 2012
000097: * Apr 25 07:29:37.146 UTC: % SEC_LOGIN - 5 - LOGIN_SUCCESS: Login Success [user:
admin] [Source: 0.0.0.0] [localport: 0] at 07:29:37 UTC Wed Apr 25 2012
//以上是内存中保留的日志

之后退出路由器,再次登录就会产生日志,情况如下:

Press RETURN to get started.
this is cisco lab
User Access Verification
Username: admin
Password:

SSH >
000095: * Apr 25 07:00:12.050 UTC: % SEC_LOGIN - 5 - LOGIN_SUCCESS: Login Success [user:
admin] [Source: 0.0.0.0] [localport: 0] at 07:00:12 UTC Wed Apr 25 2012
SSH > enable
Password:
SSH #

18.1.3 实验任务

路由器的安全配置拓扑图如图 18-6 所示。

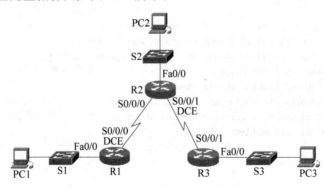

图 18-6　路由器的安全配置拓扑图

IP 地址表如表 18-3 所示。

表 18-3 设备 IP 地址表

设 备	接 口	IP 地 址	子 网 掩 码
R1	Fa0/0	172.16.3.1	255.255.255.0
	S0/0/0	172.16.2.1	255.255.255.0
R2	Fa0/0	172.16.1.1	255.255.255.0
	S0/0/0	172.16.2.2	255.255.255.0
	S0/0/1	192.168.1.2	255.255.255.0
R3	Fa0/0	192.168.2.1	255.255.255.0
	S0/0/1	192.168.1.1	255.255.255.0
PC1	NIC	172.16.3.10	255.255.255.0
PC2	NIC	172.16.1.254	255.255.255.0
PC3	NIC	192.168.2.30	255.255.255.0

实验要求：

（1）在路由器 R1～R3 上设置域名为 lab.cisco.com，且只允许 172.16.1.0/24 和 172.16.2.0/24 网段以 SSH 方式登录这 3 台路由器，将 SSH 超时设置为 30s，重试次数为 3 次；为了防止暴力破解，在 60s 之内连续登录 3 次失败后，要等待 120s 的安静期才能再次登录；在安静期内，允许 172.16.1.0/24 的 IP 地址登录；登录失败会在日志中记录；登录的用户为 student 和 teacher；产生长度为 1024 位的 RSA 密钥。对于 Console 登录，要设置登录密码。

（2）对于 SSH 登录和 Console 登录，要设置登录密码，登录密码的要求如下。

不能包含 username，不能是生日，至少 8 个字符长，至少包含以下 4 种类型字符中的 3 种。

- 大写字母（A～Z）。
- 小写字母（a～z）。
- 数字（0～9）。
- 特殊字符（例如￥或者@等）。

（3）关闭 CDP、源路由、HTTP、DHCP、域名服务器、DNS 解析、SNMP 服务，同时关闭 3 台路由器的以太网接口 Fa0/0 的 ARP 代理、直播、IP 不可达通知、IP 掩码应答功能。

（4）路由器 R1 为日志服务器在内存中存放了 3 台路由器的日志，同时要求在每台路由器的控制台显示各自的日志，对日志的要求如下。

要求日志只显示比 4：警告（Warnings）级别还严重的信息，以路由器 Fa0/0 接口的 IP 地址作为日志的源 IP 地址，日志中使用绝对时间作为发生时间。最后在实验结束前，把日志服务器 R1 内存中的日志复制出来作为实验报告的附件。

18.2　路由器的密码破解和 IOS 的备份及恢复

18.2.1　实验目的

（1）了解并掌握路由器密码的破解。

（2）掌握路由器 IOS 的备份。

（3）掌握路由器 IOS 的灾难恢复。

18.2.2 实验原理

1. 路由器密码恢复的步骤

当忘记路由器的特权模式密码时，可以通过以下步骤完成路由器密码的恢复。密码恢复思路：路由器特权模式密码保存在 NVRAM 的配置文件中，路由器每次启动都会加载配置文件读取密码。设置路由器的寄存器数值为 0x2142，路由器启动时可跳过加载配置文件步骤，以避免密码验证过程，具体操作如表 18-4 所示。

表 18-4 路由器密码恢复的步骤

步骤	操　　作	命　　令
1	关闭电源，重启路由器，在 60s 内按住 Ctrl＋Break 组合键，进入 Monitor 模式	
2	修改寄存器数值为 0x2142	Rommon 1＞confreg **0x2142**
3	在 Monitor 模式下重启路由器	Rommon 1＞**reset**
4	进入全局模式（此时已经不需要特权模式密码）	Router ＞ enable Router ♯ conf t
5	将原有配置文件复制到内存（如果忘记此步骤而直接保存新配置文件，则原来的配置文件会被覆盖）	Router（config）♯ **copy startup-config running-config**
6	修改原来忘记的密码	Router(config)♯ **enable secret cisco**(新密码)
7	恢复寄存器数值	Router(config)♯ **config-register 0x2102**

2. 路由器 IOS 备份的方式

路由器 IOS 映像文件通常保存在 Flash 存储卡中，通常会将 IOS 文件备份到 TFTP 服务器中，如图 18-7 所示。

具体操作步骤如表 18-5 所示。

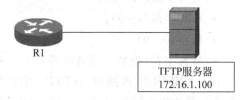

图 18-7 路由器 IOS 备份

表 18-5 备份路由器 IOS 的步骤

步骤	操　　作	命　　令
1	ping TFTP 服务器，测试网络连通性	Router♯ ping 172.16.1.100
2	检查 TFTP 服务器的存储空间是否能容纳 IOS 的映像文件	Router♯ show flash；　//查看路由器 IOS 文件大小
3	在特权模式下，将路由器 IOS 文件复制到 TFTP 服务器	Router♯ copy flash；tftp；

3. 路由器 IOS 的恢复方法

路由器 IOS 的恢复途径主要有两种：通过 TFTP 服务器进行恢复；通过控制台 Xmodem 协议进行恢复。

通过 TFTP 恢复的情况具体分为两种：一种在路由器特权模式下恢复；另一种是在路由器 Monitor 模式下进行恢复。在特权模式下，恢复 IOS 只需要使用 copy tftp：flash 命令即可将 IOS 文件从 TFTP 服务器复制到 Flash 存储器。在 Monitor 模式下，IOS 恢复的具体步骤如表 18-6 所示。

表 18-6　Monitor 模式恢复路由器 IOS 的步骤

步骤	操　作	命　令
1	将路由器的第一个以太网接口连接 TFTP 服务器	
2	启动路由器，进入 Monitor 模式	
3	设置 TFTP 服务器的相应参数变量(注意，变量值大小写要完全一致)	Rommon 1＞IP_ADDRESS＝172.16.1.10 Rommon 2＞ IP_SUBNET_MASK＝255.255.255.0 Rommon 3＞DEFAULT_GATEWAY＝172.16.1.1 Rommon 4＞TFTP_SERVER＝172.16.1.100 Rommon 5＞ 　　TFTP_FILE＝c1841-ipbase-mz.123-14.T7.bin
4	从 TFTP 服务器上下载 IOS 文件	Rommon 6＞tftpdnld
5	重新启动路由器	Rommon 7＞reset

当路由器无法接入到网络时，可以选用通过控制台的 Xmodem 协议进行 IOS 恢复，但是这种方式的数据传输速度慢，在不得已情况下一般不建议采用。Xmodem 的 IOS 恢复如表 18-7 所示。

表 18-7　通过 Xmodem 恢复路由器 IOS 的步骤

步骤	操　作	命　令
1	连接到路由器的控制台接口	
2	启动路由器，进入到 Monitor 模式	
3	发出 xmodem 命令	Rommon 5＞xmodem -c 　　c1841-ipbase-mz.123-14.T7.bin
4	在超级终端选择 Transfer(传送)菜单，选择 Send File(发送文件)子菜单	
5	在弹出的窗口中指定 IOS 文件，并选择传输协议为 Xmodem，单击"确定"即可	

4. 路由器密码破解和 IOS 恢复的实例

路由器密码破解和 IOS 的备份及恢复拓扑图如图 18-8 所示。

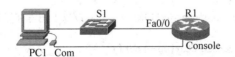

图 18-8　路由器密码破解和 IOS 的备份及恢复拓扑图

IP 地址表如表 18-8 所示。

表 18-8　IP 地址表

设　　备	接　　口	IP 地 址	子 网 掩 码
R1	Fa0/0	172.16.1.249	255.255.255.0
PC1	NIC	172.16.1.100	255.255.255.0

配置步骤如下：

（1）在路由器上配置密码。

```
Router > enable
Router # configure terminal
Enter configuration commands, one per line. End with CNTL/Z
Router(config) # hostname R1
R1(config) # enable password 309na % sfdndf2@12
//配置一个密码,以供恢复使用
```

（2）恢复路由器密码。

关闭路由器电源并重新开机,在控制台启动过程中,按 Ctrl＋Break 组合键中断路由器的启动过程,进入 Rommon 模式。

```
System bootstrap, Version 12.4(1r)[hqluong 1r], RELEASE SFOTWARE(fc1)
Copyight © 2005 by cisco Systems, inc.
Initializing memory for ECC
C2811 processor with 262144 bytes of main memory
Main memory is configured to 64 bit mode with ECC enabled
Readonly ROMMON initialized
rommon 1 > confreg 0x2142
//改变配置寄存器的值为 0x2142,这会使得路由器开机时不读取 NVRAM 中配置文件
rommon 2 > i                                //重启路由器
```

路由器重启后会直接进入到 setup 配置模式,使用 Ctrl＋C 组合键或者输入"n"退出 setup 模式。

```
Would you like to enter the initial configuration dialog? [yes/no]: n
Router > enable
Router # copy startup - config running - config
//把配置文件从 NVRAM 中复制到 RAM 中,并在此基础上修改密码
Destination filename[ running - config]?
661 bytes copied in 0.625 secs
Router # configure teminal
Router # (config) # enable password cisco
//把密码改为自己的密码
Router(config) # config - register 0x2102          //以上把寄存器的值恢复为正常值 0x2102
Router (config) # exit
Router # copy running - config startup - config
Destination filename[ startup - config]?
Building configuration...
[ OK]
Router # reload
```

//以上是保存配置,重启路由器,检查路由器是否正常

（3）路由器 IOS 备份。

Router(config)♯hostname R1
R1(config)♯inter Fa0/0
R1(config-if)♯ ip address 172.16.1.249　255.255.255.0
R1(config-if)♯no shut
R1(config-if)♯exit
R1(config)♯exit

之后在 PC 上启动 TFTP Server,设置好根目录,然后 ping 路由器的 Fa0/0 端口。

PC>ping 172.16.1.249
Pinging 172.16.1.249 with 32 bytes of data:
Reply from 172.16.1.249: bytes=32 time=141ms TTL=126
Reply from 172.16.1.249: bytes=32 time=125ms TTL=126
Reply from 172.16.1.249: bytes=32 time=110ms TTL=126
Reply from 172.16.1.249: bytes=32 time=157ms TTL=126
Ping statistics for 172.16.1.249:
　　Packets: Sent=4, Received=4, Lost=0 (0% loss),
Approximate round trip times in milli-seconds:
Minimum=110ms, Maximum=157ms, Average=133ms
//以上说明 PC(TFTP 服务器)和路由器路径可达

R1♯show flash:
-#- --length------------- date/time---------------- path
1 　52662148 May 27 2009 09:41:42 +00:00 c2800nm-adventerprisek9-mz.124-15.T.bin
2 　877 　　　Apr 9 2011 08:01:50 +00:00 　192.168.1.2
3 　931840 　Apr 1 2009 00:55:22 +00:00 　es.tar
4 　1505280 　Apr 1 2009 00:55:44 +00:00 　common.tar
5 　1038 　　Apr 1 2009 00:56:02 +00:00 　home.shtml
6 　112640 　Apr 1 2009 00:56:18 +00:00 　home.tar
7 　1697952 　Apr 1 2009 00:56:48 +00:00 　securedesktop-ios-3.1.1.45-k9.pkg
8 　415956 　Apr 1 2009 00:57:08 +00:00 　sslclient-win-1.1.4.176.pkg
9 　0 　　　May 31 2011 02:23:34 +00:00 　ipsdir
12 　288 　　May 31 2011 02:26:16 +00:00 　ipsdir/R2-sigdef-default.xml
13 　255 　　May 31 2011 02:26:18 +00:00 　ipsdir/R2-sigdef-delta.xml
14 　1557 　May 31 2011 02:26:18 +00:00 　ipsdir/R2-sigdef-category.xml
15 　304 　　May 31 2011 02:26:18 +00:00 　ipsdir/R2-seap-delta.xml
17 　1048 　Apr 25 2012 05:37:10 +00:00 　pre_autosec.cfg

6635520 bytes available (57380864 bytes used)
//先查看 Flash 中的 IOS 大小和文件名等
R1♯copy flash: c2800nm-adventerprisek9-mz.124-15.T.bin tftp:
//把 IOS 备份到 TFTP 服务器上
　　Address or name of remote host[ ]?172.16.1.100 //回答 TFTP 服务器的 IP 地址
Destination filename[c2800nm-adventerprisek9-mz.124-15.T.bin]?
//回答文件名.默认时和源文件名是一样的,不建议修改文件名,因为 IOS 文件名包含了 IOS 的版本
//和特征等信息
…//此处省略
//备份成功后可以在 PC 上的 TFTP 的根目录下找到该文件

（4）路由器 IOS 恢复。

① 首先在 PC 上启动 TFTP 服务器，且有网线与路由器相连，然后在路由器 R1 上删除 IOS 文件 c2800nm-adventerprisek9-mz.124-11.T1.bin。

```
R1# delete flash: c2800nm - adventerprisek9 - mz.124 - 15.T.bin
R1# reload
```

② 再启动路由器，进入 Rommon 模式，在 Rommom 模式输入以下内容。

```
rommon 2 > IP_ADDRESS = 172.16.1.249
rommon 3 > IP_SUBNET_MASK = 255.255.0.0
rommon 4 > DEFAULT_GATEWAY = 172.16.1.100
rommon 5 > TFTP_SERVER = 172.16.1.100
rommon 6 > TFTP_FILE = c2800nm - adventerprisek9 - mz.124 - 15.T.bin
```
//要恢复 IOS，需要配置一些变量的值，主要是路由器的 IP 地址、掩码等。由于这里的路由器和 TFTP
//服务器在同一网段，因此是不需要网关的，但是不能不配置该值，所以把 DEFAULT_GATEWAY 随意地
//指向了 TFTP 服务器。这里需注意变量名的大小写
```
rommon 8 > tftpdnld  //开始从 TFTP 恢复 IOS
IP_ADDRESS = 172.16.1.249
IP_SUBNET_MASK = 255.255.0.0
DEFAULT_GATEWAY = 172.16.1.100
TFTP_SERVER = 172.16.1.100
TFTP_FILE = c2800nm - adventerprisek9 - mz.124 - 15.T.bin
TFTP_VERBOSE; progress
TFTP_RETRY_COUNT; 18
TFTP_TIMEOUT; 7200
TFTP_CHECKSUM; YES
TFTP_MACADDR; 00; 19; 55; 66; 63; 20
GE_PORT; Gigabit Ethernet 0
GE_SPEED_MODE; Auto
Invoke this command for disaster recovery only.

WARNING: all existing data in all partitions on flash will be lost!
Do you wish to continue? y/n [n]: y
```
//输入"y"便开始从 TFTP 服务器上恢复 IOS，根据 IOS 的大小，通常需要十几分钟
```
Receiving c2800nm - adventerprisek9 - mz.124 - 15.T.bin from 172.16.1.100
… //此处省略
…
File reception completed.
Validating checksum.
Copying file c2800nm - adventerprisek9 - mz.124 - 15.T.bin to flash.
… //此处省略
```
//从 TFTP 服务器接收了 IOS 后，会进行校验
```
rommon 9 > i
```
//重启路由器后会直接进入到 setup 配置模式，使用 Ctrl + C 组合键或者输入"n"退出 setup 模式
```
Would you like to enter the initial configuration dialog? [yes/no]: n
Router >
```

18.2.3 实验任务

路由器密码破解和 IOS 的备份及恢复拓扑图如图 18-9 所示。

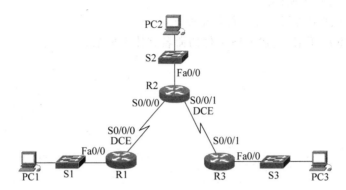

图 18-9 路由器密码破解和 IOS 的备份及恢复拓扑图

IP 地址表如表 18-9 所示。

表 18-9 设备 IP 地址表

设 备	接 口	IP 地 址	子 网 掩 码
R1	Fa0/0	172.16.3.1	255.255.255.0
	S0/0/0	172.16.2.1	255.255.255.0
R2	Fa0/0	172.16.1.1	255.255.255.0
	S0/0/0	172.16.2.2	255.255.255.0
	S0/0/1	192.168.1.2	255.255.255.0
R3	Fa0/0	192.168.2.1	255.255.255.0
	S0/0/1	192.168.1.1	255.255.255.0
PC1	NIC	172.16.3.10	255.255.255.0
PC2	NIC	172.16.1.254	255.255.255.0
PC3	NIC	192.168.2.30	255.255.255.0

实验要求：

（1）教师将路由器 R1 的名称设置为 teacher，将密码设置为一个不为人所知的密码，并保存配置。要求学生在保留原配置的前提下破解密码。

（2）将路由器 R2 的 IOS 删除，要求学生将路由器 R3 的 IOS 备份到 TFTP Server 所在的 PC3 上，然后用路由器 R3 备份的 IOS 系统将路由器 R2 的 IOS 系统恢复正常。

18.3 小结与思考

本章讲述了如何配置基本的路由器安全功能及如何对路由器的 IOS 进行维护，包括设置一个强密码，同时对密码进行加密，防止密码信息泄露；使用 SSH 方式远程登录路由器，同时禁用未使用的路由器服务和接口，记录路由器日志等。对路由器的 IOS 文件进行备份和恢复。

【思考】

（1）对于 Cisco IOS 的功能，除了本实验中提到某些服务需要关闭外，还有哪些服务是平时不需要使用，可以关闭的？

（2）总结记录路由器的日志一共有几种方式？

（3）请查阅 IOS 手册，简述 IOS 文件的命名有什么规范。

综合实验 1 子网划分综合实验

1. 实验目的

通过本实验,掌握以下内容:

(1) VLAN 的工作原理与划分。

(2) VLAN 之间的通信。

(3) IP 的规划与 VLSM 子网的划分。

(4) 静态路由的配置。

(5) 动态路由的工作原理与 RIPv2 的配置。

(6) 无线局域网(WLAN)的组建与无线网络安全的配置。

(7) DNS、Web 服务器的工作原理。

(8) 访问控制列表(ACL)的应用与配置。

(9) ADSL 的接入方式。

(10) NAT 的工作原理。

2. 实验环境说明

背景说明:在互联网的网络边缘,不同的网络用户会采用不同的网络连接技术,如实验图 1-1 所示。

(1) 中型企业的局域网接入到 ISP 的网络,通过路由器的串行口接入。

(2) 家庭或小单位的网络使用 ADSL 接入技术通过电话线接入,如图中的无线局域网部分。

(3) 小型的企业网络则采用以太网的方式接入。

以下为各个网络的主机数量和 IP 规划要求。

(1) 在中型企业局域网中有 4 个部门,每个部门的计算机数目分别为 80 台、16 台、30 台、7 台。整个局域网申请一个 C 的网段,为 192.16.x.0/24。

(2) 在小型局域网中有两个部门,划分成两个 VLAN,每个 VLAN 各属于一个子网。该企业申请到的网段为 210.30.x.0/24。

(3) 在家庭的网络中只申请到一个外网的 IP,内网的计算机使用 NAT 技术共享一个外网的 IP,内网使用无线局域网技术。

(4) 在 ISP 的网络中存在一个 DNS 服务器,进行域名解析,另外两台是 Web 服务器,域名分别为 www.baidu.com 和 www.google.com。

3. 实验任务

(1) 对中型企业网和小型局域网进行子网划分,要求在划分子网时使用变长子网掩码 VLSM 方法划分(根据主机数目来确定子网掩码,要尽量节约地址)。路由器接口的 IP 为

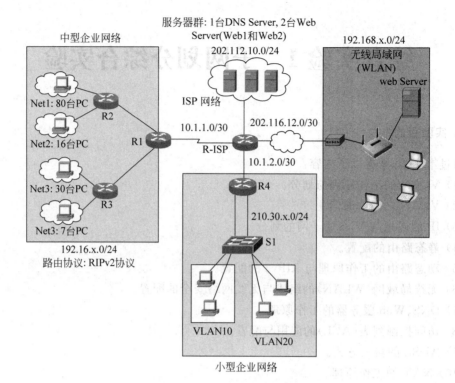

实验图 1-1　综合实验 1 网络拓扑图

该子网中最小的可用 IP。

（2）根据子网划分结果，配置主机、交换机和路由器 IP。交换机和路由器说明配置主机名和密码（特权模式密码：cisco123，Telnet 登录密码：network）。

（3）WLAN 使用 ADSL 接入到 ISP。内网主机 IP 由无线路由器自动分配。配置 WLAN 的 SSID 为 TopWLAN，WEP 密钥配置为 0123456789。

在 WLAN 中，使用 NAT 静态映射技术，使外网的计算机可以访问内网的 Web 服务器。

（4）在中型企业网中，R1、R2、R3 配置 RIPv2 动态路由协议，配置各个路由器相应的被动接口。

（5）在 R2 上配置 ACL 访问控制列表，实现 Net1 的网络可以访问 www.baidu.com，不能访问 www.google.com；Net2 的网络可以访问 www.google.com，不能访问 www.baidu.com，其他网络访问则不受限制。

（6）在小型企业网络中，要求在交换机上划分 VLAN，并可以实现 VLAN 之间的通信。

（7）网络中所有的 PC 要能够 ping 通 ISP 网络的服务器。

综合实验 2 ACL、NAT 综合实验

1. 实验目的

通过本实验,掌握以下内容:

(1) 静态路由的配置。

(2) 动态路由 RIPv2 的配置。

(3) DNS、Web 服务器的工作原理。

(4) 访问控制列表(ACL)的应用与配置。

(5) NAT 的配置。

2. 实验环境说明

背景说明:中小型企业网络内部包含 R1、R2、R3 这 3 个路由器,通过 R2 连接到 ISP 路由器。其中,企业网络的 PC 需要能够访问内网 Web/FTP 服务器,同时该服务器也对外提供 Web/FTP 的访问服务,网络拓扑图如实验图 2-1 所示。

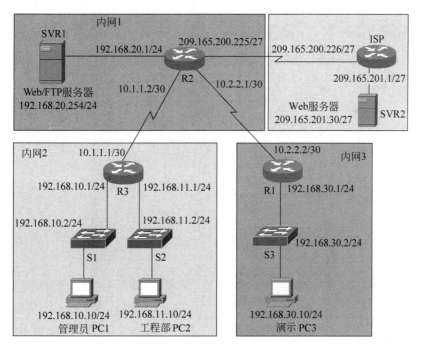

实验图 2-1 综合实验 2 网络拓扑图

3. 实验任务

(1) 按照上述拓扑图配置各个主机和路由器,以及交换机的 IP,并确保每段链路可以

连通。

（2）在 R1、R2、R3 上配置 RIPv2，使得 PC1、PC2、PC3、SVR1 能够相互访问。要求配置路由器 RIP 协议的被动接口，以保证路由器安全。

（3）在 R2 上配置默认路由指向 ISP 路由器，在 ISP 上配置静态路由指向内网 1、内网 2、内网 3，使得 PC1、PC2、PC3 能 ping 通 SVR2。

（4）在 ISP 上配置访问控制列表，允许内网 1、内网 2、内网 3 过来的 HTTP 流量和 ICMP 请求报文通过，禁止其他流量的通过。

（5）在 R2 上配置静态映射 NAT，将 SVR1 的内网 IP 映射为 209.165.200.255，但只对外提供 Web 服务和 FTP 服务。

（6）在 SVR1 上配置 DNS 服务器，映射 www.test.com 指向 SVR1 的内部全局地址，www.gogo.com 指向 209.165.201.30，使得 PC1、PC2、PC3 能够通过域名访问 SVR1、SVR2。

综合实验 3　RIP 协议综合实验

1．实验目的

通过本实验，掌握以下内容：

（1）静态路由的配置。

（2）动态路由 RIPv2 的配置。

（3）访问控制列表（ACL）的应用与配置。

（4）NAT 的配置。

2．实验环境说明

根据实验表 3-1 所示的内容画出网络拓扑结构图。

实验表 3-1　IP 地址表

路　由　器	接　　　口	IP 地址/掩码
R1	Fa0	10.0.1.1/28
	S0	172.16.1.1/30
	Fa1	10.0.2.1/30
R2	Fa0	10.0.1.3/28
	Fa1	192.168.10.1/24
R3	Fa0	10.0.1.5/28
	Fa1	192.168.20.1/24
R4	Fa0	10.0.2.2/30
	Fa1	192.168.30.1/24
ISP	Fa0	210.38.224.254/24
	S0	172.16.1.2/30
Server	—	210.38.224.10/24
PC1	—	192.168.10.10/24
PC2	—	192.168.20.10/24
PC3	—	192.168.30.10/24

3．实验任务

（1）配置各个主机和路由器的接口地址，并确保每段链路可以连通。

（2）在 R1、R2、R3、R4 之间配置 RIPv2 协议（要求配置被动接口），PC1、PC2、PC3 能够相互通信。

（3）在 R1 中配置默认路由指向 ISP 路由器，并将该默认路由分发给其他路由器。

（4）配置内网动态 NAT，地址池为 210.38.200.100～210.38.200.115。允许 192.168.10.0/24、192.168.20.0/24、192.168.30.0/24 能够进行地址转换。在 ISP 上配置

通往 210.38.200.0/24 网络的静态路由。

　　(5) 在 ISP 上配置访问控制列表,使得内网的 PC 能够访问 Server 的 HTTP 服务,但是不能 ping Server 的 IP 地址。

　　(6) 在 R2、R3、R4 上配置访问控制列表,只允许其 Fa1 连接网络的主机能远程访问该路由器。

综合实验 4　OSPF 综合实验

1．实验目的

通过本实验，掌握以下内容：

（1）OSPF 路由协议的原理和配置应用。

（2）OSPF 动态路由协议中 DR 和 BDR 的选择。

（3）路由器安全的配置。

（4）NAPT 的原理和使用。

（5）GLBP 协议的配置。

（6）ACL 的设置技巧。

2．实验环境说明

本实验的网络拓扑图如实验图 4-1 所示。

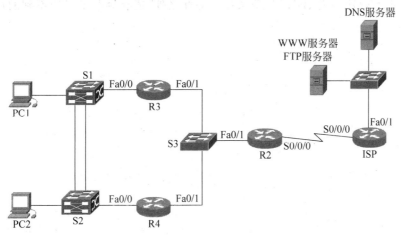

实验图 4-1　综合实验 4 网络拓扑图

IP 地址表如实验表 4-1 所示。

实验表 4-1　网络设备接口 IP 地址表

设备	接　　口	IP 地址	子网掩码
ISP	S0/0/0	202.96.128.65	255.255.255.252
R2	S0/0/0	202.96.128.66	255.255.255.252
	Fa0/1	172.16.1.2	255.255.255.0
R3	Fa0/0	192.168.1.3	255.255.255.0
	Fa0/1	172.16.1.3	255.255.255.0
R4	Fa0/0	192.168.1.4	255.255.255.0
	Fa0/1	172.16.1.4	255.255.255.0

3. 实验任务

(1) 在路由器 R2、R3 和 R4 上配置基于明文认证的 OSPF 动态路由协议,同时要求指定路由器 R2 为 DR,路由器 R3 为 BDR。

(2) 在路由器 R2 上配置默认路由指向路由器 ISP,在路由器 ISP 上设置静态总结路由指向 192.168.1.0/24 的以太网段,同时把默认路由重发布给 R3 和 R4。

(3) 在路由器 R2 上设置 NAPT,地址池的范围为 202.96.128.101~202.96.128.110,允许 192.168.1.0/24 网段的主机经过 NAPT 转换访问公网。

(4) 在 R3 和 R4 上配置 GLBP 负载均衡协议,设置路由器 R2 为 AVG,允许 AVG 抢占,配置 MD5 认证,防止非法设备接入;负载均衡采用轮询方式。

(5) 设置路由器 R2、R3 和 R4 允许 IP 地址为 192.168.1.254/24 的机器以 Telnet 方式远程登录进行管理,同时对于 Console 登录,要设置登录密码,密码的最小长度设置为 8 位。同时,在交换机上将 IP 为 192.168.1.254/24 的地址和 MAC 地址进行静态绑定,防止别人盗用 IP 地址。

(6) 从路由器安全的角度,将路由器 R2、R3 和 R4 上的 CDP 协议、HTTP 服务、BOOTP 服务、IP 源路由服务、代理 ARP 服务、IP 定向广播服务、IP 不可达通知、IP 掩码应答、IP 重定向、SNMP 服务、DNS 服务关闭。除此之外,还有哪些平时用不到的协议和服务可以关闭?

综合实验 5　ACL 综合实验

1. 实验目的

通过本实验,掌握以下内容:

(1) RIP 路由协议的原理和配置应用。

(2) ACL 的设置技巧。

(3) 默认路由重发布的配置技巧。

(4) NAPT 的原理和使用。

(5) SSH 远程登录的配置。

(6) 交换机安全的配置技巧。

2. 实验环境说明

实验拓扑图如实验图 5-1 所示。

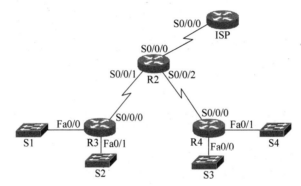

实验图 5-1　综合实验 5 网络拓扑

IP 地址表如实验表 5-1 所示。

实验表 5-1　网络设备接口 IP 地址表

设备	接　　口	IP 地址	子 网 掩 码
ISP	S0/0/0	10.10.10.2	255.255.255.252
R2	S0/0/0	10.10.10.1	255.255.255.252
	S0/0/1	172.16.0.2	255.255.255.252
	S0/0/2	172.16.0.5	255.255.255.252
R3	S0/0/0	172.16.0.1	255.255.255.252
	Fa0/0	172.16.10.1	255.255.255.0
	Fa0/1	172.16.20.1	255.255.255.0
R4	S0/0/0	172.16.0.6	255.255.255.252
	Fa0/0	172.16.30.1	255.255.255.0
	Fa0/1	172.16.40.1	255.255.255.0

3. 实验任务

（1）在路由器 R2、R3 和 R4 上配置基于明文认证的 RIPv2 动态协议，同时要求以太网端口设置为被动端口。

（2）在路由器 R2 上配置默认路由指向路由器 ISP，在路由器 ISP 上设置静态总结路由指向 R3、R4 的以太网段，同时把默认路由重发布给 R4 和 R3。

（3）在路由器 R2 上设置 NAPT，地址池的范围为 10.10.10.10～10.10.10.15，允许172.16.0.0/22 网段的主机经过 NAPT 转换访问公网。

（4）设置路由器 R2、R3 和 R4 允许 IP 地址为 172.16.10.1/24 的机器以 Telnet 方式远程登录进行管理，同时对于 Console 登录，要设置登录密码，密码的最小长度设置为 8 位。

（5）对于访问外网，要求每天的 8:00～12:00 和 14:30～18:00 期间进行，172.16.10.0/24 和 172.16.20.0/24 网段只允许访问 POP3 和 SMTP 协议；172.16.30.0/24 和 172.16.40.0/24 网段不仅可以访问 POP3 和 SMTP 协议，还允许访问 WWW 和 FTP 协议，其他访问都禁止。在其他时间段则不受此限制。

综合实验 6　SSH 综合实验

1. 实验目的

通过本实验,掌握以下内容:
(1) OSPF 路由协议的原理和配置应用。
(2) ACL 的设置技巧。
(3) 默认路由重发布的配置技巧。
(4) NAPT 的原理和使用。
(5) SSH 远程登录的配置。
(6) 交换机安全的配置技巧。

2. 实验环境说明

实验拓扑图如实验图 6-1 所示。

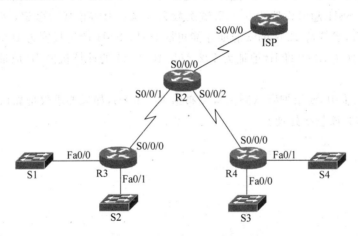

实验图 6-1　综合实验 6 网络拓扑图

IP 地址表如实验表 6-1 所示。

实验表 6-1　网络设备接口 IP 地址表

设　备	接　　口	IP 地　址	子 网 掩 码
ISP	S0/0/0	202.96.128.2	255.255.255.252
R2	S0/0/0	202.96.128.1	255.255.255.252
	S0/0/1	172.16.1.2	255.255.255.252
	S0/0/2	172.16.1.5	255.255.255.252

续表

设 备	接　　口	IP 地 址	子 网 掩 码
R3	S0/0/0	172.16.1.1	255.255.255.252
	Fa0/0	192.168.10.1	255.255.255.0
	Fa0/1	192.168.20.1	255.255.255.0
R4	S0/0/0	172.16.1.6	255.255.255.252
	Fa0/0	192.168.30.1	255.255.255.0
	Fa0/1	192.168.40.1	255.255.255.0

3. 实验任务

（1）在路由器 R2、R3 和 R4 上配置单区域 OSPF 动态协议，将 OSPF 区域 0 设置为基于 OSPF MD5 认证，同时将以太网端口设置为被动端口。

（2）在路由器 R2 上配置默认路由指向路由器 ISP，在路由器 ISP 上设置静态路由指向 R4、R2、R3 的以太网段，同时把默认路由重发布给 R4 和 R3。

（3）在路由器 R2 上设置 NAPT，地址池的范围为 202.96.128.10～202.96.128.20，允许 192.168.0.0/16 网段的主机在每天的 8:00～20:00 经过 NAPT 转换访问公网。

（4）设置路由器 R2、R3 和 R4 允许 IP 地址为 192.168.10.1/24 的机器以 SSH 方式登录进行管理，将 SSH 超时设置为 90s，重试次数为 3 次；为防止暴力破解，在 90s 之内连续登录 3 次失败后，要等待 120s 的安静期才能再次登录；SSH 产生长度为 1024 位的 RSA 密钥。同时，在交换机 S1 上将 IP 地址为 192.168.10.1/24 的计算机的 IP 地址和 MAC 地址进行静态绑定。

（5）在第二步中，要求把默认路由重发布给 R4 和 R3，如果要求仅把默认路由重发布给 R4，不发布给 R3，该怎么处理？

综合实验 7　STP、EtherChannel、HSRP 综合实验

1．实验目的

通过本实验，掌握以下内容：

（1）RIPv2 路由协议和路由冗余的原理和配置应用。

（2）ACL 的设置技巧。

（3）WWW、FTP、DNS 服务器的设置技巧。

（4）STP、PVST 和 EtherChannel（以太通道）协议的原理和应用。

（5）局域网的安全设置技巧。

（6）NAPT 的原理和使用。

（7）HSRP/VRRP 协议的原理和使用。

2．实验环境说明

背景说明：本实验内容为模拟一个校园网的规划和实现，网络拓扑图如实验图 7-1 所示，设备选用说明如下。

（1）ISP、R2、R3、R4 为 Cisco 2811 路由器。

（2）交换机 S1、S2 为 Cisco WS-C3560 交换机。

（3）交换机 S3 为 Cisco WS-C2950 交换机。

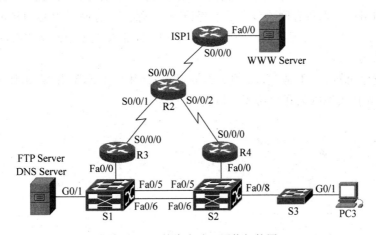

实验图 7-1　综合实验 7 网络拓扑图

IP 地址表如实验表 7-1 所示。

实验表 7-1 网络设备接口 IP 地址表

设备	接口	IP 地址	子网掩码
ISP1	Fa0/0	203.96.128.1	255.255.255.0
	S0/0/0	202.96.128.17	255.255.255.252
R2	S0/0/0	202.96.128.18	255.255.255.252
	S0/0/1	192.168.1.21	255.255.255.252
	S0/0/2	192.168.1.25	255.255.255.252
R3	S0/0/0	192.168.1.22	255.255.255.252
	Fa0/0	172.16.1.1	255.255.255.0
R4	S0/0/0	192.168.1.26	255.255.255.252
	Fa0/0	172.16.1.2	255.255.255.0

3. 实验任务

(1) 将路由器 R2 的 S0/0/1、S0/0/2 接口和 R3、R4 的串行接口配置 RIPv2 协议,同时采用 HSRP 协议实现网关冗余。

(2) 在路由器 R2 上使用 NAPT 功能实现校园网用户访问公网,转换后的地址为 202.96.128.19。

(3) 配置相应服务器上的 WWW 服务、FTP 服务和 DNS 服务,校园网内部用户访问外网使用校园网内部 DNS 服务器。

(4) 允许校园网内部私有地址用户访问 FTP 服务和 DNS 服务;外网用户不允许访问校园网内部;每天的 0:00—6:00,校园网用户学生宿舍所属网段 172.16.0.0/20 不允许访问外网。

(5) 在校园网交换网络中,指定交换机 S1 为根桥,指定 S2 为备用根桥,同时列举实现交换机 S1 和 S2 的冗余几种方法,说明各种方法的优缺点,并选用其中一种方式实现。

(6) 在网络中实现所有网络设备的远程访问,并保证只有网络中心的指定 PC3 可以访问它们,在交换机 S3 上实现交换机的端口安全功能,防止有人盗用网络中心的 IP 地址来非法访问网络设备。

(7) 假设路由器 R2 不是 Cisco 的路由器,而是其他厂商的路由器,比如华三或者瑞捷的路由器,该如何实现网关冗余功能?请实现。

综合实验 8　三层交换综合实验

1. 实验目的

通过本实验,掌握以下内容:

(1) EtherChannel 的配置。

(2) VTP 配置。

(3) 三层交换机虚拟接口 SVI 的配置。

(4) 生成树协议配置。

(5) 链路冗余的作用。

(6) VLAN 间通信配置。

2. 实验环境说明

背景说明:为了提高网络的稳定性和健壮性,在接入层和核心层使用了链路冗余,如实验图 8-1 所示,每台二层交换机使用了两条向上的冗余链路,核心交换机之间使用两条链路配置以太通道,以增加链路带宽。

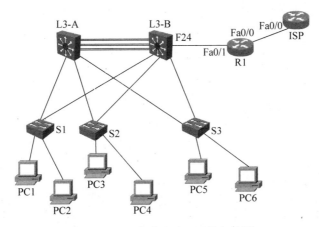

实验图 8-1　综合实验 8 网络拓扑图

IP 地址表如实验表 8-1 所示。

实验表 8-1　网络设备接口 IP 地址配置

设备	接　口	IP 地址	子 网 掩 码
ISP	Fa0/0	210.38.128.1	255.255.255.252
R1	Fa0/0	210.38.128.2	255.255.255.252
	Fa0/1	172.16.1.1	255.255.255.0
L3-B	F24	172.16.1.10	255.255.255.0

续表

设 备	接 口	IP 地 址	子 网 掩 码
PC1	VLAN10	192.168.10.10	255.255.255.0
PC2	VLAN20	192.168.20.10	255.255.255.0
PC3	VLAN30	192.168.30.10	255.255.255.0
PC4	VLAN10	192.168.10.100	255.255.255.0
PC5	VLAN20	192.168.20.100	255.255.255.0
PC6	VLAN30	192.168.30.100	255.255.255.0

3. 实验任务

(1) 三层交换机的链路组成以太网通道,以提高带宽。

(2) 配置 VTP,L3-A 为整个 VTP 域中的 Server,其他交换机为 Client,名称为 cisco-domain,密码为 12345。

(3) 网络配置 4 个 VLAN:VLAN10、VLAN20、VLAN30、VLAN40。分别将 PC1 至 PC6 按照要求加入各自的 VLAN。配置 STP 协议,使 L3-A 为 VLAN10、VLAN20 的根网桥,使 L3-B 为 VLAN30、VLAN40 的根网桥。

(4) 配置三层交换机的 SVI 接口,实现各个 VLAN 的相互访问。

(5) 使用 RIP 协议实现内网网络与 ISP 之间的通信。

综合实验 9　CHAP、OSPF、VTP 综合实验

1．实验目的

通过本实验，掌握以下内容：

（1）OSPF 协议配置、DR 选举。

（2）CHAP 认证配置。

（3）NAPT 配置。

（4）VTP 配置。

（5）访问控制列表配置。

（6）VLAN 中继协议 802.1Q 配置。

2．实验环境说明

本实验的网络拓扑图如实验图 9-1 所示。

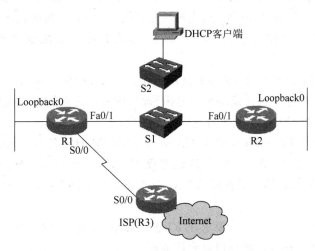

实验图 9-1　综合实验 9 网络拓扑图

IP 地址表如实验表 9-1 所示。

实验表 9-1　图中的 IP 地址表

路　由　器	地　　址	掩　　码
R1 的 S0/0 地址	172.16.1.1	/30
R1 的 F0/1.1 地址	172.16.10.1	/24
R1 的 F0/1.2 地址	172.16.20.1	/24
R1 的 Loopback0 地址	10.10.10.1	/24
R2 的 F0/1.1 地址	172.16.10.2	/24

续表

路 由 器	地 址	掩 码
R2 的 F0/1.2 地址	172.16.20.2	/24
ISP R3 的 S0/0 地址	172.16.1.2	/30
交换机	地址	掩码
S1 的管理 VLAN 地址	172.16.10.3	/24
S2 的管理 VLAN 地址	172.16.20.3	/24

3. 实验任务

（1）R1 和 R2 配置 OSPF 协议，区域 ID 号为 0。要求路由器之间使用 OSPF MD5 加密认证方式，密码为 cisco123。要求不管 ROUTER ID 如何配置，要保证 R1 在 172.16.10.0/24 网络中选为 DR，R2 在 172.16.20.0/24 网络中选为 DR。不允许外网的路由注入到内网，内网设备通过默认路由访问外网。

（2）在 R1 和 ISP 上配置 CHAP 单项认证，认证密码为 cisco123。要求 R1 访问 ISP 时认证，而 ISP 访问 R1 时不需要认证。

（3）在 R1 配置 NAT，R1 的 Loopback 口和 Fa0/1 接口为内部接口，S0/0 为外部接口。配置 PAT 仅当内网主机访问目的网络 20.20.20.0/24 的主机时进行地址转换，使用的全局地址为 218.20.23.26/30。另外，内网有一台主机对外提供 Web 服务，内部地址为 172.16.10.100，ISP 分配给它的外部注册地址为 218.20.23.25。做出相应的配置，使得外网能够访问该台服务器。

（4）在 R1 和 ISP 之间启用 EIGRP 路由协议，AS 号为 100。要求 ISP 的路由表不能出现内网的路由，但要包含上述注册地址的路由，确保内外网之间的正常通信。在 R1 上设置默认路由指向 ISP，在 ISP 上不允许设置任何静态路由。

（5）设置 S1 为 VTP Server，S2 为 Client 模式，VTP 的域名为 Domain-1。在 VTP 服务器上创建 VLAN2 和 VLAN3，设置 S1 的管理 VLAN 为 2，将端口分配给 VLAN2；设置 S2 的管理 VLAN 为 3，将端口分配给 VLAN3，在 R1 上配置 VLAN 间路由，使用 802.1Q 协议封装。

（6）在适当设备上设置 ACL，要求在 R1 上可以 ping 通 ISP 的 S0/0 接口，但 ISP 上不能 ping 通 R1 的 S0/0 接口。其他流量允许通过。

（7）将 R2 配置成 DHCP 服务器，地址池范围为 172.16.20.100～172.16.20.150，除了 IP 地址外还提供默认网关为 172.16.20.1，DNS 地址为 172.16.12.252，以及 WINS 地址为 172.16.12.253。

测试说明：要求内网能 ping 通外网路由接口 IP，内网能相互 ping 通，交换机 VLAN 接口能相互 ping 通。